量子密钥分发实际安全性分析和测评

The Practical Security and Evaluation of Quantum Key Distribution

孙仕海　张一辰　黄安琪　著

国防工业出版社
·北京·

图书在版编目(CIP)数据

量子密钥分发实际安全性分析和测评 / 孙仕海, 张一辰, 黄安琪著. -- 北京 : 国防工业出版社, 2023.3
ISBN 978-7-118-12668-6

I. ①量… II. ①孙… ②张… ③黄… III. ①加密技术—安全性—研究 IV. ①TN918.4

中国版本图书馆 CIP 数据核字(2022)第 195687 号

※

国防工业出版社 出版发行
(北京市海淀区紫竹院南路 23 号　邮政编码：100044)
北京龙世杰印刷有限公司印刷
新华书店经售
*

开本 710×1000　1/16　**印张** 13　**字数** 226 千字
2023 年 3 月第 1 版第 1 次印刷　**印数** 1—2000 册　**定价** 118.00 元

(本书如有印装错误，我社负责调换)

国防书店：(010)88540777　　　发行邮购：(010)88540776
发行传真：(010)88540755　　　发行业务：(010)88540717

致 读 者

本书由中央军委装备发展部**国防科技图书出版基金**资助出版。

为了促进国防科技和武器装备发展，加强社会主义物质文明和精神文明建设，培养优秀科技人才，确保国防科技优秀图书的出版，原国防科工委于 1988 年初决定每年拨出专款，设立国防科技图书出版基金，成立评审委员会，扶持、审定出版国防科技优秀图书。这是一项具有深远意义的创举。

国防科技图书出版基金资助的对象是:

1. 在国防科学技术领域中，学术水平高，内容有创见，在学科上居领先地位的基础科学理论图书；在工程技术理论方面有突破的应用科学专著。

2. 学术思想新颖，内容具体、实用，对国防科技和武器装备发展具有较大推动作用的专著；密切结合国防现代化和武器装备现代化需要的高新技术内容的专著。

3. 有重要发展前景和有重大开拓使用价值，密切结合国防现代化和武器装备现代化需要的新工艺、新材料内容的专著。

4. 填补目前我国科技领域空白并具有军事应用前景的薄弱学科和边缘学科的科技图书。

国防科技图书出版基金评审委员会在中央军委装备发展部的领导下开展工作，负责掌握出版基金的使用方向，评审受理的图书选题，决定资助的图书选题和资助金额，以及决定中断或取消资助等。经评审给予资助的图书，由国防工业出版社出版发行。

国防科技和武器装备发展已经取得了举世瞩目的成就，国防科技图书承担着记载和弘扬这些成就，积累和传播科技知识的使命。开展好评审工作，使有限的基金发挥出巨大的效能，需要不断摸索、认真总结和及时改进，更需要国防科技和武器装备建设战线广大科技工作者、专家、教授，以及社会各界朋友的热情支持。

让我们携起手来，为祖国昌盛、科技腾飞、出版繁荣而共同奋斗!

国防科技图书出版基金

评审委员会

序

《量子密钥分发实际安全性分析与测评》是一本比较有特色的量子密码学专著，主要面向那些有志于研究量子密钥分发（QKD）实际安全性分析的研究生或科技工作者。全书深入浅出地介绍了离散变量和连续变量两大类 QKD 协议的实际安全性研究进展、QKD 安全标准和测评的进展现状。密码学是现代社会信息安全的基石。一次一密加密体制是迄今被严格证明的唯一具有无条件安全的加密体制。一次一密实现的关键前提是与明文等长的大量安全密钥的远程分发，量子密钥分发技术的提出为解决此问题提供了一种有力的手段：基于量子物理的基本原理，如量子不确定性原理和量子不可克隆定理，任何潜在可能的窃听行为都能够被发现，从而确保密钥分发过程的安全性。经过三十多年的发展，QKD 在协议设计、安全分析、关键技术、原理性实验、外场试验演示等方面均取得了一系列突破性进展，已经开始迈出实验室，逐渐走向实际应用。当前，QKD 技术在信息论层面的理论安全性已毋庸置疑，然而在实际物理实施层面的实际安全性却仍不容忽视——如，实际物理器件性能的非理想性、侧信道攻击的存在等。这也正如在我前些年所著《量子密码》一书的跋中所提到的 QKD 仍存在光源的问题、探测的问题、标准的问题等值得继续深入地开展研究的问题。《量子密钥分发实际安全性分析与测评》一书详细介绍了这几个问题的研究现状。

为了持续推进量子密钥分发技术的实用化进程，系统的实际安全性分析和测评必不可少，这也是进一步相关标准化制定的前提和基础。《量子密钥分发实际安全性分析和测评》一书内容上遵循循序渐进的原则，条理清晰，语言简洁流畅，首先介绍了 QKD 所需量子物理基础知识以及目前主流 QKD 协议的安全性分析；在此基础上分别着重分析了离散变量和连续变量两大类 QKD 协议的实际安全性研究进展，最后简介了 QKD 安全标准和测评的基本要求、主要方法和国际上该方面的进展现状。该书给出了大量的参考文献，可为我国该领域科研人员开展相关研究提供诸多方便，对促进我国量子密码事业的发展很有益处。该书作者中山大学的孙仕海、北京邮电大学的张一辰、国防科技大学的黄安琪均为活跃在 QKD 实际安全性研究前沿的优秀青年学者，该书紧密结合了作者的系列研究成果，展示了该领域的国际最新前沿研究进展。

我相信并期待本书为推动我国量子密钥分发的实用化做出重要贡献。

郭弘

2022 年 9 月 24 日

郭弘，理学博士，北京大学博雅特聘教授，博士生导师，北京大学量子信息技术研究中心主任，量子电子学研究所所长。国家杰出青年科学基金、霍英东基金获得者，曾荣获首批国家“新世纪百千万人才工程”“茅以升北京青年科技奖”“全国优秀博士后”“广东省青年科学家奖”等荣誉称号。现任中国电子学会会士、英国物理学会会士，中国电子学会量子电子与光电子分会副主任、中国密码学会量子密码专委会副主任、中国通信学会量子通信专委会副主任、国际无线电科学联盟中国委员会（URSI-CIE）电子学与光子学委员会主席等学术职务。曾任“十二五”国家高技术研究发展计划（863 计划）“量子信息技术”专家组组长，“十三五”国家重点研发计划“量子信息技术”专家组首席科学家，现任“十四五”国家重点研发计划“量子科技”专家组首席科学家，2030 科技创新“量子通信与量子计算机”国家重大项目总体专家组专家。

前　言

密码术作为保护信息安全传递的一门古老技术，其研究和应用已有几千年历史，几乎伴随着整个人类发展史。在古代，由于技术水平地限制，密码技术主要应用于军事和政治斗争中，其复杂度也相对较低。而随着时代发展，计算机和通信技术特别是计算机网络技术得到了飞速地发展，人们在日常社会生活的各个方面，都频繁地涉及敏感信息的存储和交换。从个人的一次简单网上购物交易到政府间绝密的军事和外交信息传递，可以说信息安全已经深入到人们生活的每一个角落。然而与此相伴随的信息泄露事件却不断发生。因此，如何保证信息的无条件安全就成了人们日益关注的话题。

受计算机计算能力地提高，特别是量子计算机发展地影响，当前广泛应用的经典加密算法在安全性上日益受到严重威胁。为此，研究者提出了基于量子物理特性来保护信息安全的量子保密通信技术。虽然量子保密通信是一个较为广泛的概念，但受当前技术条件限制，基于量子密钥分发的量子保密通信具有实现简单、和现有光通信兼容等优点，因此发展最为迅速。所谓基于量子密钥分发的量子保密通信是指采用量子的方法在合法通信双方之间产生无条件安全的密钥，然后再结合信息论安全的“一次一密”加密算法来保证信息的无条件安全传递。近年来，量子密钥分发得到了快速的发展和应用，基于量子密钥分发的量子通信网络也逐步得到发展。但是，受实际器件非理想性的影响，实际量子密钥分发系统中可能存在潜在的安全性漏洞，这就是量子密钥分发实际安全性问题。本书首先介绍了量子密钥分发实际安全性发展的历史和现状，使读者能够较好地理解和把握量子密钥分发当前所面临的实际安全性问题。同时，本书从信息论出发，详细介绍了量子密钥分发实际安全性分析方法相关的理论，便于读者掌握相关知识，从而开展相关分析研究。

作　者
2022 年 1 月

目 录

第 1 章 绪论 …… 1

1.1 密码学简介 …… 1

1.2 QKD 发展历史和研究现状 …… 5

1.2.1 离散变量 QKD 研究现状 …… 7

1.2.2 连续变量 QKD 研究现状 …… 10

1.3 QKD 实际安全性分析和测评现状 …… 13

第 2 章 量子物理基础与 QKD 协议 …… 21

2.1 量子物理基础 …… 21

2.1.1 量子态及其表示 …… 21

2.1.2 量子测量 …… 26

2.1.3 几种常见量子态的表示 …… 30

2.1.4 算子和表示 …… 35

2.1.5 量子态不可克隆定理 …… 36

2.2 离散变量 QKD 协议 …… 37

2.2.1 BB 84 协议 …… 37

2.2.2 Ekert 91 协议 …… 39

2.2.3 测量设备无关协议 …… 40

2.2.4 其他 QKD 协议 …… 41

2.3 连续变量 QKD 协议 …… 42

2.3.1 高斯调制相干态协议 …… 42

2.3.2 连续变量测量设备无关协议 …… 43

第 3 章 常用器件特性和 QKD 实验系统 …… 46

3.1 常用的实验设备 …… 46

3.1.1 相位和强度调制器 …… 46

3.1.2 分束器 …… 47

3.1.3 法拉第旋转器和法拉第镜 …… 48
3.1.4 单光子探测器 …… 49
3.1.5 平衡零拍探测 …… 52
3.2 典型的 QKD 实验系统 …… 54
3.2.1 离散变量 QKD 系统 …… 54
3.2.2 连续变量 QKD 系统 …… 58
第 4 章 安全性分析 …… 62
4.1 信息论基础 …… 62
4.1.1 信息和香农熵 …… 62
4.1.2 冯 · 诺伊曼熵 …… 67
4.1.3 Holevo 限 …… 68
4.2 BB84 协议安全性分析 …… 71
4.2.1 个体窃听下的安全性证明 …… 72
4.2.2 联合窃听下的安全性证明 …… 74
4.2.3 GLLP 公式 …… 78
4.2.4 QKD 模型 …… 79
4.2.5 诱骗态协议 …… 82
4.3 高斯调制相干态协议安全性分析 …… 86
4.3.1 个体窃听下的安全性证明 …… 88
4.3.2 联合窃听下的安全性证明 …… 90
4.3.3 相干窃听下协议的安全性证明 …… 91
第 5 章 离散变量 QKD 的实际安全性 …… 94
5.1 针对源的量子攻击 …… 94
5.1.1 非理想编码态制备 …… 94
5.1.2 编码态相关的侧信道 …… 98
5.1.3 特洛伊木马攻击 …… 100
5.1.4 相位随机化的安全性 …… 102
5.1.5 诱骗态可区分攻击 …… 105
5.1.6 主动源篡改攻击 …… 108
5.1.7 激光摧毁攻击 …… 110
5.1.8 相位重映射攻击 …… 111
5.1.9 被动法拉第镜攻击 …… 113
5.1.10 非可信任源 …… 114

5.2 针对探测的量子攻击 ········ 115
5.2.1 反射光攻击 ········ 115
5.2.2 时间侧信道攻击 ········ 117
5.2.3 探测效率不匹配攻击 ········ 119
5.2.4 死时间攻击 ········ 120
5.2.5 致盲攻击 ········ 122
5.2.6 门后攻击 ········ 124
5.2.7 超线性探测效率攻击 ········ 125
5.2.8 波长攻击 ········ 126
5.2.9 特洛伊木马攻击 ········ 128
5.2.10 激光摧毁攻击 ········ 129
5.3 针对全量子密码系统的量子攻击 ········ 130
5.3.1 系统校准攻击 ········ 130
5.3.2 散热孔激光注入攻击 ········ 131
第 6 章 连续变量 QKD 的实际安全性 ········ 133
6.1 针对源的量子攻击 ········ 133
6.1.1 特洛伊木马攻击 ········ 133
6.1.2 非理想光源攻击 ········ 134
6.1.3 激光器种子攻击 ········ 137
6.1.4 光衰减攻击 ········ 139
6.2 针对探测的量子攻击 ········ 142
6.2.1 本振光波动攻击 ········ 142
6.2.2 本振光校准攻击 ········ 144
6.2.3 参考脉冲攻击 ········ 147
6.2.4 偏振攻击 ········ 149
6.2.5 饱和攻击 ········ 151
6.2.6 致盲攻击 ········ 152
6.2.7 波长攻击 ········ 153
第 7 章 QKD 安全标准和测评 ········ 156
7.1 QKD 系统安全测评标准概述 ········ 156
7.1.1 QKD 系统标准化安全测评的必要性分析 ········ 156
7.1.2 QKD 系统测评标准的基本要求 ········ 158
7.1.3 QKD 系统测评标准的主要方法 ········ 162

7.2 国内外 QKD 系统安全标准构建实例简介 ······ 164
7.2.1 中国通信标准化协会 QKD 标准化工作概况 ······ 165
7.2.2 中国密码行业标准化技术委员会 QKD 标准化工作概况 ······ 165
7.2.3 欧洲电信标准组织 QKD 标准化工作概况 ······ 165
7.2.4 国际标准化组织 QKD 标准化工作概况 ······ 167
7.2.5 其他国际组织的 QKD 标准化工作情况 ······ 168
第 8 章 结论与展望 ······ 169
参考文献 ······ 173
内容简介 ······ 192

Content

Chapter 1 Introduction ······ 1

1.1 The brief introduction of cryptography ······ 1

1.2 The history and development of QKD ······ 5

1.2.1 The development of DV-QKD ······ 7

1.2.2 The development of CV-QKD ······ 10

1.3 The development of security analysis and evaluation of QKD ······ 13

Chapter 2 The quantum mechanics and QKD protocol ······ 21

2.1 The foundation of Quantum mechanics ······ 21

2.1.1 Quantum state ······ 21

2.1.2 Quantum measurement ······ 26

2.1.3 The representation of normal quantum state ······ 30

2.1.4 The operator-sum representation ······ 35

2.1.5 Non-cloning principle ······ 36

2.2 DV-QKD protocols ······ 37

2.2.1 BB84 protocol ······ 37

2.2.2 Ekert91 protocol ······ 39

2.2.3 MDI-QKD protocol ······ 40

2.2.4 Other QKD protocols ······ 41

2.3 CV-QKD protocols ······ 42

2.3.1 Gaussian-modulated protocol using coherent states ······ 42

2.3.2 CV-MDI-QKD protocol ······ 43

Chapter 3 Common devices and QKD systems ······ 46

3.1 Common experimental devices ······ 46

3.1.1 Phase and intensity modulators ······ 46

3.1.2 Beam splitter 47
3.1.3 Faraday rotator and Faraday mirror 48
3.1.4 Single photon detector 49
3.1.5 Homodyne detector 52
3.2 Typical QKD systems 54
3.2.1 DV-QKD systems 54
3.2.2 CV-QKD systems 58
Chapter 4 Security analysis 62
4.1 The information theory 62
4.1.1 Information and entropy 62
4.1.2 Von Neumann entropy 67
4.1.3 Holevo bound 68
4.2 The security model of BB84 protocol 71
4.2.1 The individual attack 72
4.2.2 The collective attack 74
4.2.3 GLLP formula 78
4.2.4 QKD model 79
4.2.5 Decoy-state protocol 82
4.3 The security model of Gaussian-modulated protocol 86
4.3.1 The individual attack 88
4.3.2 The collective attack 90
4.3.3 The coherent attack 91
Chapter 5 The practical security of DV-QKD 94
5.1 Quantum hacking on source 94
5.1.1 Inaccuracy of state encoding 94
5.1.2 Side channel of state encoding 98
5.1.3 Trojan-horse attack 100
5.1.4 Phase nonrandomization 102
5.1.5 Distinguishable decoy state 105
5.1.6 Laser seeding attack 108
5.1.7 Laser damage attack 110
5.1.8 Phase remapping attack 111
5.1.9 Passive faraday mirror attack 113

5.1.10 Untrusted source ········ 114
5.2 Quantum hacking on detection ········ 115
5.2.1 Backflash attack ········ 115
5.2.2 Time side-channel attack ········ 117
5.2.3 Efficiency mismatch attack ········ 119
5.2.4 Dead time attack ········ 120
5.2.5 Blinding attack ········ 122
5.2.6 After-gate attack ········ 124
5.2.7 Superlinearity attack ········ 125
5.2.8 Wavelength dependent attack ········ 126
5.2.9 Trojan-horse attack ········ 128
5.2.10 Laser damage attack ········ 129
5.3 Quantum hacking on whole system ········ 130
5.3.1 Calibration attack ········ 130
5.3.2 Light injection via ventilation ········ 131
Chapter 6 The practical security of CV-QKD ········ 133
6.1 Quantum hacking on source ········ 133
6.1.1 Trojan-horse attack ········ 133
6.1.2 Non-ideal source attack ········ 134
6.1.3 Laser seeding attack ········ 137
6.1.4 Laser damage attack ········ 139
6.2 Quantum hacking on detection ········ 142
6.2.1 Local oscillation fluctuation attack ········ 142
6.2.2 Local oscillation calibration attack ········ 144
6.2.3 Reference pulse attack ········ 147
6.2.4 Polarization attack ········ 149
6.2.5 Saturation attack ········ 151
6.2.6 Blinding attack ········ 152
6.2.7 Wavelength-dependent attack ········ 153
Chapter 7 The security standard and certification of QKD ········ 156
7.1 The brief introduction of QKD security certification ········ 156
7.1.1 The necessity of security certification for QKD ········ 156
7.1.2 The basic requirements of security certification for QKD ········ 158

7.1.3 The basic method of security certification for QKD ········· 162
7.2 The examples of QKD security standard ················ 164
7.2.1 QKD security standard on CCSA ························ 165
7.2.2 QKD security standard on CSTC ························ 165
7.2.3 QKD security standard on ETSI ························· 165
7.2.4 QKD security standard on ISO ··························· 167
7.2.5 QKD security standard on other organizations ············· 168
Chapter 8 Conclusion ··································· 169
Reference ·· 173
Abstract ·· 192

第 1 章

绪 论

量子密钥分发（Quantum Key Distribution，QKD）技术因其理论上的无条件安全性而得到广泛的关注和快速的发展，当前，各主要大国都在积极构建基于 QKD 的量子保密通信网络，并基于这些网络开展实际业务应用。然而，受实际设备缺陷影响，实际 QKD 系统中可能存在潜在安全性漏洞和量子黑客攻击风险。

本章首先简要回顾保密通信的基本结构，以及当前经典保密通信所面临的困境。随后引入量子密码和 QKD 的概念，并从理论和实验两个方面介绍 QKD 的研究现状。最后引入本书所关注的主要问题——QKD 实际安全性问题，并简要介绍 QKD 实际安全性分析和测评的现状。

1.1 密码学简介

在古代，人们为了保护信息安全而设计了各式各样的加密工具，从指挥军队的虎符到字母表的简单轮替，这些保密通信方法虽然在当时的技术条件下保证了信息的安全，但其设计和分析大都基于信念和技巧，而非基于严格的数学推理。因此，密码术在当时并不能称为一门科学。1948 年，香农发表了《通信中的数学理论》这一跨时代的文章，首次将信息技术建立在严格的数学理论基础上，创立了“信息论”。随后，他又在 1949 年发表了《保密系统中的通信理论》。这两篇论文为密码学的发展奠定了理论基础，从而产生了真正意义上的“密码学”。为了和基于量子力学原理的量子密码学相区分，一般将基于香农信息论的密码学称为经典密码学或现代密码学。

保密通信的基本流程如图 1-1所示：发送方（一般称为 Alice）想发送一条机密信息（“明文”）给接收方（一般称为 Bob），Alice 首先根据加密密钥和一定的加密算法将自己的机密信息变成“密文”；然后将密文通过公开信道传递给 Bob。Bob 在接收到密文信息后，根据自己的解密密钥和解密算法将密文还原成明文，从而得到 Alice 所发送的机密信息。如果在这一过程中任何非法用户（窃听者，一般称为 Eve）都无法解密出 Alice 所发送的明文信息，那么就认为该保密通信过程是安全的。

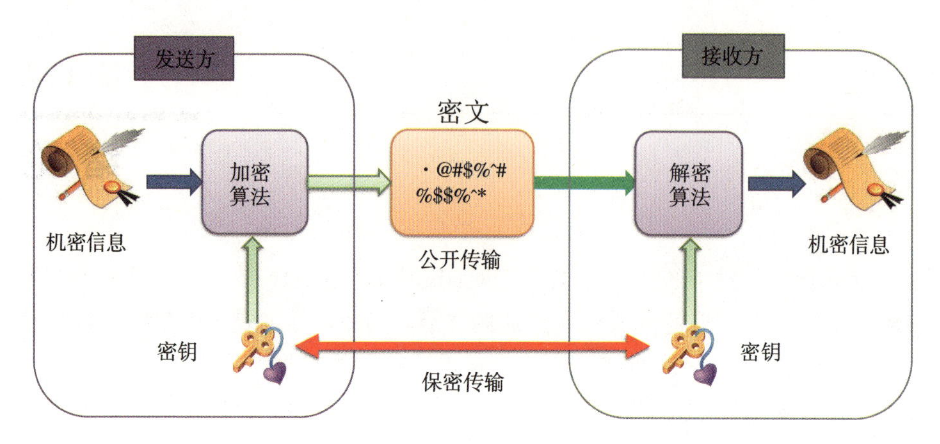

图 1-1 保密通信流程示意图

根据柯克霍夫（Kerckhoff）原则，窃听者可以知道保密通信系统中除密钥外的所有细节（包括加解密算法的具体算法流程）。因此，一个保密通信系统的安全性主要取决于密钥的安全性和加解密算法的复杂度。在经典密码体系中，根据 Alice 和 Bob 所使用的密钥是否相同，密码系统一般分为对称密码和非对称密码两大类。

（1）**对称密码**：如果保密通信过程中 Alice 和 Bob 所使用的加密密钥和解密密钥完全相同（或加密密钥和解密密钥可以容易地相互推出），那么该密码体系就称为对称密码体系或者私钥密码体系。

（2）**非对称密码**：如果保密通信过程中 Alice 和 Bob 所使用的加密密钥和解密密钥实质不同（由加密密钥推导出解密密钥或者由解密密钥推导出加密密钥非常困难），那么该密码体系就称为非对称密码体系或者公钥密码体系。

对称密码如图 1-2(a) 所示，Alice 想发送一份机密信息给 Bob，那么 Alice 可以首先将机密信息放置在一份保险箱（通过加密算法将明文转换为密文），然后将保险箱传递给 Bob。由于 Bob 具有和 Alice 完全相同的钥匙（密钥），因此 Bob 可以打开保险箱获得 Alice 所发送的机密信息。可以看出，在对称密码中，Alice 加密密钥和 Bob 解密密钥的地位是对称的，而且机密信息的安全性由密钥的安全性和加密算法的复杂性共同决定。一般来说，即使 Alice 和 Bob 密钥是安全的，所传递机密信息也不一定是安全的（还需要加密算法足够复杂）。因此，对称密码不一定具有无条件安全性①。幸运的是，1949 年香农首次在理论上证明“一次一密”(One-Time Pad) 算法具备信息论意义上的无条件安全性[1]。所谓“一次一密”是 G.S. Vernam 在 1926 年提出的一种对称加密算法。在该算法中，Alice 和 Bob 使用与明文长度一样的密钥来加解密信息，而且密钥仅使用一次。换言之，如果采用“一次一密”的方法来加解密信息，那么 Alice 和 Bob 仅需保证密钥的安全就可以保证所传递机密信息的安全。但是，该方法在实际应用中面临密钥的安全产生和管理这一巨大的问题。当 Alice 和 Bob 需要进行频繁的秘密通信时（比如高清保密视频会议等），如果她们想采用“一次一密”加密方法，那么就要求在她们之间共享大量的安全密钥，并能够对这些密钥进行有效的安全管理。这在实际应用中将是一项巨大挑战。因此，“一次一密”目前主要用于一些安全性特别高、信息交流量低的特殊场景，而人们在实际应用中更多使用的是 AES 等加密方法，这些方法虽然也属于对称密码，但其安全性依赖于算法复杂度，并不能保证信息的无条件安全。

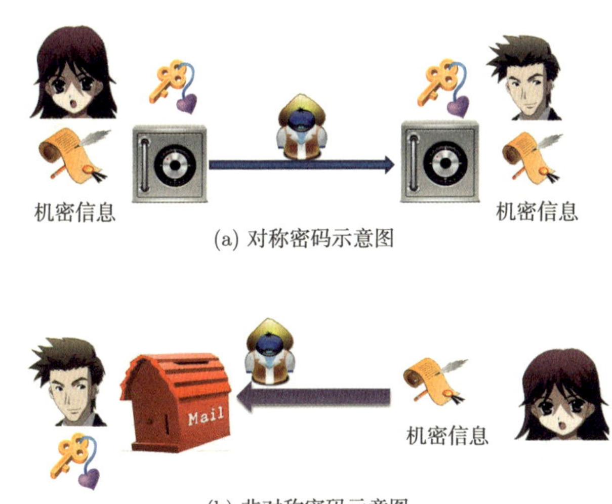

图 1-2　对称密码和非对称密码示意图

为了克服对称密码中的密钥共享问题，1976 年 W. Diffie 和 M. Hellman 发表了《密码学的新方向》一文，提出了非对称密码的思想，从而产生了公钥密码学。如图 1-2（b）所示，Bob 的密钥分为两部分：一部分是私钥（相当

① 无条件安全又称为信息论安全，是指对密码算法进行安全性证明时不需要对窃听者的计算能力进行任何假设限定，与此对应的就是计算安全性。

于钥匙），由自己保管；另一部分是公钥（相当于电子邮箱），任何想和他通信的人都可以访问，并获得该公钥。如果 Alice 想发送一份机密信息给 Bob，她只需要采用 Bob 的公钥将自己的机密信息加密发给 Bob（相当于向 Bob 的私密电子邮箱投递了一封电子邮件）。由于只有 Bob 拥有钥匙来打开电子邮箱，因此只有 Bob 能够获取 Alice 的机密信息。可以看出，该密码系统的安全性仍然取决于两方面：一是密钥的安全（Bob 的私钥不能泄露）；二是"邮箱"的复杂性（窃听者无法通过公钥推导出私钥）。公钥密码中一般采用数学上的单向函数来保证 Bob 可以轻松地制备出电子邮箱，但是窃听者却需要很长的时间和庞大的计算资源才能破解电子邮箱。所谓单向函数是数学上的一类特殊数学问题，在该类问题中，由条件 A 可以很容易地计算出结论 B，但是从结论 B 反推算出条件 A 却是非常困难，其复杂度随着 A 的长度呈现指数增加。这类问题中最著名的例子就是大数质因子分解，给定两个质数后能够比较容易地计算出它们的乘积，但是给定一个大数后，求解出其是由哪两个质数相乘得到的却是一件非常困难的事情，其计算复杂度随数据的长度呈现指数增长。基于大数质因子分解这一数学难题，1978 年 P.L. Rivest、A. Shamir 和 L. Adleman 提出了著名的 RSA 加密算法，这也是目前使用最为广泛的公钥加密算法之一。公钥密码因使用的方便性得到了快速地发展，但是基于单向函数所构建的加密体系只能保证窃听者"很难破解"，而无法保证窃听者"不能破解"。因此，公钥密码只具备计算复杂度意义上的安全性，而不能够达到与计算资源无关的无条件安全。事实上，随着计算机和算法的发展，破解公钥密码所需要的时间将越来越短。1994 年，美国 AT&T 公司的 P. Shor 证明，如果存在量子计算机，那么利用他所提出的 Shor 算法就可以在多项式时间内破解 RSA 算法[2]，这就给公钥密码的安全性造成了严重威胁。

不过需要说明的是，虽然基于量子计算机的 Shor 算法能够实现指数加速的量子傅里叶变换和大数质因数分解，但并不代表对所有的 NP 类问题都存在有效的量子算法能够实现指数加速求解。或者说，可能存在量子计算机也很难解决的数学难题，那么就可以基于这些数学难题来设计新的公钥密码，从而实现量子计算条件下的信息安全，这就是所谓的后量子密码或者抗量子密码（Post-quantum Cryptography）。不过，关于后量子密码的研究仍然存在几点争议。

（1）当前针对密码破解的量子算法研究还相对较少，对于当前所提出的量子加密算法候选方案而言，其是否能够有效抵抗量子算法的破解仍然是一个未知问题。

（2）即使找到一个有效的数学问题能够在一定程度上抵抗量子计算机的影响，其安全性也仍然是基于计算复杂度而言，并不能实现与计算资源无关的无条件安全性。随着量子计算机硬件和算法的发展，其仍然存在被破解的可能性。

因此，本书不对后量子密码进行介绍，感兴趣的读者可以参考相关的文献和书籍。

1.2　QKD 发展历史和研究现状

通过前面的简介可以看出，一个密码系统的安全性取决于 Alice 和 Bob 密钥的安全性，以及她们所采用的加解密算法的复杂性。在这一过程中，如果通信双方希望实现无条件安全的信息传递，那么只能采用“一次一密”加密算法，此时密码系统的安全性就仅仅取决于密钥的安全性。因此，如何在通信双方实时、高速地产生无条件安全的密钥就成了一个重要的研究课题。虽然在经典密码学中也存在很多的密钥协商机制，但大多数仍是基于数学难题来设计的，其安全性主要依赖于数学问题的计算复杂度，而不具备信息论意义下的无条件安全性。为了有效解决这一问题，研究者提出了 QKD 的概念，其主要目的是利用量子力学的基本原理在通信双方实时产生无条件安全的密钥，然后再结合“一次一密”加密算法来保证信息的无条件安全。

在介绍 QKD 之前，先简要说明三个容易混淆的概念：量子通信、量子保密通信、量子密钥分发。严格讲，这是三个不同的概念。

（1）**量子通信**：基于量子态来进行信息传递的通信都可以称为量子通信。例如，隐形传态（Teleportation）、稠密编码 (Dense Coding)、量子保密通信等。

（2）**量子保密通信**：作为量子通信的一个子集，特指采用量子物理的方法来确保信息安全的通信，不仅包含 QKD，还包括量子签名 (Quantum Signature)、量子安全直接通信（Quantum Secure Direct Communication）、量子安全共享 (Quantum Secret Sharing)①、量子比特承诺（Quantum Bit Commitment）②等。

（3）**量子密钥分发**：作为量子保密通信的一个子集，QKD 特指利用量子态来实现安全密钥分发，然后再结合经典加密算法来保证信息的安全。例如，基于单光子的 BB84 协议[4]、基于量子纠缠的 Ekert91 协议[5]，以及基于相干态的 GG02 协议[6]等。

---

① 包括多方密钥共享和验证双方的量子信息共享等。

② 量子力学并不能保证该方法的无条件安全[3]。

可以看出，量子通信的概念最为广泛，指一般的通信过程；而量子保密通信的概念次之，仅包含通信中的保密通信部分；最后是量子密钥分发，它仅是保密通信中一种特殊的密钥分发方法。但是，由于 QKD 在当前技术条件下发展最为迅速，也是整个量子通信领域中最接近实际工程应用的方向之一，因此有时也将这三个概念相互替代使用。读者在阅读不同书籍时应该注意对这三个概念的理解和区分。本书的主要目的是讨论 QKD 的实际安全性问题，所以本节中主要介绍 QKD 的发展历史和研究现状，对于其他的量子通信协议及发展现状，读者可以阅读相关文献来进一步地了解。

QKD 的原始思想可以追溯到 1969 年，当时哥伦比亚大学的 S. Wiesner 提出可以采用量子比特来制备不可伪造的美元，但由于该思想过于新奇一直没有引起大家的关注，文章也直到 1983 年才得以发表①。幸运的是，作为 S. Wiesner 的好朋友，C.H. Benett 了解到了 S. Wiesner 的思想，并在 1979 年遇到了 G. Brassard。随后，C.H. Bennett 和 G. Brassard 指出可以将 S. Wiesner 的思想运用到密码学中，解决经典密码系统所面临的密钥分发问题，这就是第一个 QKD 协议——BB84 协议[4]。BB84 协议也是目前应用最为广泛的离散变量 QKD 协议之一，其无条件安全性已经得到充分证明。BB84 协议在提出后的很长一段时间内并没有引起人们的重视，直到 20 世纪 90 年代人们才逐渐认识到 QKD 的重要性，这主要是由于以下几点原因。

（1）1991 年 A. Ekert 独立地提出了基于纠缠的 Ekert91 协议[5]。该协议指出可以利用量子力学中特有的量子纠缠态来实现无条件安全的密钥分发，因为 Alice 和 Bob 可以通过验证纠缠关联性来排除任何窃听者的存在。随后 Bennett 等在 1992 年证明了基于纠缠的 QKD 协议（如 Ekert91 协议）和制备–测量 QKD 协议（如 BB84 协议）在安全性上具有等价性[8]，这就为人们理解 QKD 的安全性奠定了基础。

（2）1992 年 C.H. Bennett 等完成了 QKD 的第一个原理验证实验，虽然原型系统显得十分庞大，而且传输距离也仅有 32cm，但这第一次证明了 QKD 具备实现的可行性[9]。

（3）1994 年 P. Shor 提出了基于量子计算机的 Shor 算法。该算法指出，如果存在量子计算机，那么可以在多项式时间内实现大数质因子分解，这就对现有密码体系的安全性带来了潜在威胁，也说明了发展 QKD 具有潜在现实应

① 由于该文较难找，本书将其摘要抄录下来以供参考[7]：The uncertainty principle imposes restrictions on the capacity of certain types of communication channels. This paper will show that in compensation for this “quantum noise”, quantum mechanics allows us novel forms of coding without analogue in communication channels adequately described by classical physics.

用前景。

基于这些工作，研究者们逐渐意识到借助量子力学的基本原理可以有效改善现有经典密码体系的性能，甚至完成一些经典密码学中无法完成的任务。这些任务不仅具有理论和实验的可行性，而且具备现实应用前景，这就逐步形成了量子密码学。自 1984 年 BB84 协议提出以来，QKD 经过近 40 年的研究和发展，无论是在理论分析上还是在实验和工程上都得到了快速发展。根据所采用量子态的不同，QKD 协议主要分为离散变量 QKD 和连续变量 QKD 两大类，下面分别对这两大类协议的研究现状进行介绍。

1.2.1　离散变量 QKD 研究现状

所谓离散变量 QKD 是指通信双方采用有限维离散希尔伯特空间中的量子态来进行密钥信息传递，其中最典型的协议就是基于二维希尔伯特空间量子态的 BB84 协议。该协议中，通信双方采用二维空间中的 4 个非正交量子态来进行密钥信息传递。表 1-1中列出了当前主要的离散变量 QKD 协议。由于本书主要讨论 QKD 的实际安全性，而 BB84 协议是目前应用最广泛的 QKD 协议，因此下面主要以 BB84 协议为线索来介绍离散变量 QKD 的研究现状。

表 1-1　主要的离散变量 QKD 协议

协议名称	量子态	作者	时间/年
BB84 协议 [4]	单光子	Bennett 等	1984
Ekert91 协议 [5]	纠缠态	Ekert	1991
B92 协议 [10]	单光子	Bennett 等	1992
差分相移协议 [11]	相干态	Inoue 等	2002
诱骗态协议 [12-14]	非单光子源	Hwang 等	2003
相干单向协议 [15]	相干态	Stucki 等	2005
设备无关协议 [16]	纠缠态	Acín 等	2006
测量设备无关协议 [17]	单光子	Lo 等	2012
轮回差分相移协议 [18]	相干态	Sasaki 等	2014
双场协议 [19]	相干态	Lucamarini 等	2018

理论安全性证明方面，早在 1996 年 D. Mayers 就给出了 BB84 协议的安全性证明 [20]，但该证明过于抽象，不易理解。随后 H.K. Lo 和 H.F. Chau 在 1999 年基于纠缠提取的思想给出了 Ekert91 协议（和 BB84 协议安全性等价）的安全性证明 [21]。Lo-Chau 安全性证明的基本思想如下：

Alice 和 Bob 首先共享 EPR 纠缠对，但由于噪声的存在（窃听者进行窃听时必然引入噪声），Alice 和 Bob 的纠缠态可能变为混合态。为了排除窃听者所获取的信息，Alice 和 Bob 在建立密钥（进行 Z 基测量）之前先进行纠缠提取操作，即从 n 个混合纠缠态中提取出 $m(m \leqslant n)$ 个最大纠缠纯态。纠缠提取后，Alice 和 Bob 将共享纠缠纯态，而窃听者无法从纠缠纯态中获取任何信息（此时窃听者的量子态和通信双方的量子态处于直积形式，两者的测量数据没有任何关联性），这就保证了 Alice 和 Bob 的测量结果具有完全的私密性。

Lo-Chau 的证明具有较为直观的物理图像，但该证明要求 Alice 和 Bob 具有量子计算机，并能够对光信号进行量子逻辑操作，而这在现有技术条件下尚无法实现。于是在 2000 年，P.W. Shor 和 J. Preskill 指出基于经典纠错和保密放大过程也可以保证 BB84 协议的无条件安全 [22]，这就为 QKD 的应用打开了大门。相比于 Lo-Chau 的安全性证明，Shor-Preskill 的最大改进在于，他们证明了 Alice 和 Bob 可以先对他们所共享的混合纠缠态进行测量，并分别得到比特错误率（对应于 Alice 和 Bob 都采用 Z 基测量时的误码率）和相位错误率（对应于 Alice 和 Bob 都采用 X 基测量时的误码率），然后 Alice 和 Bob 可以采用 CSS（Calderbank Shor Steane）等纠错码来分别纠正比特错误率和相位错误率，并提取出安全的密钥 ①。

在 Shor 和 Preskill 给出安全性证明后，BB84 协议在理想情况下的安全性证明基本完成。不过这些安全性证明存在潜在的假设条件，那就是 Alice 和 Bob 的设备应该是理想的。但是，对于实际 QKD 系统而言，这一点很难得到保证。因此，这种理论和实际的偏差就可能给实际 QKD 系统带来潜在的安全性威胁。不过最初人们并没有意识到该问题的严重性，直到 2000 年 G. Brassard 等 [23] 指出实际系统所采用的弱相干光有可能导致光子数分离（Photon Number Splitting,PNS）攻击②，从而严重影响 QKD 在长距离下的安全性，人们才开始关注这一问题。随后 D. Gottesman 等基于某些假设条件分别给出了实际非理想设备下 QKD 的安全性证明 [24-26]，其中最著名的结论就是 Gottesman-Lo-Lütkenhaus-Preskill 在 2004 年给出的安全性分析 [25]。他们在该分析中给出了著名的 GLLP 密钥率公式，这是目前 BB84 协议安全性分析所使用的基本公式。由于该公式的重要性，第 2 章将专门针对该公式进行详

① 第 2 章中将给出 BB84 协议的安全密钥产生率公式，从公式中读者将清楚地看到 BB84 协议中的错误率可以分为比特错误率和相位错误率两大类，它们分别来源于不同的 EPR 纠缠态。

② 其实在这之前就有研究者注意到该问题的存在 [10]，但是一直没有引起人们的重视。

细介绍。

随着理论安全性分析的逐步完善，QKD 在实验上也得到了快速地发展。1992 年，C.H. Bennett 等完成的第一个 QKD 验证性实验仅有 32 cm 的传输距离[9]，目前 QKD 已在光纤信道中实现了 830 km 的密钥分发[27]，并基于墨子卫星和京沪干线实现了 4600 km 的空地一体量子通信网络[28]。表 1-2给出了目前主要的离散变量 QKD 实验进展情况，以及这些实验的性能参数。可以看出，经过近四十年发展，离散变量 QKD 已经得到了飞速地发展。目前，各国也陆续建立起了基于 QKD 的量子保密通信网络，并基于这些网络开展了实际业务应用。例如，我国的京沪干线量子通信网络、安徽的芜湖巢量子网络[29]、日本东京量子网络[30]、瑞士量子网络[31]等。图 1-3给出了京沪干线和安徽-芜湖-巢湖网络的示意图。

表 1-2　主要的离散变量 QKD 实验工作

作者	协议	编码方式	信道	主要指标	时间/年
Zhao [32]	BB84	相位	光纤	422.5 b/s	2006
Peng [33]	BB84	偏振	光纤	102 km	2007
Rosenberg [34]	BB84	相位	光纤	107 km	2007
Schmitt Manderbach [35]	BB84	偏振	自由空间	144 km*	2007
Dixon [36]	BB84	相位	光纤	10.1 kb/s	2008
Zhang [37]	DPS	相位	光纤	1.3 Mb/s	2009
Stucki [38]	COW	时间-相位	光纤	250 km 6k@100 km	2009
Liu [39]	BB84	偏振	光纤	200 km	2010
Lucamarini [40]	BB84	相位	光纤	120.0 kb/s	2013
Rubenok [41]	MDI	时间-相位	光纤	0.24 b/s @81.6 km	2013
Tang [42]	MDI	时间-相位	光纤	200 km	2014
Comandar [43]	MDI	偏振	光纤	2.2 kb/s	2016
Liao [44]	BB84	偏振	自由空间	1.1 kb/s @1200 km	2017
Boaron [45]	BB84	时间-相位	光纤	421 km	2018
Liu [46]	MDI-RFI	时间-相位	光纤	120 km	2018
Boaron [45]	BB84	时间-相位	光纤	421 km*	2018
Chen [47]	Twin-Field	Sending-or-Not-Sending	光纤	509 km	2019
Chen [28]	BB84	偏振	光纤 + 自由空间	47.8 kb/s @4600 km	2021
Wang [27]	Twin-Field	四相位	光纤	830 km	2022

注：* 低损耗光纤 0.18/km。

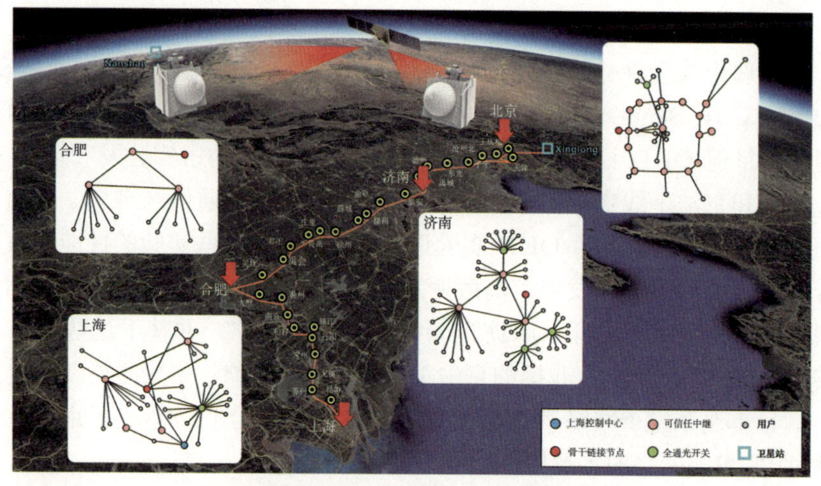

(a) 基于墨子卫星和京沪干线的量子通信网络示意图[28]

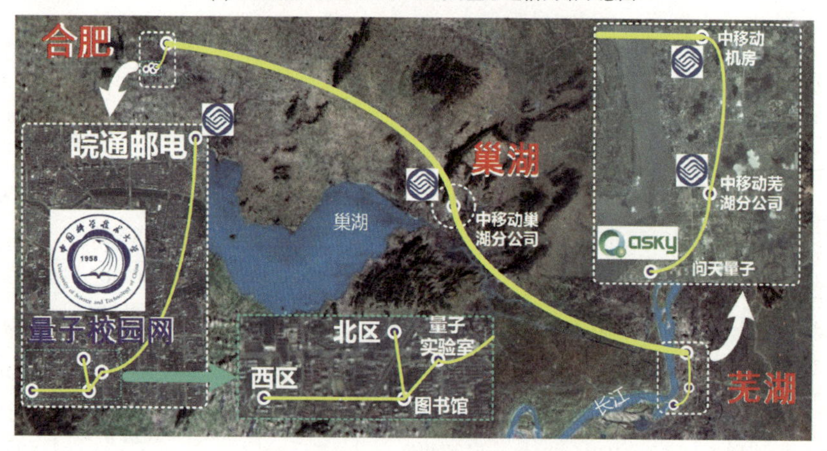

(b) 合肥–巢湖–芜湖量子网络示意图[29]

图 1-3　实际量子通信网络示意图

1.2.2　连续变量 QKD 研究现状

对比离散变量 QKD 的有限维离散希尔伯特空间，连续变量 QKD 的编码量子态所在的希尔伯特空间是无限维且连续的。信息的载体也不再是单光子的偏振或者相位，而是光场态的正则分量（相空间中的“位置”和“动量”）。连续变量 QKD 中最典型的协议是 F. Grosshan 和 P. Grangier 于 2002 年提出的 GG02 协议[48]，通信双方采用相干态的振幅和相位来进行信息传递。表 1-3列出了主要的连续变量 QKD 协议。

由于本书主要讨论 QKD 的实际安全性，而在连续变量 QKD 协议中，相干态类协议实际应用最为广泛，包括以 GG02 协议为代表的相干态零差协议和以无开关协议[49]为代表的相干态外差协议。因此，下面主要以相干态类协议为线索来介绍连续变量 QKD 的研究现状。

2002 年，F. Grosshans 和 P. Grangier 提出了 GG02 协议，并在正向协调下证明了其针对个体窃听的安全性[48]。但是，基于正向协调的 GG02 协议要求信道透射率不低于 50 %，即通常所说的“3 dB 极限”。为了突破 3 dB 极限，F. Grosshans 等于 2003 年提出了反向协调算法，可以确保相干态协议在任意的信道透射率、个体窃听条件下的安全性[50]。2004 年， C. Weedbrook 等基于 GG02 协议，利用外差探测替代零差探测，提出了“无开关”（No-switching）协议[49]，该协议可以同时测量两个分量，因此理论密钥率比 GG02 协议提高了一倍。2006 年， M. Navascués 和 R. Garcia-Patrón 两个团队分别证明了高斯调制连续变量 QKD 协议的最优集体窃听为高斯攻击[51-52]。2009 年，R. Renner 和 J.I. Cirac[53]利用针对无限维系统的量子 de Finetti 定理，将集体窃听的安全性扩展到一般的相干窃听。这就得出了单向连续变量 QKD 协议在无限数据集下的渐近极限安全性证明。后续针对有限码长效应和组合安全性证明的研究于近几年提出。2017 年，相干窃听下的安全码率有了进一步的修正，提升了协议的性能。表 1-3展示了主要的连续变量 QKD 协议。

表 1-3 主要的连续变量 QKD 协议

协议名称	量子态	作者	时间/年
压缩态协议[54]	压缩态	Cerf 等	2001
GG02 协议[48]	相干态	Grosshans 等	2002
无开关 协议[49]	相干态	Weedbrook 等	2004
双路协议[55]	相干态	Pirandola 等	2008
改进压缩态协议[56]	压缩态	Garcia-Patrón 等	2009
四态调制协议[57]	相干态	Leverrier 等	2009
改进双路协议[58]	相干态	Sun 等	2012
源中间协议[59]	EPR 态	Weedbrook 等	2012
相干态测量设备无关协议[60-61]	相干态	Li 等，Pirandola 等	2014
压缩态测量设备无关协议[62]	压缩态	Zhang 等	2014
一维调制相干态协议[63]	相干态	Usenko 等	2015
一维调制压缩态协议[64]	压缩态	Usenko 等	2018
高阶离散调制协议[65]	相干态	Li 等	2018
源无关协议[66]	EPR 态	Zhang 等	2020

随着连续变量 QKD 在理论上的逐步完善，相关的实验研究也得到了快速发展。2003 年，法国法布里实验室 F. Grosshans 等在实验上首次实现了基于高斯调制相干态协议的密钥分发，实验系统在几乎无衰减的情况下可获得 1.7 Mb/s 安全码率，在 3.1 dB 衰减时生成安全码率为 75kb/s（以上码率均为个体窃听下

的估计结果）[67]。同年，法国高等电信学院 P. Jouguet 等实现了传输距离长达 80 km 的完整连续变量-QKD 系统，克服了先前实验无法达到长距离通信的困难[68]。2015 年，上海交通大学曾贵华团队进行了基于高斯调制相干态的连续变量 QKD 网络的现场实现[69]。2017 年，北京大学和北京邮电大学联合团队在广州和西安两地的不同类型商用光纤网络中分别进行了连续变量 QKD 系统的实际性能测试[70]，在西安和广州传输距离分别达到了 30.02 km（12.48 dB 损耗）和 49.85 km（11.62 dB 损耗）。2018 年，北京大学和北京邮电大学联合团队在青岛实现了连续变量 QKD 与实际保密通信业务的结合和示范应用，完成对青岛市政务大数据和云计算中心、中国移动青岛开发区分公司数据中心、青岛国际经济合作区管委会三地视频、音频和文档的加密传输，实现全球首个通过商用光纤线路、针对明确应用场景的完整连续变量 QKD 应用示范。2020 年，北京大学和北京邮电大学联合团队使用低损耗光纤实现了 202.81 km 的连续变量 QKD 实验[71]，且在几乎所有距离上，安全密钥生成速率都高于之前的实验结果。这些研究都表明连续变量 QKD 和离散变量 QKD 一样，也能够满足实际应用的需求。表 1-4列出了主要的相干态连续变量 QKD 实验进展情况。

表 1-4 主要的相干态连续变量 QKD 实验工作

研究小组/公司	调制方式	实验条件	系统架构	主要指标	时间/年
法国国家科学研究院[67]	高斯调制	自由空间	—	75 kb/s@3.1 dB	2003
澳大利亚国立大学[72]	高斯调制	实验室光纤	—	25 Mb/s，1kb/s	2005
法国国家科学研究院[74]	高斯调制	实验室光纤	随路本振	2 kb/s@25 km	2007
法国国家科学研究院[74]	高斯调制	实验室光纤	随路本振	1 Mb/s	2005
法国国家科学研究院[75]	高斯调制	商用光纤	随路本振	—	2008
法国国家科学研究院[76]	高斯调制	商用光纤	随路本振	2 kb/s@17.7 km	2012
丹麦理工大学[77]	高斯调制	实验室光纤	随路本振	19 SNVs	2015
上海交通大学[78,79]	高斯调制	实验室光纤	随路本振	1 Mb/s@25 km 52 kb/s@50 km	2015
法国高等电信学院[68]	高斯调制	实验室光纤	随路本振	80 km	2013
美国圣地亚国家实验室[80]	高斯调制	实验室光纤	本地本振	25 km	2015
上海交通大学[81]	高斯调制	实验室光纤	本地本振	25 km	2015
美国田纳西大学[82]	高斯调制	实验室光纤	本地本振	—	2015
上海交通大学[69]	高斯调制	商用光纤	随路本振	0.25 kb/s@17.52 km 6 kb/s@19.92 km	2015
上海交通大学[83]	高斯调制	实验室光纤	随路本振	100km	2016
山西大学[84]	一维调制	实验室光纤	随路本振	700 b/s@50 km	2017
北京大学和北京邮电大学联合团队[70]	高斯调制	商用光纤	随路本振	6 kb/s@50 km	2017
中国科学技术大学[85]	一维调制	自由空间	—	0.152 kb/s@460 m	2018
北京大学和北京邮电大学联合团队	高斯调制	商用光纤	随路本振	12.4 kb/s@42.76 km 9.0 kb/s@28.27 km	2019
北京大学和北京邮电大学联合团队[71]	高斯调制	实验室光纤	本地本振	202.81 km	2020

1.3 QKD 实际安全性分析和测评现状

经过近 40 年发展，QKD 在理论和实验上都逐步走向成熟，并开始进入实际应用。不过对于实际 QKD 系统而言，由于实际的光学和电学设备总是存在各种非完美性，这就使得系统存在某些潜在的安全性隐患。事实上，QKD 安全性证明时总是需要引入一定假设条件，但这些假设条件在实际系统中有时并不能够得到保证。如图1-4所示，一个实际 QKD 系统的安全性至少应该包括两部分假设：① 基本假设：包括量子力学的正确性，Alice 和 Bob 所使用随机数具有完全随机性等；② 实际假设：包括公平样本假设，相位随机化假设，探测器探测效率一致性假设等。

图 1-4 实际 QKD 系统安全性结构示意图，实际 QKD 系统的安全性总是基于基本假设和实际假设这两类假设条件而言，只有在这两类假设都成立的基础上才能够保证密钥的无条件安全性

对于 QKD 的安全性而言，基本假设中涉及量子力学的一些基本概念，这些假设是保证 QKD 安全的基本要求，不属于 QKD 实际安全性所讨论的范畴。而实际假设是依据实际 QKD 系统所使用光电器件的特性提出的，但在实际应用场景中，受器件非理想性等因素影响，这些假设条件有时并不能够成立，这就使得系统存在潜在安全性漏洞。利用实际器件漏洞，窃听者就可以获取部分乃至全部的密钥信息而不会被通信双方所发现。换言之，本书所讨论的实际安全性主要基于 QKD 安全证明的实际假设而言。

如图1-5所示，一个完整的 QKD 系统包括物理层、协议控制层、密钥管理及应用层。严格地讲，每一层的缺陷都有可能对系统的安全性带来影响。但对于 QKD 的安全性分析而言，我们主要关心物理层和协议控制层的安全性问题，因此对实际 QKD 系统攻防的研究也主要集中在这两个方面。和任何通信系统一样，QKD 系统在物理层上也可以划分为光源、编码、信道、解码、探测五个部分。目前的研究表明这五个方面都可能存在非理想性，这些非理想性也都能够被窃听者利用以获取密钥信息。表 1-5给出了目前已知的主要量子黑客攻击方案。

表 1-5 主要量子黑客攻击方案列表

攻击名称	攻击目标	攻击器件	理论/实验	时间/年
离散变量攻击				
光子数分离攻击 [23-24]	源	多光子脉冲	理论	2000
探测荧光 [86]	探测	探测器	理论	2001
伪态攻击 [87-88]	探测	探测器	理论	2005
特洛伊木马攻击 [89-90]	源/探测	背向反射	理论/实验	2006
时间侧信道 [91]	探测	时间信息	实验	2007
时移攻击 [92-93]	探测	探测器	实验 *	2007
相位重映射 [94-95]	源	相位调制器	实验 *	2010
探测器致盲 [96-97]	探测	探测器	实验 *	2010
探测器致盲 [98-99]	探测	探测器	实验	2011
探测器致盲 [100]	探测	超导探测器	实验	2011
法拉第镜 [101]	源	法拉第镜	理论	2011
波长攻击 [102-103]	探测	分束器	实验	2011
死时间攻击 [104]	探测	探测器	实验	2011
信道标定 [105]	探测	探测器	实验 *	2011
强度攻击 [106-107]	源	强度调制器	实验	2012
相位随机化 [108-109]	源	相位随机化	实验	2012
存储攻击 [110]	探测	经典存储器	理论	2013
激光损伤 [111-112]	探测	探测器	实验	2014
激光注入 [113]	源	激光器	实验	2015
隐信道攻击 [114]	探测	经典存储器	理论	2017
码型效应 [115]	源	强度调制器	实验	2018
连续变量攻击				
非理想光源攻击 [116]	源	态制备	理论	2013
本振光波动攻击 [117]	探测	本振光	理论	2013
本振光校准攻击 [118]	探测	本振光	理论	2013
波长攻击 [119-123]	探测	探测器	理论	2013
特洛伊木马攻击 [124]	源	调制器	理论	2015
饱和攻击 [125]	探测	平衡探测器	实验	2016
参考脉冲攻击 [126]	探测	本振光	理论	2017
偏振攻击 [127]	探测	本振光	理论	2018
致盲攻击 [128]	探测	探测器	实验	2018
激光器种子攻击 [129]	源	激光器	理论	2019
光衰减攻击 [130]	源	衰减器	理论	2019

注：* 表示该攻击在商用 QKD 系统上得到演示验证。

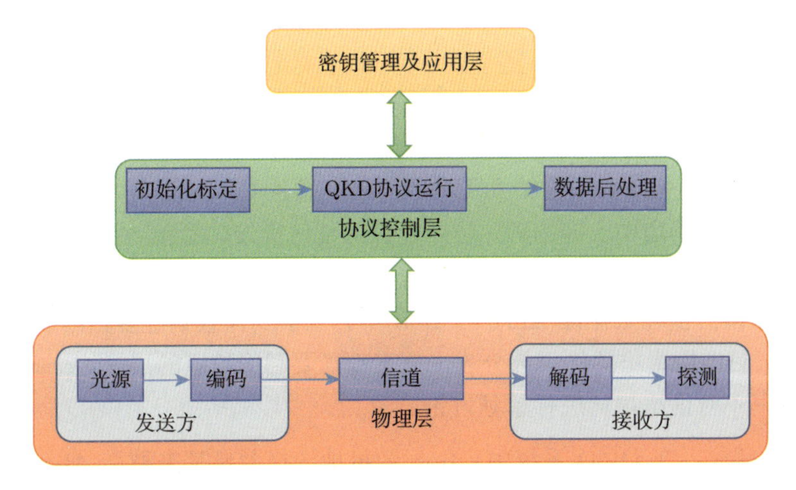

图 1-5 实际 QKD 系统层次结构示意图

(1) 光源：在理想模型中，光源所发送的光脉冲不携带任何的密钥信息（因为 Alice 的信息调制是在编码部分进行），故而不存在安全性问题。但是在实际情况中，光源可能存在侧信道，这就使得进入量子信道的光脉冲不仅在编码维度携带 Alice 的编码信息，而且会在其他维度上携带一定量的信息，从而使得窃听者可以从其他维度上来获取 Alice 的编码信息而不会改变 Alice 的量子态。例如，在基于弱相干光的 BB84 协议中，光源所发送的光脉冲并非是严格的单光子脉冲，而是光子数服从泊松分布的弱相干态光脉冲。因此，部分光脉冲中将出现多于一个光子的情况，这些多余的光子就会将密钥信息泄露给窃听者（Eve 可以保留一个光子，待 Alice 和 Bob 公布基后再进行测量，这样她就可以获得和 Bob 一样的测量结果，这就是著名的光子数分离攻击）。又如，诱骗态 BB84 协议中，光源所发送光脉冲的相位应该满足 $[0, 2\pi]$ 的均匀随机[12-14]①，但在某些系统中该条件并不能得到保证，此时窃听者可以实施源攻击来获取部分密钥信息[108-109,132]。

(2) 编码：编码系统主要用于调制产生 QKD 协议所需要的量子态，但在某些系统中，编码设备的缺陷将导致 Alice 实际所发送的量子态并非 QKD 协议所要求的理想量子态。例如，对于偏振编码的 BB84 系统，Alice 希望产生偏振光 H，但由于偏振分束器有限的消光比，实际产生的偏振态可能是 $\cos\theta|H\rangle + \sin\theta|V\rangle$，其中 θ 是一个非零的角度偏差。又如，在双向“即插即用”(Plug-and-play) 系统中，编码相位调制器存在有限的反应时间，此时窃听者可以通过改变光脉冲到达相位调制器的时间来改变 Alice 的量子态，从

① 此处“均匀随机”是指相位在 $0 \sim 2\pi$ 之间服从均匀分布，但并不严格要求在此范围内连续随机。事实上马雄峰等人证明，有限点的均匀随机就可以保证 BB84 协议的安全性[131]。

而使自己获得更多的信息，这就是所谓的相位重映射（Phase Remapping）攻击[94-95]。

(3) 信道：信道最主要的缺陷是损耗，虽然窃听者可以利用损耗来实施分束攻击[133-135]，但这并不会给其更多的信息，而且 QKD 的安全性证明中已经允许窃听者在信道中实施物理定理所允许的任何操作。因此，信道本身并不存在安全性漏洞。但是，窃听者在实施基于设备缺陷的量子黑客攻击时，通常需要利用信道的损耗来保证 Alice 和 Bob 不会观察到计数率等参数的明显变化。事实上，目前所提出的绝大部分攻击方案都需要利用信道的损耗这一缺陷。因此，本书不对信道损耗进行单独讨论。

(4) 解码：在 QKD 系统中，Bob 随机地选择测量基来测量 Alice 的量子态，而这种随机性可能被窃听者所控制，这就是所谓的基选择随机性问题[136]。比如，在某些光纤 QKD 系统中，Bob 采用一个分束器来被动地随机选择测量基，但分束器的分束比可能存在波长相关性（也就是不同波长的光经过分束器时具有不同的透射率和反射率）。因此，窃听者就可以通过改变量子光信号的波长来控制或预测 Bob 的测量基，这就是所谓的波长攻击[102-103,137]。

(5) 探测：在 QKD 系统中，光脉冲最后都将被探测器所探测，Alice 和 Bob 也需要通过探测器的输出结果来判断系统的安全性并提取最后的密钥。因此对窃听者而言，如果其能够控制 Bob 探测器的响应结果，那么就可以获取全部的密钥信息而不会被发现。事实上，由于探测器的缺陷，窃听者在一定条件下可以实现对探测器的完全控制。例如，在离散变量 BB84 系统中，Bob 需要采用两个单光子探测器来进行光信号探测，而这两个探测器在探测效率、频谱响应等维度上很难保证完全一致。因此，窃听者就可以利用这种差别来实施探测器控制相关的攻击，如伪态攻击[138]、时移攻击[93]、致盲攻击[96]等。

通过上面的介绍可以看出，物理层各部分的缺陷都可能对系统的安全性造成影响。而在实际的攻击中，窃听者也可以结合几个非完美特性获取更多的密钥信息，因此前面的分类只是为了直观而非绝对。同时分析表明，除物理层外，协议控制层的缺陷同样会存在安全性隐患。

(1) QKD 系统在进行密钥分发前都会进行设备校准，从而确保系统保持在较低的误码率水平。虽然这一过程不直接涉及密钥分发过程，但同样存在潜在的安全性隐患。2011 年，N. Jain 等提出了设备标定攻击的概念，并在瑞士 Id Quantique 公司的 Clavis2 商业系统上成功实现了该攻击[105]。

(2) 当 Bob 探测完数据后，Alice 和 Bob 需要对数据进行一定的后处理以便估计系统参数（主要是计数率和误码率），并提取出安全的密钥。数据后处理过程同样决定着系统的安全性。例如，在离散变量 BB84 协议中，对于 Alice 所发送的每个脉冲，Bob 的探测器应当仅有一个探测器发生响应。然而，由于探测器存在暗计数、后脉冲等问题，Bob 的探测器有可能出现双计数事件（两个及以上的探测器同时发生响应）。如果直接丢弃这些双计数事件，那么 QKD 的安全性将受到严重影响[139]（正确的处理方式应该是对双计数事件随机分配一个测量结果）。

前面对 QKD 系统的实际安全性进行了简单介绍，一般来说，当合法通信双方发现系统的某个漏洞后，就需要针对该漏洞进行安全性分析，并提出相应的防御措施来防御该攻击，从而排除窃听者的存在，但这一过程需要注意一些新的安全性问题。

(1) 为了抵御 Eve 的攻击，合法通信双方可能需要引入一些新设备，而这些新设备本身也可能是非完美的，这就可能引入新的安全性漏洞。例如，在基于弱相干光的离散变量 BB84 协议中，Alice 需要随机地制备不同强度的诱骗态来抵御光子数分离攻击。而诱骗态方法需要满足两个基本假设条件：一是光脉冲的相位必须随机；二是信号态和诱骗态不可以区分。但是，由于调制器件的缺陷，这两个假设条件有时可能并不满足。首先，在高速 QKD 系统中，光脉冲的相位可能并非服从均匀分布，而是服从高斯分布[140]。其次，信号态和诱骗态除光强的差别外还可能存在波形、频率、时间等维度的差别[141-142]。所以，Alice 和 Bob 必须仔细审视评估他们所引入的新设备和新假设，以免引入新的安全性漏洞。

(2) 防御策略的设计依赖于攻击方法，其有效性需仔细评估。一般来说，关闭安全性漏洞需要通过密钥率公式修改来实现。但实际操作中可能存在两个方面的困难：一是某些攻击无法很好地纳入到安全性模型和密钥率公式中，如致盲攻击；二是某些安全性漏洞对密钥率的影响较大，如果直接考虑到安全性模型中则可能导致安全密钥过低，无法满足实际应用需求。因此，在实际的应用中，通信双方较为合理的做法是：首先通过仔细的系统设计来尽量减少系统中可能的安全性漏洞；然后再采用安全性监控方式来对系统参数进行仔细监控，从而压缩攻击者的攻击域；最后通过安全模型和密钥率修正来保证系统的安全。其中，安全性监控是保证系统同时具备高安全性和高密钥率的关键。需要注意的是，对给定的监控方案而言，即使其能够有效防御已经发现的给定攻击行为，也并不意味着该监控方案能够抵御基于同一漏洞的所有攻击方案，并完全关闭该安全性漏洞。这是因为攻击策略的设计非常具有主观性，不同设计者所设计的攻击策略在效率上可能存在很大区别。因此，监控方案的有效性是QKD 系统设计中一个必须仔细考虑的问题。

综上所述，实际和理论的偏差会给 QKD 系统带来潜在安全性隐患，为了消除这些安全性隐患，合法通信双方需要充分分析系统，并研究窃听者可能的攻击策略，进而保证 QKD 系统在实际运行环境下的无条件安全。从目前的研究来看，主要有三个途径来实现这一目标。

第一，通信双方可以采用安全补丁来提升现有 QKD 系统的安全性，其研究思路如图 1-6所示。首先，通信双方针对实际 QKD 系统开展测试评估研究，发现系统中可能存在的安全性漏洞；然后，通信双方通过安全性理论模型或者量子黑客攻击方案来评估所发现的安全性漏洞对密钥率的影响；最后，如果发现某种缺陷会导致密钥信息的泄露，通信双方就通过修改协议或者增加系统监控来切断窃听者的攻击路径，从而防止窃听者实施相应的量子黑客攻击。可以看出，这种思路非常简单、有效，而且对现有 QKD 系统的改动最小，但该分析思路无法发现实际系统中的全部安全性漏洞。此外，当发现某种缺陷后，攻击策略的设计具有较强的主观性，不同设计者所设计出的攻击方法在效率上可能存在很大区别。比如，以弱相干脉冲中的多光子脉冲这一缺陷为例，如果仅考虑分束攻击，窃听者仅能获取非常有限的信息，而如果考虑光子数分离攻击，则窃听者可以获取全部的信息。因此，即使合法通信双方认为某种缺陷没有安全性隐患也并不能确保窃听者不能利用该缺陷。所以该思路只能逐步提高系统的实际安全性，而无法保证系统的无条件安全，这正是该思路最大的弊端。

图 1-6　实际 QKD 系统攻防问题研究的基本思路：首先发现缺陷，然后分析缺陷对系统安全性的影响，最后修改协议或者系统来关闭这一缺陷所带来的安全后门

第二，通信双方可以采用设备无关 (Device Independent, DI) QKD 协议来最小化 QKD 安全模型所需要的假设条件 [143-144]。在该方案中，Alice 和 Bob 可以将自己的设备看作是黑盒子，仅通过输入和输出数据，然后利用贝尔

不等式的检验来判定安全性和估计密钥率，从而保证所产生密钥仅来自量子纠缠。可以看出，全设备无关 QKD 完全跳出了图1-6所表示的思路，可以在未知设备运行细节的情况下确保密钥的无条件安全。然而，该方法在进行贝尔不等式的检验时需要系统具有很高的传输和探测效率，这在现有技术条件下具有很大的挑战。虽然，后来 N. Gisin 等提出了标记光放大的概念来解决传输和探测效率这一问题，但其对探测器效率的要求仍然较高 [145]。同时，全设备无关 QKD 的安全密钥产生率较低，尚无法满足实际应用的需求。

第三，通信双方可以采用测量设备无关 (Measurement Device Independent, MDI) 或者半设备无关 (Semi Device Independent，SDI)QKD 等协议来实现安全性和现实技术的平衡。在 QKD 实际安全性和量子黑客攻击的研究中，研究者发现 QKD 系统的测量设备在实际条件下的安全性最为脆弱（这是因为测量设备需要接收来自量子信道的微弱量子信号），而发送端可以通过隔离器等设备实现有效防护（这是因为发送端仅输出量子态信号，不需要接收来自量子信道的外部信号）。基于这一事实，2012 年 H.K. Lo 等提出了 MDI-QKD 的思想 [17]。在该方法中，Alice 和 Bob 不再进行贝尔不等式的验证，而都变为了发送者，然后通过一个非可信任的第三方来进行贝尔态测量，进而建立起无条件安全的密钥。由于测量已经交给了第三方，故其可以移除所有的探测器侧信道，这就成功解决了探测器所面临的全部安全性问题。

综上所述，可以看出，QKD 虽然具有理论上的无条件安全性。但是，由于理论要求和实际实现的偏差，实际 QKD 系统中存在各类潜在的安全性漏洞，而这些漏洞就对 QKD 的安全性构成了潜在威胁。因此，针对实际 QKD 系统开展安全性分析和测评就显得非常重要，这是 QKD 实际应用环境下必须解决的瓶颈问题之一。目前，国际电信联盟、欧洲电信标准化协会、国际标准化组织和国内的信息安全中心、密码行业标准化技术委员会、中国信息通信研究院等单位都在组织相关的产业和研究机构开展 QKD 测评标准的编写和制定，希望建立起有效的测评标准，从而促进 QKD 的发展和落地应用。

本书后面的章节将详细介绍 QKD 的实际安全性问题，并就目前存在的主要问题展开讨论。希望通过本书的介绍读者能够对 QKD 的安全性具有较为全面理解，并能够独立开展相关分析和研究。本书的章节构成如下：第 2 章主要介绍 QKD 安全性分析所需要的量子物理基础，并介绍主要的离散变量和连续变量 QKD 协议。第 3 章介绍 QKD 实验系统所需关键设备和主要的实现方案。第 4 章介绍 QKD 安全性分析所需的信息论基础知识，并详细介绍离散变量 BB84 协议和连续变量 GG02 协议的安全性证明。第 5 章和第 6 章中分别介绍离散变量和连续变量 QKD 系统中的实际安全性问题和量子黑客攻击方案，以及相应的分析方法。第 7 章重点介绍国内外 QKD 安全标准和测评的研究进展，以及相关的研究思路和成果。

第2章

量子物理基础与QKD协议

 2.1 量子物理基础

2.1.1 量子态及其表示

2.1.1.1 希尔伯特空间和量子态矢量

根据量子力学基本假设，量子体系的状态由希尔伯特空间（记为 H）中的线性矢量来描述。希尔伯特空间是一个线性矢量空间，其中的元素可以用狄拉克符号 $|\alpha\rangle, |\beta\rangle, |\gamma\rangle, \cdots$ 等表示。在希尔伯特空间上定义加法运算和内积运算后，其具有如下性质。

(1) 空间 H 在所定义的加法运算下构成线性矢量空间，并满足如下性质：

① 封闭性：对于任意矢量 $|\alpha\rangle, |\beta\rangle \in H$，有 $|\alpha\rangle + |\beta\rangle = |\gamma\rangle \in H$。

② 交换律：对于任意矢量 $|\alpha\rangle, |\beta\rangle \in H$，有 $|\alpha\rangle + |\beta\rangle = |\beta\rangle + |\alpha\rangle$。

③ 结合律：对于任意矢量 $|\alpha\rangle, |\beta\rangle, |\gamma\rangle \in H$，有 $(|\alpha\rangle + |\beta\rangle) + |\gamma\rangle = |\alpha\rangle + (|\beta\rangle + |\gamma\rangle)$。

④ 存在零元：存在一个零元矢量 $|0\rangle \in H$, 对任意矢量 $|\alpha\rangle \in H$ 有 $|\alpha\rangle + |0\rangle = |\alpha\rangle$ 成立。

⑤ 存在逆元：对于任意矢量 $|\alpha\rangle \in H$，存在一个逆矢量 $|-\alpha\rangle \in H$，使得 $|\alpha\rangle + |-\alpha\rangle = |0\rangle$ 成立。

⑥ 标量乘：对于任意的标量 a, b，有

$$
\begin{cases}
a(|\alpha\rangle + \beta\rangle) = a|\alpha\rangle + a|\beta\rangle \\
(a+b)|\alpha\rangle = a|\alpha\rangle + b|\beta\rangle \\
ab|\alpha\rangle = a(b|\alpha\rangle)
\end{cases}
\tag{2.1}
$$

(2) 符号 $\langle *|\cdot|*\rangle \equiv \langle *|*\rangle$ 表示 H 空间中两个元素的内积，那么 H 空间构成内积空间，并且满足下列性质：

$$\begin{cases} \langle\alpha|a\beta\rangle = a\langle\alpha|\beta\rangle \\ \langle\alpha|(|\beta\rangle + |\gamma\rangle) = \langle\alpha|\beta\rangle + \langle\alpha|\gamma\rangle \\ \langle\alpha|\beta\rangle = (\langle\beta|\alpha\rangle)^* \end{cases} \tag{2.2}$$

式中，$\langle\alpha| = (|\alpha\rangle^+)^*$ 表示矢量 $|\alpha\rangle$ 的转置共轭。特别地，$\langle\alpha|\alpha\rangle = |||\alpha\rangle||^2 \geqslant 0$ 称为矢量 $|\alpha\rangle$ 的模或者长度。对于量子态而言，$|\alpha\rangle$ 应满足归一化要求，即 $|\langle\alpha|\alpha\rangle|^2 = 1$。

(3) H 空间是完备的。对于 H 中的任意一个矢量序列 $\{|\alpha_i\rangle\} \in H$ 和任意小的正数 ϵ，都可以找到一个正整数 N，使得对于任意的 $n > N$ 和 $m > N$ 有

$$|||\alpha_n\rangle - |\alpha_m\rangle|| < \epsilon \tag{2.3}$$

成立，因此矢量序列 $\{|\alpha_i\rangle\}$ 是收敛的。H 的完备性意味着这个序列的极限也在 H 空间中。

综上所述，描述量子系统状态的态矢量所构成的希尔伯特空间是线性、完备的复矢量内积空间。注意到，H 空间可以是离散变量的，也可以是连续变量的，空间维度可以是有限的，也可以是无限的。例如，光子偏振态构成二维离散希尔伯特空间，而光子的空间坐标构成无穷维的连续希尔伯特空间。

同时，如果给定 H 空间的任意一组正交、归一、完备的矢量集合 $\{|f_i\rangle\}$（该矢量集合称为 H 空间的一组基），其具有如下性质：

$$\begin{cases} \langle f_i|f_j\rangle = \delta_{ij} \\ \sum_i |f_i\rangle\langle f_i| = 1 \end{cases} \tag{2.4}$$

其中 δ_{ij} 为 Kroneoker 函数。注意到，如果 H 空间为连续空间，则上式需要修改为

$$\begin{cases} \langle f|f'\rangle = \delta(f - f') \\ \int \mathrm{d}f|f\rangle\langle f| = 1 \end{cases} \tag{2.5}$$

通过上面的描述可知，量子系统的状态可以由希尔伯特空间的矢量来表示，这个矢量称为量子态函数或者波函数。在很多实际情况中，所考虑量子系

统不止包括一个粒子，而是由多个粒子构成，或者由一个粒子的多个维度构成。为了描述多粒子或多维度的情况，需要用到复合系统的概念。由于单粒子多维度量子系统的表示方法和多粒子量子系统的表示方法相同，因此为了简单，下面的讨论中统一称其为复合系统。对于复合系统而言，希尔伯特空间由每个子系统的希尔伯特空间直积扩展得到，即

$$H = H_1 \otimes H_2 \otimes H_3 \cdots \tag{2.6}$$

同样，复合系统的量子态也由每个子系统的量子态矢量直积扩展得到，即

$$|\Psi\rangle = |\psi_1\rangle \otimes |\psi_2\rangle \otimes |\psi_3\rangle \cdots \tag{2.7}$$

注意，为了表示的简单，后面的很多表示中都忽略了直积符号 $\otimes$，即将式 (2.7) 简单记为

$$|\Psi\rangle = |\psi_1\rangle|\psi_2\rangle|\psi_3\rangle \cdots \tag{2.8}$$

2.1.1.2 密度算子

2.1.1 节介绍了量子态的表示，如果量子系统的状态可以由希尔伯特空间的一个矢量确定性地描述，那么这样的量子态就称为纯态。但是，对实际的量子系统而言，其总是和外界存在各种各样的相互作用，这种相互作用将导致处于纯态的量子系统丢失相位信息，从而处于混合态。所谓混合态，是指量子系统以 $\{P_i|i = 1, 2, 3, \cdots\}$ 的概率处于量子态 $\{|\alpha_i\rangle\}$。显然，对于混合态而言，上面的表述较为复杂和啰嗦。因此，为了表述得简单，下面介绍密度算子（或称密度矩阵）的概念。

定义 2.1

如果量子系统以 $\{P_i|i = 1, 2, 3, \cdots\}$ 的概率处于量子态 $\{|\alpha_i\rangle\}$，那么系统的密度矩阵可以表示为

$$\boldsymbol{\rho} = \sum_i P_i|\alpha_i\rangle\langle\alpha_i| \tag{2.9}$$

♣

由于量子态 $|\alpha_i\rangle$ 具有列矢量的形式，而 $\langle\alpha_i|$ 具有行矢量的形式，所以 $\boldsymbol{\rho}$ 具有矩阵的形式，这也其被称为密度矩阵的原因（$\boldsymbol{\rho}$ 同样具有量子力学所要求的力学量算子的特性，因此在很多文献中也称 $\boldsymbol{\rho}$ 为密度算子）。可以看出，对于纯态 $|\phi\rangle$ 而言，其密度矩阵具有简单的形式：

$$\boldsymbol{\rho} = |\phi\rangle\langle\phi| \tag{2.10}$$

简单推导可以证明，密度矩阵 $\boldsymbol{\rho}$ 满足如下性质。

(1) 幺迹性：$\mathrm{tr}(\boldsymbol{\rho})=1$。

(2) 厄米性: $\boldsymbol{\rho}^{+}=\boldsymbol{\rho}$。

(3) 正定性：$\boldsymbol{\rho}$ 的本征值非负，即对任意量子态 $|\phi\rangle$ 有 $\langle\phi|\boldsymbol{\rho}|\phi\rangle\geqslant 0$。

(4) 幂等性：如果量子体系处于纯态，则有 $\boldsymbol{\rho}^2=\boldsymbol{\rho}$。同时，如果量子体系处于混合体，则 $\boldsymbol{\rho}^2\neq\boldsymbol{\rho}$。因此，密度矩阵的幂等性可以用于判断量子体系是否处于纯态。

(5) 任何力学量算子 $\hat{F}$ 在量子态 $\boldsymbol{\rho}$ 下的平均值为 $\mathrm{tr}[\hat{F}\boldsymbol{\rho}]$。

上面介绍了单粒子系统的密度矩阵及其性质，对于复合系统而言，任意子系统的密度矩阵可以由复合系统密度矩阵部分求迹得到，称为子系统的“约化密度矩阵”。例如，对于 A 和 B 系统所构成的复合系统，如果其密度矩阵为 $\boldsymbol{\rho}_{AB}$，那么 A 系统和 B 系统的约化密度矩阵分别为

$$\begin{aligned}\boldsymbol{\rho}_A&=\mathrm{tr}_B(\rho_{AB})\\ \boldsymbol{\rho}_B&=\mathrm{tr}_A(\rho_{AB})\end{aligned}\tag{2.11}$$

式中，tr_A 和 tr_B 分别表示对 A 和 B 系统部分求迹。

例 2.1 以光子的偏振为例简要说明纯态和混合态的表示以及区别。首先，假设光子处于偏振纯态：

$$|\phi\rangle=\cos\theta|H\rangle+\mathrm{e}^{\mathrm{i}\varphi}\sin\theta|V\rangle\tag{2.12}$$

式中：φ 为相对相位因子，θ 为偏振的角度。

此时，光子的密度矩阵可以写为

$$\boldsymbol{\rho}=|\phi\rangle\langle\phi|=\cos^2\theta|H\rangle\langle H|+\cos\theta\sin\theta(\mathrm{e}^{-\mathrm{i}\varphi}|H\rangle\langle V|+\mathrm{e}^{\mathrm{i}\varphi}|V\rangle\langle H|)+\sin^2\theta|V\rangle\langle V|\tag{2.13}$$

如果选取 $\{|H\rangle,|V\rangle\}$ 基，则式 (2.19) 具有如下矩阵形式：

$$\boldsymbol{\rho}=\begin{bmatrix}\cos^2\theta & \cos\theta\sin\theta\mathrm{e}^{-\mathrm{i}\varphi}\\ \cos\theta\sin\theta\mathrm{e}^{\mathrm{i}\varphi} & \sin^2\theta\end{bmatrix}\tag{2.14}$$

即为光子任意偏振态在 $\{|H\rangle,|V\rangle\}$ 基下的密度矩阵表示。

同时，如果假设光子处于偏振的混合态，即以 $p=\cos^2\theta$ 的概率处在水平偏振态 $|H\rangle$，以 $1-p=\sin^2\theta$ 的概率处于竖直偏振态 $|V\rangle$。此时，光子偏振态的密度矩阵应写为

$$\boldsymbol{\rho}'=\cos^2\theta|H\rangle\langle H|+\sin^2\theta|V\rangle\langle V|\tag{2.15}$$

同样，在 $\{|H\rangle, |V\rangle\}$ 基下，式 (2.15) 具有如下矩阵形式：

$$\boldsymbol{\rho}' = \begin{bmatrix} \cos^2\theta & 0 \\ 0 & \sin^2\theta \end{bmatrix} \tag{2.16}$$

可以看出，式 (2.14) 和式 (2.16) 所表示的矩阵具有相同的对角元，但纯态具有非零的非对角元，而混合态的非对角元为零①。事实上，当量子系统和外界环境存在相互作用时，纯态密度矩阵非对角元的相位信息会发生丢失，此时纯态就会退化为混合态。这可以从两方面来理解。一方面，可以证明当纯态的相位完全随机时，纯态会退化到混合态。即如果式 (2.13) 中的相位 φ 服从 $[0, 2\pi]$ 的均匀随机，则

$$\boldsymbol{\rho}' = \frac{1}{2\pi}\int_0^{2\pi} \rho \mathrm{d}\varphi = \cos^2\theta|H\rangle\langle H| + \sin^2\theta|V\rangle\langle V| \tag{2.17}$$

可以看出，式 (2.17) 具有和混合态式 (2.15) 完全相同的表示。另外，对于式 (2.15) 所描述的混合态量子系统 Q，可以找到一个辅助环境系统 E，使得量子系统 Q 和辅助环境系统 E 所构成的复合系统处于纯态，即

$$|\Psi\rangle_{QE} = \cos\theta|H\rangle_Q|e_0\rangle_E + \sin\theta|V\rangle_Q|e_1\rangle_E \tag{2.18}$$

式中，该纯态满足条件 $\mathrm{tr}_E(|\Psi\rangle\langle\Psi|) = \rho'$。

注意到，一般来说对于给定的混合态而言，其纯化矩阵的形式不唯一，但不同的纯化形式可以通过 LOCC 转化。

例 2.2 二维希尔伯特空间的纯态可以采用 Bloch 球面上的点唯一表示。对于二维希尔伯特空间的纯态而言，其具有一般表述形式：

$$|\psi\rangle = a|0\rangle + b|1\rangle \tag{2.19}$$

式中：$\{|0\rangle, |1\rangle\}$ 为二维希尔伯特空间的一组正交归一完备基。

同时，根据量子态的归一化条件，系数 a 和 b 应该满足条件 $|a|^2+|b|^2=1$。因此，不失一般性可以令 $a=\cos(\theta/2), b=\mathrm{e}^{\mathrm{i}\varphi}\sin(\theta/2)$。此时，量子态式 (2.19) 可以重新表述为

$$|\psi\rangle = \cos(\theta/2)|0\rangle + \mathrm{e}^{\mathrm{i}\varphi}\sin(\theta/2)|1\rangle \tag{2.20}$$

① 当然，需要注意的是，此处混合态密度矩阵的非对角元为零是因为假设了量子体系处于完全混合的状态。对于部分混合态而言，其密度矩阵的非对角元可以不为零。

可以看出，参数 θ 和 φ 唯一确定了量子态。遍历所有的 θ 和 φ 时刚好形成一个球面，如图 2-1所示。换言之，二维空间的纯态可以采用图 2-1所示球面上的一点来唯一表示，这个球称为 Bloch 球。

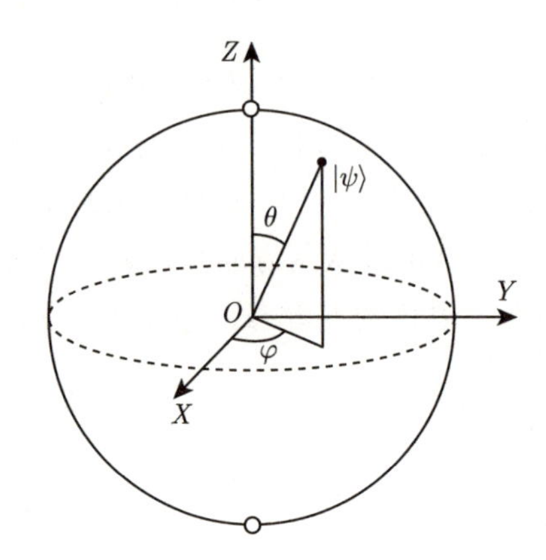

图 2-1 二维量子态的 Bloch 球表示（其中 X、Y、Z 三个方向的正向和反向分别表示算子 $\hat{X}$、$\hat{Y}$、$\hat{Z}$ 本征值为 1 和 −1 的本征态方向，$|0\rangle, |1\rangle$ 为算子 $\hat{Z}$ 本征值为 1 和 −1 的本征态）

2.1.2 量子测量

2.1.2.1 量子投影测量

根据量子力学基本假设，量子力学的力学量由线性厄米算子来表示。如果力学量算子 $\hat{F}$ 具有本征值谱 $\{f_n|n=1,2,3,\cdots\}$，以及本征值所对应的本征态 $\{|f_n\rangle\}$，那么采用力学量 $\hat{F}$ 对量子态 $|\alpha\rangle$ 进行测量时，量子力学预言了如下结论：

（1）测量结果只能是力学量算子 $\hat{F}$ 的某一个本征值 f_n。

（2）测量得到本征值 f_n 的概率为 $P_n=|\langle f_n|\alpha\rangle|^2$，并且 $\sum_n P_n=1$。测量结果的概率和为 1，这由本征态的完备性 $\sum_n |f_n\rangle\langle f_n|=I$ 和量子态的归一性 $\langle\alpha|\alpha\rangle=1$ 共同决定。

（3）测量后量子态将由原始状态 $|\alpha\rangle$ 塌缩到力学量算子 $\hat{F}$ 本征值 f_n 所对应的本征态 $|f_n\rangle$ 上，该塌缩过程是突然的、不可逆的。

上面所描述的测量过程可以采用“测量算子”的语言来描述，即测量过程可以由测量算子集合 $\{\hat{F}_n=|f_n\rangle\langle f_n|\}$ 来表示，其中 $n=1,2,3,\cdots$ 表示可能的测量结果。如果测量前量子系统所处的量子态为 $|\alpha\rangle$，那么测量后量子系统

的状态为

$$\frac{\hat{F}_n|\alpha\rangle}{\sqrt{\langle\alpha|\hat{F}_n^+\hat{F}_n|\alpha\rangle}} \tag{2.21}$$

其中分母是为了保证测量后的量子态仍然满足归一化要求。同时，测得结果 n 的概率为

$$P_n = \langle\alpha|\hat{F}_n^+\hat{F}_n|\alpha\rangle \tag{2.22}$$

可以看出，经测量算子 $\hat{F}_n$ 作用后，量子态将塌缩到本征态 $|f_n\rangle$，因此 $\hat{F}_n$ 又称为投影测量。同时，算子集合 $\{\hat{F}_n\}$ 满足以下条件。

（1）正交性：即如果 $n \neq m$，则 $\mathrm{tr}[\hat{F}_n\hat{F}_m] = 0$。

（2）完备性：即对任意归一化的量子态 $|\alpha\rangle$ 有 $\sum_n\langle\alpha|\hat{F}_n^+\hat{F}_n|\alpha\rangle=1$。

2.1.2.2 正定算子值测量

根据量子力学，量子测量假设包含两个方面内容：一方面它给出了量子测量结果的统计预言，即可能出现的不同测量结果的概率；另一方面它给出了测量以后系统所处的状态。但是，对于某些问题，人们对测量后系统所处的态并不关心，而主要关心每个测量结果出现的概率。在这种情况下，数学上有一个简洁的工具来描述，这就是正定算子值测量 (Positive Operator Valued Measure, POVM)。POVM 测量作为量子测量假设的一般性推广，具有更加简洁的结构，并且在整个量子信息技术中具有非常重要而广泛的应用，下面对其进行单独讨论。

假设一个由测量算子 $\{M_m\}$ 所描述的测量作用在态 $|\Psi\rangle$ 所描述的量子系统上，那么得到结果 m 的概率为

$$p(m) = \langle\Psi|M_m^+M_m|\Psi\rangle \tag{2.23}$$

令

$$E_m = M_m^+M_m \tag{2.24}$$

从量子测量假设和初等线性代数可以证明，E_m 是一个正定算子，且满足：① $\Sigma_m E_m = I$；② $p(m) = \langle\Psi|E_m|\Psi\rangle$。因此，算子 $\{E_m\}$ 完全决定了不同测量结果的概率。算子 E_m 就称为关于测量结果的 POVM 分量，完全集 $\{E_m\}$ 就是一个 POVM。POVM 算子的一般性定义如下：

定义 2.2

POVM 是满足下列性质的任意算子 $\{E_m\}$ 的集合:

(1) 每个算子 E_m 为正定算子，即

$$E_m^+ = E_m, \quad \langle\Psi|E_m|\Psi\rangle \geqslant 0 \tag{2.25}$$

式中：$|\Psi\rangle$ 为任意的量子态。

(2) 完备性关系 $\Sigma_m E_m = I$ 成立，即所有测量结果的概率和为 1。

(3) 给定一个 POVM 分量，得到结果 m 的概率为

$$p(m) = \langle\Psi|E_m|\Psi\rangle = \mathrm{tr}(E_m\rho) \tag{2.26}$$

式中：ρ 为量子态的密度矩阵。♣

上面给出了 POVM 算子的一般性定义，但根据量子力学基本假设，真实的物理测量应该只能是投影测量，那么在实际系统中如何实现一般意义上的 POVM 测量呢？这可以通过引入一个辅助系统，并在辅助系统上执行投影测量来实现。具体来说，假设有一个态空间为 Q 的量子系统，想在系统 Q 上执行一个由测量算子 $\{E_m = M_m^+ M_m\}$ 所描述的 POVM 测量。为了实现这种 POVM 测量，需要引入一个态空间为 M 的辅助系统，它的正交归一基为 $\{|m\rangle\}$，其量子数 m 对应于 POVM 测量可能的测量结果 m。这个辅助系统可认为仅仅是一个数学手段，或者物理地解释为引入的另一个量子系统。可以证明，通过在复合系统 QM 上引入一定的相互作用，并在 M 系统上实施投影测量就可以实现所需要的 POVM 测量。

假设 $|0\rangle_M$ 是辅助系统 M 的某一标准基态，定义算子 U 的作用为

$$U|\psi\rangle_Q|0\rangle_M \equiv \sum_m M_m|\psi\rangle_Q|m\rangle_M \tag{2.27}$$

可以证明所定义的算子 U 可以扩展为态空间 $Q\otimes M$ 的一个幺正算子。事实上，

$$\begin{aligned}\left\langle\phi\left|\left\langle 0\left|U^+U\right|\psi\right\rangle\right|0\right\rangle &= \sum_{m,m'}\left\langle\phi\left|M_m^+M_{m'}\right|\psi\right\rangle\langle m|m'\rangle \\ &= \sum_m\left\langle\phi\left|M_m^+M_m\right|\psi\right\rangle = \langle\phi|\psi\rangle\end{aligned} \tag{2.28}$$

此时，假设在该复合系统 QM 上执行一个 $P_m \equiv I_Q \otimes |m\rangle\langle m|$ 所表述的

投影测量，则出现结果 m 的概率为

$$
\begin{aligned}
p(m) &= \left\langle \psi \left| \langle 0 \left| U^{+} P_m U \right| \psi \rangle \right| 0 \right\rangle \\
&= \sum_{mm'} \left\langle \psi \left| M_{m'}^{+} \langle m' \right| (I_Q \otimes |m\rangle\langle m) M_{m'} |\psi\rangle \left| m'' \right\rangle \\
&= \left\langle \psi \left| M_m^{+} M_m \right| \psi \right\rangle \\
&= \langle \psi | E_m | \psi \rangle
\end{aligned} \tag{2.29}
$$

测量出现结果为 m 后，复合系统的联合态为

$$
\frac{P_m U|\psi\rangle|0\rangle}{\sqrt{\langle \psi \left| U^{+} P_m U \right| \psi \rangle}} = \frac{M_m|\psi\rangle|m\rangle}{\sqrt{\langle \psi \left| M_m^{+} M_m \right| \psi \rangle}} \tag{2.30}
$$

换言之，对辅助系统 M 投影测量后，系统 M 的量子态为 $|m\rangle$，系统 Q 的量子态为

$$
\frac{P_m U|\psi\rangle|0\rangle}{\sqrt{\langle \psi \left| U^{+} P_m U \right| \psi \rangle}} = \frac{M_m|\psi\rangle}{\sqrt{\langle \psi \left| M_m^{+} M_m \right| \psi \rangle}} \tag{2.31}
$$

这正是量子测量假设的结果。因此，通过引入辅助系统、幺正演化和投影测量可以实现量子测量假设描述的任意 POVM 测量。

2.1.2.3 泡利算子及其本征态

对于二维量子系统而言，其希尔伯特空间存在四个线性无关的测量算子。在该空间上有一组特殊的算子称为泡利算子，定义为 $\{\hat{\boldsymbol{I}}, \hat{\boldsymbol{\sigma}}_x, \hat{\boldsymbol{\sigma}}_y, \hat{\boldsymbol{\sigma}}_z\}$。它们在 $\hat{\sigma}_z$ 表象下的矩阵形式分别为

$$
\hat{\boldsymbol{I}} = \begin{bmatrix} 1 & 0 \\ 0 & 1 \end{bmatrix}, \quad \hat{\boldsymbol{\sigma}}_x = \begin{bmatrix} 0 & 1 \\ 1 & 0 \end{bmatrix}, \quad \hat{\boldsymbol{\sigma}}_y = \begin{bmatrix} 0 & -i \\ i & 0 \end{bmatrix}, \quad \hat{\boldsymbol{\sigma}}_z = \begin{bmatrix} 1 & 0 \\ 0 & -1 \end{bmatrix} \tag{2.32}
$$

式中：$\hat{\boldsymbol{I}}$ 称为单位算子，$\hat{\boldsymbol{\sigma}}_x, \hat{\boldsymbol{\sigma}}_y, \hat{\boldsymbol{\sigma}}_z$ 称为泡利算子的 3 个分量，它们分别代表沿 $i = x, y, z$ 方向测量二维量子态。

注意，有时为了简单，也将 $\{\hat{\boldsymbol{I}}, \hat{\boldsymbol{\sigma}}_x, \hat{\boldsymbol{\sigma}}_y, \hat{\boldsymbol{\sigma}}_z\}$ 简单地记为 $\{\boldsymbol{I}, \boldsymbol{X}, \boldsymbol{Y}, \boldsymbol{Z}\}$，在本书后面有时也将这两种符号混合使用。简单的推导可以发现，泡利算子的本征值均为 1 或者 -1。如果令量子态 $|0\rangle$ 和 $|1\rangle$ 分别表示 $\hat{\boldsymbol{\sigma}}_z$ 算子本征值 1 和 -1 所对应的本征态，即

$$
\hat{\boldsymbol{\sigma}}_z|0\rangle = |0\rangle, \quad \hat{\boldsymbol{\sigma}}_z|1\rangle = -|1\rangle \tag{2.33}
$$

那么，$\hat{\boldsymbol{\sigma}}_x$ 和 $\hat{\boldsymbol{\sigma}}_y$ 的本征态分别可以表示为

$$\begin{cases} \hat{\boldsymbol{\sigma}}_x|+\rangle = |+\rangle, & \hat{\boldsymbol{\sigma}}_x|-\rangle = -|-\rangle \\ \hat{\boldsymbol{\sigma}}_y|+i\rangle = |+i\rangle, & \hat{\boldsymbol{\sigma}}_y|-i\rangle = -|-i\rangle \end{cases} \tag{2.34}$$

其中

$$\begin{cases} |\pm\rangle = \dfrac{1}{\sqrt{2}}(|0\rangle \pm |1\rangle) \\ |\pm i\rangle = \dfrac{1}{\sqrt{2}}(|0\rangle \pm i|1\rangle) \end{cases} \tag{2.35}$$

则

$$\begin{cases} \hat{\boldsymbol{\sigma}}_x|0\rangle = |1\rangle, & \hat{\boldsymbol{\sigma}}_x|1\rangle = |0\rangle \\ \hat{\boldsymbol{\sigma}}_y|0\rangle = |1\rangle, & \hat{\boldsymbol{\sigma}}_y|1\rangle = -|0\rangle \end{cases} \tag{2.36}$$

因此在很多文献中将 $\boldsymbol{Z}$ 算子称为相位算子，而将 $\boldsymbol{X}$ 算子称为比特反转算子，$\boldsymbol{Y}$ 算子表示同时进行了相位操作和比特反转操作。

例 2.3 如果取式 (2.32) 所定义的矩阵 $\{\boldsymbol{I}, \boldsymbol{\sigma}_x, \boldsymbol{\sigma}_y, \boldsymbol{\sigma}_z\}$ 作为二维希尔伯特空间的一组线性无关的基，那么二维空间的任意量子态 $\boldsymbol{\rho}$ 可以在这组基下展开为

$$\boldsymbol{\rho} = a_0\boldsymbol{I} + a_x\boldsymbol{\sigma}_x + a_y\boldsymbol{\sigma}_y + a_z\boldsymbol{\sigma}_z \tag{2.37}$$

同时，注意到量子态满足归一化条件，即 $\mathrm{tr}(\boldsymbol{\rho}) = 1$，因此 $a_0 = 1/2$。此时可以将上式重新表述为

$$\boldsymbol{\rho} = \frac{1}{2}(\boldsymbol{I} + P_x\boldsymbol{\sigma}_x + P_y\boldsymbol{\sigma}_y + P_z\boldsymbol{\sigma}_z) \equiv \frac{1}{2}(\boldsymbol{I} + \boldsymbol{P}\cdot\boldsymbol{\sigma}) \tag{2.38}$$

式中：$\boldsymbol{P}$ 称为极化矢量。

换言之，二维空间的量子态 $\boldsymbol{\rho}$ 和极化矢量 $\boldsymbol{P}$ 具有一一对应关系，两者都给出了量子系统的全部物理信息。因此，有时也直接采用极化矢量来表示二维的量子态。

2.1.3 几种常见量子态的表示

2.1.3.1 单光子态

单光子态是一种特殊的量子态。对于理想的单光子态而言，光场中仅存在一个单频的光子，因此可以用粒子数态 $|1\rangle$ 来表示。在很多文献中，为了推导

简单，也经常采用产生算子 $\hat{a}_+$ 作用在真空态上来表示单光子状态，即

$$|1\rangle = \hat{a}_+|0\rangle \tag{2.39}$$

同样，也可以在任意的力学量表象下写成单光子态的表示。例如，在坐标表象下单光子态的表示可以写为

$$|1\rangle = \int_{-\infty}^{\infty} \mathrm{d}x\psi(x)|x\rangle \tag{2.40}$$

式中：$\psi(x)$ 表示单光子在坐标空间的概率幅；$|\psi(x)|^2$ 表示在坐标点 x 探测到光子的概率。

式 (2.39) 介绍了单模单光子态的表示，对于多模的单光子态而言，其可以有类似的表示，即

$$|\Psi\rangle = (\hat{a}_+^1 + \hat{a}_+^2 + \hat{a}_+^3 + \cdots)|0\rangle \tag{2.41}$$

式中：$|0\rangle \equiv |0\rangle_1 \otimes |0\rangle_2 \otimes |0\rangle_3 \cdots$ 表示多个模式的真空态；$\hat{a}_+^i \equiv I \otimes I \otimes \cdots \otimes \hat{a}_+^i \otimes I \otimes \cdots$ 表示产生算子作用做第 i 个模式上，其他模式的作用算子为单位算子。

产生算子 $\hat{a}_+$ 和湮灭算子 $\hat{a}_-$ 是量子力学中两个非常重要的算子，在描述谐振场（如光场）的特性时具有广泛用处，能够极大简化推导过程。产生算子和湮灭算子是广义坐标算子 $\hat{X}$ 和广义动量算子 $\hat{Q}$ 的线性组合，它们之间满足如下的变换关系：

$$\begin{cases} \hat{a}_- = (\hat{X} + i\hat{Q})/\sqrt{2} \\ \hat{a}_+ = (\hat{X} - i\hat{Q})/\sqrt{2} \end{cases} \tag{2.42}$$

可以看出，产生算子和湮灭算子互为共轭，即 $\hat{a}_- = (\hat{a}_+)^+$，且满足对易关系 $[\hat{a}_-, \hat{a}_+] = 1$。量子力学表明，对于任意的粒子数态 $|n\rangle$ 而言，有下面的关系式成立：

$$\begin{cases} \hat{a}_-|n\rangle = \sqrt{n}|n-1\rangle \\ \hat{a}_+|n\rangle = \sqrt{n+1}|n+1\rangle \end{cases} \tag{2.43}$$

这也是 $\hat{a}_-(\hat{a}_+)$ 称为湮灭（产生）算子的原因。

2.1.3.2 相干态

相干态是量子力学中一类特殊的状态，它是湮灭算子的本征态，也是坐标算子和动量算子的最小不确定态。而且，由于激光器所产生的光场态可以采用

相干态来描述，因此在量子信息中具有特殊作用。事实上，由于单光子源在体积、复杂性和成本方面还不成熟，当前实际应用的 QKD 系统大多数都采用相干态来进行密钥分发，因此本节介绍相干态的表示和基本特征。

定义 2.3

相干态定义为湮灭算子的本征态，即相干态满足如下本征方程：

$$\hat{a}_-|\alpha\rangle = \alpha|\alpha\rangle \tag{2.44}$$

式中：$\alpha = |\alpha|\mathrm{e}^{\mathrm{i}\varphi}$ 为复数。

量子光学表明，在粒子数表象下，相干态可以表示为

$$|\alpha\rangle = \mathrm{e}^{-|\alpha|^2/2}\sum_{n=0}^{\infty}\frac{\alpha^n}{\sqrt{n!}}|n\rangle \tag{2.45}$$

式中：$|n\rangle$ 称为粒子数态，表明在该量子态下具有 n 个全同的粒子。例如，对于光场态而言，$|n\rangle$ 表示在该状态下具有 n 个全同的光子。♣

式 (2.45) 给出了相干态在粒子数表象下的表示，除了这个表示外，还可以通过平移算子 $\hat{D}$ 来表示相干态，其定义为

$$\hat{D}(\alpha) \equiv \mathrm{e}^{\alpha\hat{a}_+ - \alpha^*\hat{a}_-} \tag{2.46}$$

利用上面的定义以及产生湮灭算子的对易关系 $[\hat{a}_-, \hat{a}_+] = 1$，可以证明：

$$|\alpha\rangle = \mathrm{e}^{\alpha\hat{a}_+ - \alpha^*\hat{a}_-}|0\rangle = \hat{D}(\alpha)|0\rangle \tag{2.47}$$

所以，相干态可以看作是真空态经平移算子操作后得到的量子态。

例 2.4 推导式 (2.45)。由于所有粒子数态 $\{|n\rangle\}$ 构成一组正交、归一、完备的基，所以相干态 $|\alpha\rangle$ 可以在粒子数态下进行展开，即

$$|\alpha\rangle = \sum_{n=0}^{\infty} c_n|n\rangle \tag{2.48}$$

展开系统 $c_n = \langle n|\alpha\rangle$。根据式 (2.43) 的关系可以容易推导出

$$|n\rangle = \frac{(\hat{a}_+)^n}{\sqrt{n!}}|0\rangle \tag{2.49}$$

则

$$c_n = \langle n|\alpha\rangle = \frac{1}{\sqrt{n!}}\langle 0|(\hat{a}_-)^n|\alpha\rangle = \frac{\alpha^n}{\sqrt{n!}}C_0 \tag{2.50}$$

同时，根据波函数的归一化条件

$$1 = \langle\alpha|\alpha\rangle = \sum_{n=0}^{\infty}|c_n|^2 = |c_0|^2\mathrm{e}^{|\alpha|^2} \tag{2.51}$$

所以有 $c_0 = \mathrm{e}^{-|\alpha|^2/2}$。综上，相干态在粒子数态下可以展开表示为

$$|\alpha\rangle = \sum_{n=0}^{\infty}\mathrm{e}^{-|\alpha|^{2/2}} \Rightarrow \mathrm{e}^{-|\alpha|^2/2}\frac{\alpha^n}{\sqrt{n!}}|n\rangle \tag{2.52}$$

例 2.5 可以证明当相干态的相位完全随机时，其可以写成粒子数空间的对角态，即所有粒子数态的经典混合态。简单推导如下：

$$\begin{aligned}\rho =& \int_0^{2\pi}\mathrm{d}\theta|\alpha\rangle\langle\alpha| \\ =&\mathrm{e}^{-|\alpha|^2}\int_0^{2\pi}\mathrm{d}\theta\sum_{n,m=0}^{\infty}\frac{|\alpha|^{n+m}\mathrm{e}^{\mathrm{i}(n-m)\theta}}{\sqrt{n!m!}}|n\rangle\langle m| \\ =&\mathrm{e}^{-|\alpha|^2}\sum_{n,m=0}^{\infty}\frac{|\alpha|^{n+m}}{\sqrt{n!m!}}|n\rangle\langle m|\int_0^{2\pi}\mathrm{d}\theta\mathrm{e}^{\mathrm{i}(n-m)\theta} \\ =&\mathrm{e}^{-|\alpha|^2}\sum_{n=0}^{\infty}\frac{|\alpha|^{2n}}{n!}|n\rangle\langle n|\end{aligned} \tag{2.53}$$

可以看出，对于相位完全随机化的相干态而言，光场中出现 n 光子的概率为

$$P_n = \mathrm{e}^{-\mu}\frac{\mu^n}{n!} \tag{2.54}$$

式中 $\mu = |\alpha|^2$ 表示光场的平均光子数。

2.1.3.3　纠缠态

前面介绍到，量子系统的状态可以由希尔伯特空间的线性矢量来描述，那么对于多个粒子构成的复合系统，其状态空间由每个粒子的希尔伯特空间直积张成。此时，复合系统可以处于一类特殊的状态，即量子纠缠态。关于纠缠的性质以及贝尔不等式在很多书中都有详细讨论，因此本书不再对此进行展开描述，感兴趣的读者可以参阅相关的书籍。

下面仅以两个二维系统的粒子为例来简要介绍量子纠缠的基本特性。假设 A、B 是两个二维系统的粒子，那么复合系统所处的希尔伯特空间存在 4 个独立的基矢，分别记为 $\{|00\rangle, ||01\rangle, |10\rangle, |11\rangle\}$。$|0\rangle$ 和 $|1\rangle$ 分别表示 $\hat{Z}$ 算子本征值为 1 和 -1 的本征态。根据量子态的线性叠加原理，此时 AB 粒子可以处于下面的线性叠加状态：

$$|\Psi\rangle = \frac{1}{\sqrt{2}}(|0\rangle_{\mathrm{A}}|0\rangle_{\mathrm{B}} + |1\rangle_{\mathrm{A}}|1\rangle_{\mathrm{B}}) \tag{2.55}$$

式中：下标 A、B 表示粒子 A 或 B 的状态。为了简单，后面的讨论中都忽略下标，同时 $|0\rangle|0\rangle = |0\rangle \otimes |0\rangle$ 表示两个矢量的直积。

根据前面的知识可以发现，式 (2.55) 所表述的量子态具有如下性质：

（1）如果沿 $\hat{\sigma}_z$ 方向测量粒子 A 状态，得到本征值 1 和本征值 -1 的概率均为 1/2。同样，如果沿 $\hat{\sigma}_z$ 方向测量粒子 B 状态，也将以 1/2 的概率得到本征值 1 或者 -1。换言之，在量子态 $|\Psi\rangle$ 下，粒子 A 和粒子 B 的状态都具有不确定性。

（2）如果先沿 $\hat{\sigma}_z$ 方向测量粒子 A 的状态，并且得到了本征值 1，那么根据量子力学的测量假设，AB 复合系统的状态将塌缩为 $|0\rangle|0\rangle$，此时如果再沿 $\hat{\sigma}_z$ 方向测量粒子 B 的状态，将确定性的得到本征值 1。同样，如果先测量粒子 B，再测量粒子 A，也能够得到相同的结果。换言之，测量一个粒子的状态后另一个粒子将具有确定的状态。

（3）沿任意 $\boldsymbol{n}$ 方向测量粒子状态后，A 和 B 的测量结果具有确定性的关联，即

$$\langle\Psi|\hat{\sigma}_n^{\mathrm{A}} \otimes \hat{\sigma}_n^{\mathrm{B}}|\Psi\rangle = 1 \tag{2.56}$$

式中 $\hat{\sigma}_n = \hat{\boldsymbol{\sigma}} \cdot \boldsymbol{n} = n_x\hat{\sigma}_x + n_y\hat{\sigma}_y + n_z\hat{\sigma}_z$ 表示沿任意方向 $\boldsymbol{n}$ 进行测量。

可以证明，对于两个二维粒子所构成的复合系统而言，存在 4 个线性无关的纠缠纯态，分别为

$$\begin{cases} |\Psi^{\pm}\rangle = \dfrac{1}{\sqrt{2}}(|0\rangle|0\rangle \pm |1\rangle|1\rangle) \\ |\Phi^{\pm}\rangle = \dfrac{1}{\sqrt{2}}(|0\rangle|1\rangle \pm |1\rangle|0\rangle) \end{cases} \tag{2.57}$$

为了表述得简单，上面的表述中忽略了标记粒子序号的下标 A 和 B。在量子力学和量子信息学中，式 (2.57) 所描述的 4 个态称为贝尔态。可以证明，4 个贝尔态可以通过局域的操作相互转换，从其中 1 个贝尔态出发，可以通过

3 个局域操作算子得到另外的 3 个贝尔态，即：

$$\begin{cases} |\Psi^-\rangle = I \otimes Z|\Psi^+\rangle \\ |\Phi^+\rangle = I \otimes X|\Psi^+\rangle \\ |\Phi^-\rangle = I \otimes Y|\Psi^+\rangle \end{cases} \tag{2.58}$$

2.1.4　算子和表示

前面介绍了量子态和测量的相关基础知识，本节介绍另外一个重要的工具“算子和表示”，它是处理和外界存在相互作用的开放系统的有力工具，在量子态层析和量子过程层析方面具有重要应用。

考虑一个量子系统 Q，其与环境系统 E 存在一定的相互作用。假设初始 t_0 时刻，量子系统和环境系统没有相互作用（或相互作用为零），同时量子系统处于状态 $|\psi\rangle$，环境系统处于某个标准基态 $|e_0\rangle$。因此，量子系统和环境系统所构成复合系统在 t_0 时刻的状态可以表示为

$$|\Psi(t_0)\rangle_{\mathrm{QE}} = |\psi\rangle|e_0\rangle \tag{2.59}$$

注意到，可以将与量子系统存在相互作用的所有系统都归于环境。换言之，环境系统 E 包含了与量子系统 Q 存在相互作用的所有外界系统。因此，复合系统 QE 构成孤立系统。根据量子力学基本假设，孤立系统的演化服从薛定谔方程，并且可以采用一个幺正演化算子 $U(t,t_0)$ 来表示。所以，复合系统 QE 在任何 t 时刻的状态可以表示为

$$|\Psi(t)\rangle_{QE} = U(t,t_0)|\psi\rangle|e_0\rangle \tag{2.60}$$

此时，量子系统 Q 的状态可以由子系统的约化密度矩阵来表示，即

$$\begin{aligned} \rho_Q^t &= \mathrm{tr}_E(|\Psi\rangle\langle\Psi|) \\ &= \sum_m \langle e_m(|U|\psi\rangle|e_0\rangle\langle\psi|\langle e_0|U^+)|e_m\rangle \end{aligned} \tag{2.61}$$

式中：$\{|e_m\rangle\}$ 为环境系统 E 的一组正交归一完备基。定义算子为

$$E_m = \langle e_m|U|e_0\rangle \tag{2.62}$$

则式 (2.61) 可以表示为

$$\begin{aligned} \rho_Q^t &= \sum_m E_m|\psi\rangle\langle\psi|E_m^+ \\ &= \sum_m E_m\rho_Q^{t_0}E_m^+ \end{aligned} \tag{2.63}$$

可以看出，量子系统 Q 的演化可以由一组算子 $\{E_m\}$ 来完全表示，这就是算子和表示，这组算子也称为 Kraus 算子[146]。当量子系统演化过程中不存在测量相关的操作时，由式 (2.62) 可以容易推出，Kraus 算子满足完备性条件，即 $\sum_m E_m^+ E_m = I$。此时，态的变化满足幺迹性，即 $\mathrm{tr}(\rho^t) = 1$。在很多文献中，也采用映射 ε 来表示上述过程，即将式 (2.63) 表示为

$$\rho' = \varepsilon(\rho) \equiv \sum_m E_m \rho E_m^+ \tag{2.64}$$

采用 ε 映射表示后，2.1.3 节所介绍的 POVM 测量过程也可以用 ε 映射来表示，即对给定的 POVM 算子 $\{E_m\}$，存在一个保迹的映射操作 ε 使得下式成立：

$$\varepsilon(\rho \otimes |0\rangle\langle 0|) = \sum_m \sqrt{E_m}\rho\sqrt{E_m} \otimes |m\rangle\langle m| \tag{2.65}$$

式中：ρ 为 Q 系统的量子态；$|0\rangle$ 为辅助系统 M 的初始标准量子基态；$\{|m\rangle\}$ 为系统 M 的一组正交基。

可以证明该映射过程等价于对量子系统 Q 进行了 E_m 所描述的 POVM 测量[146]。

2.1.5　量子态不可克隆定理

克隆放大或复印是经典物理中十分普遍的物理过程，经典光通信中通过对光信号进行放大来保证信号长距离传输，但是在量子物理中，不存在一个物理过程可以实现对任意未知量子态的克隆，这就是著名的“量子态不可克隆定理”。量子态不可克隆定理和非正交量子态不可区分定理（不存在一个物理过程可以实现对非正交量子态精确区分）具有相同的物理图像。因此，本节仅讨论量子态不可克隆定理，对于非正交量子态不可区分定理，大家可以阅读相关的文献。

定理 2.1

在允许的所有可能的量子力学变换下，将处于任意态的单粒子变换到处于相同态的两粒子的物理过程都必将违反量子力学基本原理，即对任意量子态都起作用的精确克隆是不可能的。♡

证明：下面以两态量子系统为例来证明量子态不可克隆定理，并假设所选两态系统的基为 $|0\rangle, |1\rangle$。所谓精确克隆是指存在一个物理过程使得如下变化成立：

$$|\psi\rangle|\Sigma\rangle|A\rangle \rightarrow |\psi\rangle|\psi\rangle\,|A_\psi\rangle \tag{2.66}$$

式中第一项 $|\psi\rangle$ 为存放原始拷贝的待克隆系统；第二项为辅助系统用于存放克隆得到的量子态；第三项为克隆装置所处辅助系统，注意克隆后装置的量子态可能依赖于输入态。

如果将该克隆过程作用在基态 $|0\rangle, |1\rangle$ 上，则

$$\begin{aligned}|0\rangle|\Sigma\rangle|A\rangle &\to |0\rangle|0\rangle\,|A_0\rangle \\ |1\rangle|\Sigma\rangle|A\rangle &\to |1\rangle|1\rangle\,|A_1\rangle\end{aligned} \tag{2.67}$$

对于任意的输入量子态 $|\psi\rangle = \alpha|0\rangle + \beta|1\rangle$（其中 $|\alpha|^2 + |\beta|^2 = 1$），克隆过程可以表述为

$$\begin{aligned}&|\psi\rangle|\Sigma\rangle|A\rangle = \alpha|0\rangle|\Sigma\rangle|A\rangle + \beta|1\rangle|\Sigma\rangle|A\rangle \\ &\to \alpha|0\rangle|0\rangle\,|A_0\rangle + \beta|1\rangle|1\rangle\,|A_1\rangle\end{aligned} \tag{2.68}$$

同时，该克隆过程还具有一般的表述，即

$$\begin{aligned}&\psi\rangle|\Sigma\rangle|A\rangle \to |\psi\rangle|\psi\rangle\,|A_\psi\rangle \\ &= \alpha^2|0\rangle|0\rangle\,|A_\psi\rangle + \beta^2|1\rangle|1\rangle\,|A_\psi\rangle + \alpha\beta(|0\rangle|1\rangle + |1\rangle|0\rangle)A_\psi\end{aligned} \tag{2.69}$$

式 (2.68) 和式 (2.69) 表述了同一个物理过程在同一个输入初态情况下的不同表述，因此它们的右端应该相同。但容易发现，这种物理过程是不可能对任意输入态都成立。

注意到，这里所说的不可克隆定理指的是不能以 100% 的概率精确克隆未知量子态，但量子力学允许。

（1）概率克隆，即精确的克隆量子态，但成功概率不为 1。事实上，如果待克隆的量子态是线性无关的，那么可以构造一个克隆装置来实现这些量子态的概率克隆 [147]。

（2）非精确克隆，即成功概率为 1，但克隆出来的量子态和待克隆量子态存在一定的偏差 [148]。

2.2 离散变量 QKD 协议

2.2.1 BB 84 协议

BB84 协议由 C.H. Bennett 和 G. Brassard 在 1984 年提出 [4]，它是第一个 QKD 协议，也是离散变量 QKD 协议中目前应用最广泛的协议之一。如图 2-2所示，其基本工作流程如下：

（1）Alice 采用两位随机数比特决定发送 $\{|0\rangle,|1\rangle,|+\rangle,|-\rangle\}$4 个量子态之一给 Bob。其中第一位随机数称为“基比特”，用于决定 Alice 发送 $\hat{\sigma}_z$ 的本征态还是发送 $\hat{\sigma}_x$ 的本征态；第二位随机数称为“密钥比特”，用于决定 Alice 在给定基下是发送本征值为 1 的本征态还是本征值为 −1 的本征态。对应关系如表 2-1所列。

表 2-1　Alice、Bob 量子态与密钥比特的对应关系

Alice			Bob		
基比特	密钥比特	量子态	基比特	测量结果	密钥比特
0	0	$\|0\rangle$	$0(\hat{\sigma}_z)$	1	0
0	1	$\|1\rangle$	$0(\hat{\sigma}_z)$	−1	1
1	0	$\|+\rangle$	$1(\hat{\sigma}_x)$	1	0
1	1	$\|-\rangle$	$1(\hat{\sigma}_x)$	−1	1

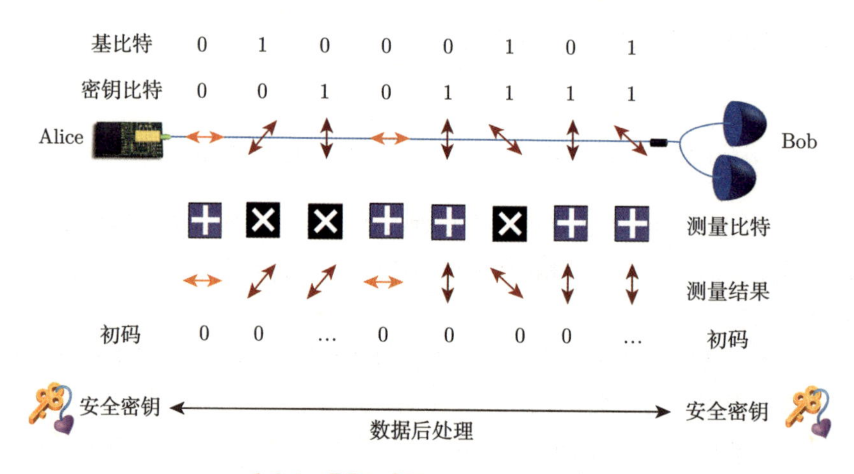

图 2-2　BB84QKD 协议流程示意图

（2）Bob 收到 Alice 所发送的量子态后，采用 1 位随机数比特（称为“基比特”）决定是采用 $\hat{\sigma}_z$ 算子测量还是 $\hat{\sigma}_x$ 算子测量，并记录测量结果。如果测量得到本征值 1，则记密钥比特为 0，如果测量得到本征值 −1，则记密钥比特为 1，如表 2-1 所列。

（3）测量结束后，Alice 和 Bob 通过公开验证信道比较他们的“基比特”信息。如果基比特信息一致，则保留相应的密钥比特信息；如果基比特信息不一致，则丢弃相对应的密钥比特信息。

（4）Alice 和 Bob 在第 3 步所保留下的密钥比特数据中随机挑选出一部分数据进行参数估计，主要是估计计数率和误码率。如果误码率过高，则放弃此次通信；如果误码率较低，则根据安全密钥率公式计算最终密钥率。

（5）Alice 和 Bob 通过公开验证信道进行数据后处理操作，主要包括纠错和私密放大两步。纠错的目的是保证 Alice 和 Bob 的密钥比特具有较高一致性，私密放大的目的是保证窃听者没有最终密钥比特的信息。

Alice 和 Bob 通过上述的 5 个步骤就可以建立安全的密钥。对于具体的实现方案而言，目前基于 BB84 协议的 QKD 系统主要存在偏振编码、相位编码和时间编码三类编码方式，表 2-2给出了三类编码方式下具体物理态的对应关系。

表 2-2　BB84 协议具体实现时三类编码方式对应的物理态

编码方式	$\|0\rangle$	$\|1\rangle$	$\|+\rangle$	$\|+\rangle$
偏振编码	H	V	$45°$	$-45°$
相位编码	0	π	$\pi/2$	$3\pi/2$
时间编码	t_0	t_1	t_0+t_1	t_0-t_1

2.2.2　Ekert 91 协议

该协议是 A. Ekert 在 1991 年根据纠缠思想提出的 QKD 协议[5]，它蕴含了 QKD 无条件安全的基本思想，也是证明 QKD 无条件安全的核心。如图 2-3所示，其协议流程如下。

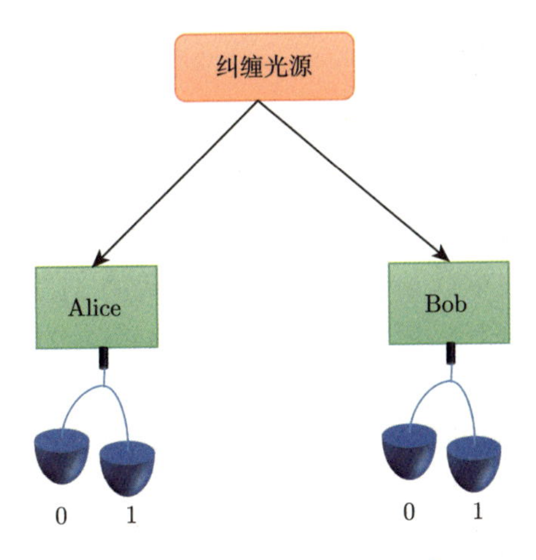

图 2-3　Ekert91 协议流程示意图

（1）纠缠光源产生如下所示的纠缠态，并将其中一个光子发送给 Alice，另外一个光子发送给 Bob，即

$$|\Psi\rangle=\frac{1}{\sqrt{2}}(|0\rangle|0\rangle+|1\rangle|1\rangle) \tag{2.70}$$

（2）Alice 和 Bob 接收到光子后随机采用 $\hat{\sigma}_z$ 或者 $\hat{\sigma}_x$ 算子对自己的光子进行测量。如果测量得到本征值为 1，则记密钥比特为 0；如果测量得到本征值为 -1，则记密钥比特为 1。

（3）Alice 和 Bob 通过公开验证信道公布他们所选择的测量算子。当测量算子一致时，Alice 和 Bob 保留相应的密钥比特；当测量算子不一致时，Alice 和 Bob 就丢弃相应的密钥比特。

（4）通信结束后，Alice 和 Bob 从保留的密钥比特中随机挑选一部分进行参数估计，主要是计数率和误码率。如果误码率过高，则放弃此次通信；如果误码率较低，则根据安全密钥率公式计算最终密钥率。

（5）Alice 和 Bob 通过公开验证信道进行数据后处理操作（纠错和私密放大）。

根据前面所介绍的纠缠特性，在没有任何噪声的情况下，如果 Alice 和 Bob 选择了相同的测量基，那么他们所得到的密钥比特信息一定是完全相同的（误码率为 0）。在此过程中，如果窃听者想获取密钥信息，那么其必须采用一个辅助量子系统来纠缠 Alice 和 Bob 之间的纠缠态。由于窃听者的作用，Alice 和 Bob 的纠缠纯态将退化为部分纠缠态，其密钥比特的一致性也将被破坏。因此，Alice 和 Bob 可以通过误码率来发现和估计窃听者所获取的信息量。这也是 QKD 无条件安全的基本思想。

2.2.3　测量设备无关协议

受器件非理想性的影响，实际 QKD 系统可能遭受量子黑客攻击的影响。为了部分克服这一问题，2012 年多伦多大学的 H.K. Lo 等提出了 MDI-QKD 协议[17]，该协议能够克服所有探测相关的安全性漏洞。下面以偏振编码为例介绍离散变量的 MDIQKD 协议，对于相位编码的 MDI-QKD 协议，读者可以参考文献 [149]。如图 2-4所示，偏振编码 MDI-QKD 协议的具体通信流程如下。

（1）Alice 和 Bob 随机地制备 $\{|H\rangle,|V\rangle,|45°\rangle,|135°\rangle\}$4 个偏振态之一，并通过量子信道发送给非可信任的第三方 Charlie。

（2）Charlie 对 Alice 和 Bob 发送的光子进行贝尔态测量。简单的分析即可发现，如果探测器 D_{1H} 和 D_{2V}(或者探测器 D_{1V} 和 D_{2H}) 同时发生响应，则对应于贝尔态 $|\psi^-\rangle=(|HV\rangle-|VH\rangle)/\sqrt{2}$，如果探测器 D_{1H} 和 D_{1V} (或者探测器 D_{2H} 和 D_{2V}) 同时发生响应，则对应于贝尔态 $|\psi^+\rangle=(|HV\rangle+|VH\rangle)/\sqrt{2}$。

（3）通信结束后，Alice 和 Bob 通过比对部分数据来估计计数率和误码率，以及安全密钥产生率。最后通过纠错和私密放大来提取安全密钥。

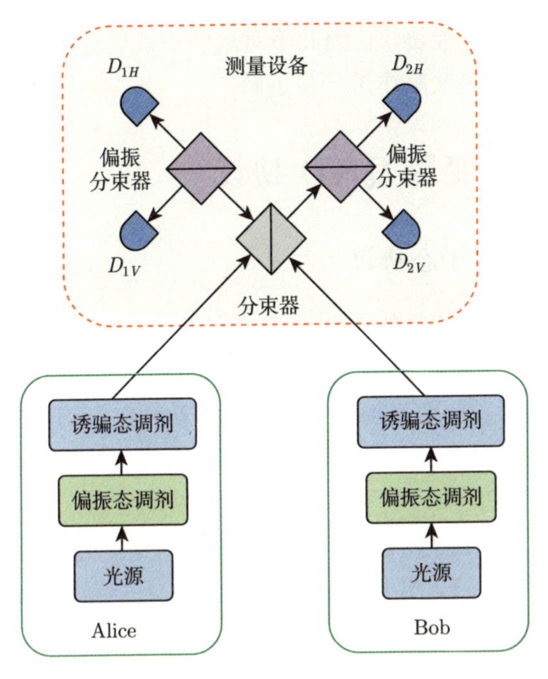

图 2-4 MDIQKD 示意图，图片来自文献 [17]

2.2.4 其他 QKD 协议

除了前面所介绍的基本 QKD 协议外，研究者还提出了很多其他的 QKD 协议，这些协议可以使得 QKD 系统在密钥产生率、传输距离、稳定性等方面的性能得到部分改进。① 为了克服光子数分离攻击的影响，V. Scarani 等人提出了 SARG04 协议[150]。不同于标准的 BB84 协议，SARG04 协议允许通信双方从双光子脉冲中提取出安全的密钥。② 在 BB84 协议的实验中，由于环境噪声的影响，Alice 和 Bob 的参考系可能存在一定的偏差，从而导致误码率增加。为了克服该问题，A. Laing 等提出了参考系无关 QKD 的概念[151]，在该协议中 Alice 和 Bob 的参考系可以相差任意一个固定的角度（或者参考系存在非常缓慢地变化）。③ 目前的离散变量 QKD 协议所能产生的安全密钥率 R 和信道传输率 η 相关，其关系近似为 $R \sim o(\eta)$，为了解决距离和码率的极限，研究者提出了多种解决方案，其中最著名的就是东芝公司剑桥实验室 M. Lucamarini 等人提出的双场（Twin-field）QKD 协议[19]，在该协议中密钥率和信道传输率的关系变为 $R \sim o(\sqrt{\eta})$，因此可以极大提高系统的密钥率和传输距离。④ BB84 协议中，Alice 和 Bob 能够容忍的误码率上限是 11%，东京大学 T. Sasaki 等提出的 RRDPS 协议则可以容忍接近 50% 的错误率 [18]。由于本书的主要目的是介绍 QKD 的实际安全性问题，针对的协议也是目前 QKD

系统和产品所采用的主要协议，因此不对这些协议进行详细的展开介绍，感兴趣的读者可以阅读相关文献作进一步了解。

2.3　连续变量 QKD 协议

2.3.1　高斯调制相干态协议

高斯调制相干态协议包括 GG02 协议和无开关协议两种。 GG02 协议[48] 由 F. Grosshans 和 P. Grangier 于 2002 年提出，其创造性地使用弱相干态实现量子密钥分发，使得完全使用通用光通信器件的 QKD 系统成为可能。如图 2-5 (a) 所示，使用零差探测器代表 GG02 协议，外差探测器代表无开关协议。GG02 协议的工作流程如下：

（1）Alice 选取长度为 N 的两组服从均值为零，方差为 V 的高斯分布的随机序列 $\{x_A\}$ 和 $\{p_A\}$，并根据其取值对相干态进行振幅和相位调制。$\{x_A\}$ 和 $\{p_A\}$ 都是随机密钥序列。

（2）Bob 将收到 N 个量子态，并选取长度为 N 的一组二进制随机序列 $\{y_N\}$ 用以决定零差测量的测量基：0 表示选取 x 基，1 选取 p 基。测量结果记为 $\{x_B\}$ 或 $\{p_B\}$。

（3）Bob 公布他的基选择 $\{y_N\}$。Alice 仅保留与 Bob 所测正则分量相同的数据，即 0 保留 x_A，1 保留 p_A。

（4）Alice 随机地选取部分保留数据用于窃听检测，并将这部分数据公开，Bob 根据测量数据计算相应的“噪声”。如果“噪声”高于某个阈值，则终止本轮协议，重新开始。

（5）Alice 和 Bob 进行数据后处理，包括正向（或反向）数据协调和保密增强等步骤，最终得到 M 比特相同的安全密钥。

和 GG02 协议类似，无开关协议的工作流程如下：

（1）Alice 选取长度为 N 的两组服从均值为零，方差为 V 的高斯分布随机序列 $\{x_A\}$ 和 $\{p_A\}$，并根据其制备 N 个相干态发送给 Bob。$\{x_A\}$ 和 $\{p_A\}$ 都是随机密钥序列。

（2）Bob 将收到 N 个量子态，并通过外差探测器进行测量。测量结果记为 $\{x_B\}$ 和 $\{p_B\}$。

（3）Alice 随机地选取部分保留数据用于窃听检测，并将这部分数据公开，Bob 根据测量数据计算相应的“噪声”。如果“噪声”高于某个阈值，则终止本轮协议，重新开始。

（4）Alice 和 Bob 进行数据后处理，包括正向（或反向）数据协调和保密增强等步骤，最终得到 M 比特相同的安全密钥。

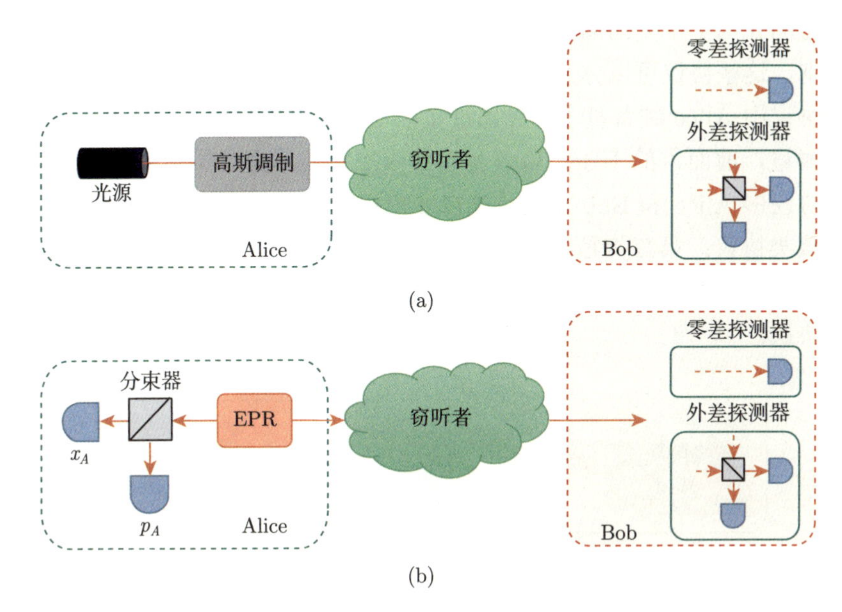

图 2-5　高斯调制相干态协议的制备–测量模型及纠缠等价模型

2.3.2　连续变量测量设备无关协议

和离散变量 MDI-QKD 一样，连续变量 MDI-QKD 协议也可以抵御所有针对探测器的攻击。目前，连续变量 MDI 协议的安全性已得到证明，但是实验实现较为困难。连续变量 MDI 协议的工作流程如下：

（1）Alice 和 Bob 分别通过相位调制器和幅度调制器独立地制备一个高斯调制的量子态（如果光源是相干态则为高斯调制的相干态，如果光源是压缩态则为高斯调制的压缩态），然后他们将制备的量子态发送给非可信的第三方 Charlie。

（2）Charlie 进行连续变量贝尔态测量。具体操作为，Charlie 将收到的两个量子态通过一个 50 : 50 分束器进行干涉，然后分别使用两个零差探测器对干涉结果进行测量。

（3）Charlie 公布其测量结果。Alice 和 Bob 收到公布的测量结果后，Bob 将手中的数据进行修正，而 Alice 保持其数据不变。

（4）Alice 随机地选取部分保留数据用于窃听检测，并将这部分数据公开，Bob 根据测量数据计算相应的“噪声”。如果“噪声”高于某个阈值，则终止本轮协议，重新开始。

（5）Alice 和 Bob 利用修正后的数据进行参数估计，经数据协调和私钥放大等步骤后得到最终的安全密钥。

前面介绍了主要的离散变量和连续变量 QKD 协议，根据实现方式和结构的差别，这些协议可以分为三大类，如图 2-6 所示。第一类是制备–测量协议，在该协议中 Alice 制备量子态并通过量子信道发送给接收方，Bob 对该量子态进行测量，前面讲的 BB84 协议就属于该类协议；第二类是基于纠缠的协议，在该协议中 Alice 和 Bob 都测量来自非信任第三方的纠缠态，Ekert91 协议就属于该类协议；第三类是测量设备无关协议，在该协议中 Alice 和 Bob 都是量子态的制备方，测量由非可信任的第三方来完成，本节说讲的 MDI 就属于该类协议。

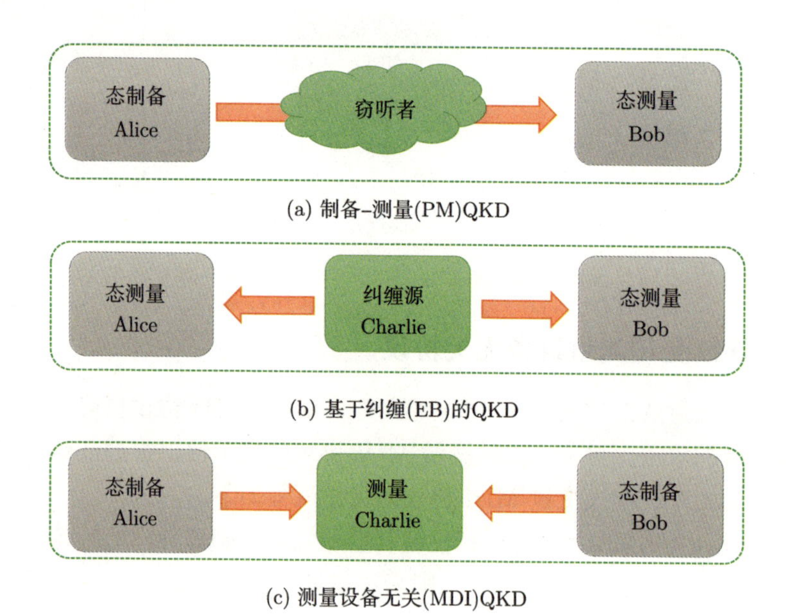

图 2-6　三类 QKD 结构示意图

在这三类协议中，制备–测量协议由于不需要使用纠缠态，因此具有实现简单的优势，并且能够和现有光通信技术较好地集成。但是，由于窃听者容易通过光脉冲等信号从信道来监测或者控制 Alice 或 Bob 设备的响应。因此，容易受到量子黑客攻击的影响。本书所讨论的实际安全性问题在很大部分上就是针对该类系统进行的阐述。对于基于纠缠的协议而言，如果采用原始的 Ekert91 协议，那么该系统也容易遭受量子黑客攻击的影响，因为窃听者可以尝试控制 Alice 或 Bob 探测器的响应。但是，可以基于该架构来构建全设备无关的 QKD 协议。具体来说，可以通过引入贝尔不等式来判断 Alice 和 Bob

所得到的数据是否真正来自量子纠缠。对于设备无关 QKD 协议，感兴趣的读者可以参见文献 [143-144]。对于第三类测量设备无关 QKD 协议而言，量子态的探测可以由非信任的第三方来完成，因此仅需关注量子态发送端的实际安全性问题。对于目前的 QKD 系统而言，由于发送端仅允许光信号输出，所以可以通过高隔离度的隔离器件来实现窃听者的隔离。例如，在输出端口采用大于 200dB 的隔离器件后，窃听者就很难从信道注入光子到发送端内部, 具体的分析读者可以参考后面关于特洛伊木马攻击的相关章节，以及文献 [152]。

第3章

常用器件特性和QKD实验系统

实际的光电器件是构建 QKD 系统的基石，了解这些光电器件的实际性能既有助于理解 QKD 系统的构建，又能够帮助理解下面几章中的实际安全性问题。因此，本章先简要介绍几种常见的光电设备以及它们的参数，然后介绍如何基于这些光电设备来构建实际的 QKD 系统。

3.1 常用的实验设备

3.1.1 相位和强度调制器

如图 3-1所示，QKD 系统中常用的调制器有两种：相位调制器和强度调制器。前者的作用是给光场调制一个固定的相位；后者的作用是改变光场的幅度。光场相位和幅度调制的实现方式有很多，如声光调制器、电光调制器等。但是在考虑成本、调制带宽、消光比等因素的影响后，基于光纤的 QKD 系统通常采用基于铌酸锂晶体的调制器，其基本原理是晶体的线性电光效应。不过，在 QKD 芯片系统中，硅也是常用的调制材料[153]。对于铌酸锂晶体而言，当存在外部电场时，其折射率会发生改变。折射率和电场的关系可以表述为

$$n = n_0 + aE + bE^2 + \cdots \tag{3.1}$$

式中：n_0 是没有电场作用时介质的折射率，a 和 b 是常数。

电场一次项引起的变化称为线性电光效应，由普克尔斯（Pockels）在 1893 年发现，因此也称为普克尔斯效应。电场二次项引起的变化称为二次电光效应，由克尔（Kerr）在 1875 年发现，因此也称为克尔效应。在 QKD 所需的调制器中，主要使用到线性电光效应。研究表明，当给铌酸锂晶体加载幅度为 V 的电压后，光场的相位延迟可以表示为

$$\varphi = \frac{\pi}{V_\pi} V \tag{3.2}$$

式中：$V_\pi \propto \lambda d/L$ 称为调制器的半波电压；λ 为通过晶体光场的波长；d 为光场传播方向垂直面的厚度；L 为晶体的长度。

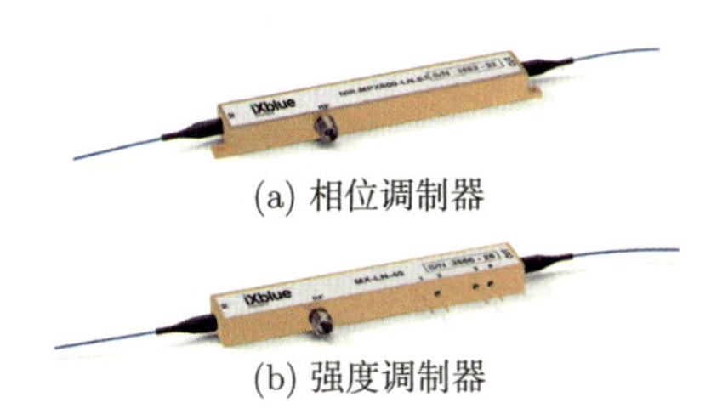

(a) 相位调制器

(b) 强度调制器

图 3-1　相位和强度调制器示意图（图片来自 ixblue 公司的商用调制器产品）

强度调制器的原理和相位调制器类似，其差别在于强度调制器采用了等臂马赫–曾德尔干涉仪来实现光场幅度的调制，根据干涉原理，理想调制器的输出光强为

$$I_{\text{out}} \propto [1+\cos(\varphi_{\text{RF}}+\varphi_{\text{bias}})]/2 \tag{3.3}$$

式中：φ_{RF} 为射频调制所加载的脉冲信号相位；φ_{bias} 为保持干涉仪稳定所需的偏置相位。

一般来说，由于温度、环境抖动等因素的影响，马赫–曾德尔干涉仪存在相位的漂移，因此需要实时的反馈控制电路来加载偏置相位 φ_{bias}，从而保证强度调制器输出功率的稳定。

3.1.2　分束器

图 3-2给出了典型的分束器示意图，包含两个输入端口 a 和 b，两个输出端口 c 和 d。根据光学知识可知，分束器 4 个端口光场模式的产生湮灭算子存在如下的变换关系为

$$\begin{aligned} c &= i\sqrt{1-t}a+\sqrt{t}b \\ d &= \sqrt{t}a+i\sqrt{1-t}b \end{aligned} \tag{3.4}$$

式中：i 为光场反射的半波损失；t 为分束器的透射率。

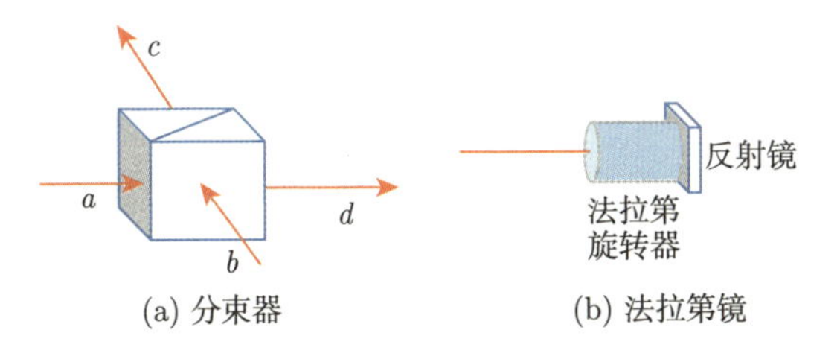

(a) 分束器

(b) 法拉第镜

图 3-2　分束器和法拉第镜示意图

式 (3.4) 可以写成如下的矩阵形式：

$$\begin{bmatrix} c \\ d \end{bmatrix} = \begin{bmatrix} i\sqrt{1-t} & \sqrt{t} \\ \sqrt{t} & i\sqrt{1-t} \end{bmatrix} \begin{bmatrix} a \\ b \end{bmatrix} \equiv \boldsymbol{A} \begin{bmatrix} a \\ b \end{bmatrix} \tag{3.5}$$

式中：矩阵 $\boldsymbol{A}$ 就称为分束器的变换矩阵。

对于 50:50 的分束器，$t = 1/2$，此时分束器的变换矩阵可以写为

$$\boldsymbol{A} = \frac{1}{\sqrt{2}} \begin{bmatrix} i & 1 \\ 1 & i \end{bmatrix} \tag{3.6}$$

注意到，由于全局相位因子没有可观察的物理效应，因此有时分束器在单独使用时，其变换矩阵也可以写成如下的简洁形式：

$$\boldsymbol{A} = \frac{1}{\sqrt{2}} \begin{bmatrix} 1 & 1 \\ 1 & -1 \end{bmatrix} \tag{3.7}$$

这个变换矩阵可以通过在模式 a 和模式 d 上增加 $\pi/2$ 的相移来得到。

3.1.3 法拉第旋转器和法拉第镜

法拉第旋转器是光学中常用的器件，既是构成“即插即用”QKD 系统和“法拉第–迈克尔逊”QKD 系统的核心器件，也是构成光隔离器和光环形器的核心器件。因此，本节对其进行简单的说明和分析。法拉第旋转器是一种基于法拉第旋光效应晶体所构成的器件。法拉第旋光效应是一种磁光效应，当给晶体加载磁场后，偏振光通过该晶体时偏振会发生一定角度的旋转，旋转角度与磁场在光传播方向的分量呈线性正比关系。这是由于不同于普通的双折射晶体，磁光晶体中传播的本征模式是左旋圆偏振光和右旋圆偏振光，而且不同的圆偏振本征模式具有不同的传播速度。因此，任何线偏振光经过磁光晶体后都会发生偏振旋转。法拉第旋转器的偏振变换琼斯矩阵可以写为

$$\mathrm{FR}_{\pm}(\theta) = \begin{bmatrix} \cos(\theta) & \mp\sin(\theta) \\ \pm\sin(\theta) & \cos(\theta) \end{bmatrix} \tag{3.8}$$

式中：θ 为法拉第旋转器的旋转角度；$\pm$ 表示法拉第旋转器中磁场方向和光场传播方向是相同（“+”）还是相反（“−”）。

从上面的琼斯矩阵可以看出，相比于普通的偏振旋转波片而言（如 $\lambda/2$ 波片），法拉第旋转器的偏振旋转和光场的输入方向有关。

在光学中，法拉第旋转器的一个重要应用就是构建法拉第镜、隔离器和环形器等被动光学器件。下面以法拉第镜为例来分析光场偏振的变化情况，对于基于法拉第旋转器的其他器件读者可以自行分析。图 3-2给出了法拉第镜的构成示意图，其由一个旋转角度为 45° 的法拉第旋转器和一个普通的反射镜构成，因此其琼斯矩阵可以写为

$$\mathbf{FM}\left(45^{\circ}\right)=\frac{1}{\sqrt{2}}\begin{bmatrix}1 & 1\\ -1 & 1\end{bmatrix}\begin{bmatrix}1 & 0\\ 0 & -1\end{bmatrix}\frac{1}{\sqrt{2}}\begin{bmatrix}1 & -1\\ 1 & 1\end{bmatrix}=-\begin{bmatrix}0 & 1\\ 1 & 0\end{bmatrix} \tag{3.9}$$

从上述琼斯矩阵可以看出，任何偏振态的光脉冲在被法拉第镜反射后，输出光的偏振都和输入偏振垂直。同时，简单的推导即可发现，对于任意的双折射介质信道而言，下面的方程恒成立：

$$\boldsymbol{T}\left(-\theta'\right)\cdot\mathbf{FM}\left(45^{\circ}\right)\cdot\boldsymbol{T}\left(\theta'\right)=\mathrm{e}^{\mathrm{i}\left(\varphi_o+\varphi_e\right)}\mathbf{FM}\left(45^{\circ}\right) \tag{3.10}$$

式中 $\boldsymbol{T}(\theta')$ 和 $\boldsymbol{T}(-\theta')$ 为双折射信道正向传输和反向传输的琼斯矩阵,可表示为

$$\begin{aligned}\boldsymbol{T}\left(\pm\theta'\right)=&\begin{bmatrix}\cos\left(\theta'\right) & \mp\sin\left(\theta'\right)\\ \pm\sin\left(\theta'\right) & \cos\left(\theta'\right)\end{bmatrix}\begin{bmatrix}\exp\left(i\varphi_o\right) & 0\\ 0 & \exp\left(i\varphi_e\right)\end{bmatrix}\\ &\cdot\begin{bmatrix}\cos\left(\theta'\right) & \pm\sin\left(\theta'\right)\\ \mp\sin\left(\theta'\right) & \cos\left(\theta'\right)\end{bmatrix}\end{aligned} \tag{3.11}$$

式中：φ_o 和 φ_e 分别为 o 光和 e 光在双折射介质中的传输相位；θ' 为输入光和双折射介质本征模式之间的夹角。

从式 (3.11) 可以看出，经过法拉第镜的作用后，光场的偏振状态都会旋转 90°，而任何双折射介质对光场的影响仅仅是增加一个全局的相位因子。这也就是后面将介绍的“即插即用” QKD 系统和“法拉第–迈克尔逊” QKD 系统能够保持自稳定的关键。

3.1.4 单光子探测器

单光子探测器作为一种微弱光探测技术在量子光学和量子信息学中具有非常广泛的应用。目前，多种材料都可以实现单光子级别的弱光探测，比如基于光电倍增管（PMT）的单光子探测器、基于雪崩光电二极管（APD）的单光子探测器、基于超导材料的单光子探测器，以及基于量子点的单光子探测器等。由于原理和工艺的差别，这些单光子探测器在感光波长、探测效率、暗计数等性能指标上存在较大的差异。不过，在考虑成本、体积等因素影响后，当

前 QKD 领域使用较为广泛的还是基于半导体材料的单光子探测器，因此本书主要介绍该类探测器的原理。对于其他类型的单光子探测器，读者可以参考文献 [154-155]。

图 3-3(a) 给出了基于雪崩二极管的单光子探测器的工作电路示意图。偏置电压 V_{bias} 反向加载在 APD 上，同时一个 50Ω 的取样电阻 R_o 用来采集 APD 所产生的电流信号。APD 输出的电流信号经鉴别器和放大器处理后形成标准电平格式的电信号脉冲，如 TTL、LVDS、NIM 等。鉴别器的主要作用是降低 APD 暗电流的影响，所以只有 APD 产生的光电流大于一定阈值 I_{th} 时才被认为是有效探测。对于单光子探测器而言，为了产生较大的光电流，APD 一般需要工作在对单光子信号敏感的雪崩模式，此时一个光子就可以产生较大的宏观电流。因此，为了防止 APD 上所产生的电流过大，并导致 APD 的击穿，一般需要增加一个较大阻值的偏置保护电阻 R_{bias}（一般为几千欧）。当 APD 上探测到光子并产生光电流时，R_{bias} 就可以分掉部分偏置电压，从而降低加载在 APD 上的偏置电压（APD 的增益和所加载的偏置电压幅度相关）。

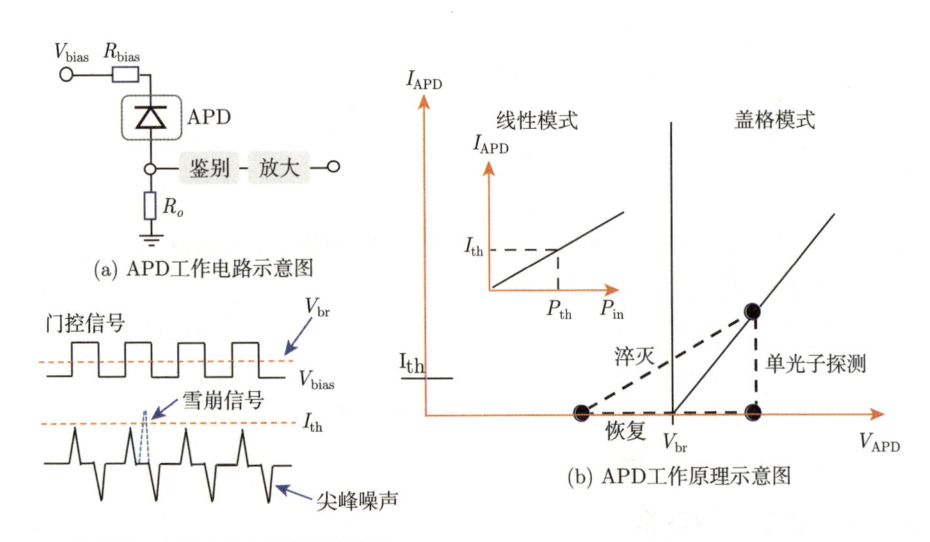

图 3-3 单光子探测器工作电路和原理示意图

可以看出，APD 的原理和特性决定了单光子探测器的特性。图 3-3(b) 给出了 APD 的工作原理示意图。作为雪崩二极管，根据加载在 APD 上反向偏置电压 V_{APD} 的不同，APD 存在两个工作模式：线性模式和盖格模式。当加载在 APD 上的反向电压 V_{APD} 小于雪崩电压 V_{br} 时，APD 工作在线性模式，此时 APD 输出光电流的大小和照射在 APD 上光功率的大小呈线性正比关系。当加载在 APD 上的反向电压 V_{APD} 大于雪崩电压 V_{br} 时，APD 工作在雪崩盖格模式，此时单个光子照射在 APD 上就可以引发级联的电流增益，从而产生较大的宏观电流。

根据上面的描述可以看出，APD 在进行单光子探测器时存在三个阶段：首先是等待探测过程，此时 $V_{\mathrm{APD}} > V_{\mathrm{br}}$，APD 处于盖格模式；然后是淬灭过程，当 APD 探测到光信号后，由于串联电阻 R_{bias} 的分压作用，实际加载在 APD 上的电压将小于雪崩电压，此时 APD 处于线性模式；最后是恢复过程，APD 上所产生的载流子（电子–空穴对）需要一定的时间才能够复合，此时加载在 APD 上的电压将逐渐恢复到雪崩电压以上，从而开始下一次探测。

上面介绍了典型的门控单光子探测器的工作原理。可以看出，为了有效鉴别出单光子，APD 的增益需要足够大，从而保证单光子所产生的雪崩电流大于鉴别电流 I_{th}。一般来说，鉴别电流 I_{th} 的取值主要由 APD 的暗电流大小来决定（暗电流是影响单光子探测器性能的主要因素，可以通过改善 APD 制作工艺以及降低温度等来降低暗电流的幅度）。但是对于门控单光子探测器而言，由于 APD 存在寄生电容效应，门控信号（一般为方波信号或者正弦波信号）加载在 APD 后会产生尖峰噪声信号，因此为了避免尖峰噪声的影响，需要使得鉴别电流 I_{th} 大于尖峰噪声的幅度，图 3-3（c）展示了方波门控信号、尖峰噪声、雪崩信号的关系。可以看出，由于门控信号尖峰噪声的影响，需要使得 APD 具有较大的雪崩增益，从而产生超过尖峰噪声的雪崩电流信号，虽然这可以通过增加门控信号的幅度和宽度来实现，但过大的雪崩电流将需要更长的淬灭时间来保证雪崩载流子的复合，这就导致 APD 单光子探测器只能工作在较低的门控频率下，进而限制了 QKD 的时钟频率。

为了解决这个问题，2007 年东芝公司剑桥实验室提出了自差分单光子探测的方案[156]。和前面所介绍的基于增大雪崩电流幅度来提高信噪比的普通单光子探测器不同，自差分单光子探测器希望通过降低尖峰噪声的幅度来提高信噪比（低的雪崩电流幅度意味着较快的载流子恢复时间和较快的门控重复频率）。如图 3-4 所示，自差分单光子探测器的基本原理是：门控信号所产生的尖峰噪声具有较好的周期性，因此首先可以将尖峰噪声一分为二；然后对其中一路进行半周期的相移后再和另外一路进行差分操作，这样就可以大幅度降低尖峰噪声的幅度。同时，由于单光子雪崩信号的随机性，差分过程不会降低雪崩信号的幅度，这样雪崩信号相对于尖峰噪声的信噪比就可以得到大幅度的提升，从而鉴别出雪崩信号。

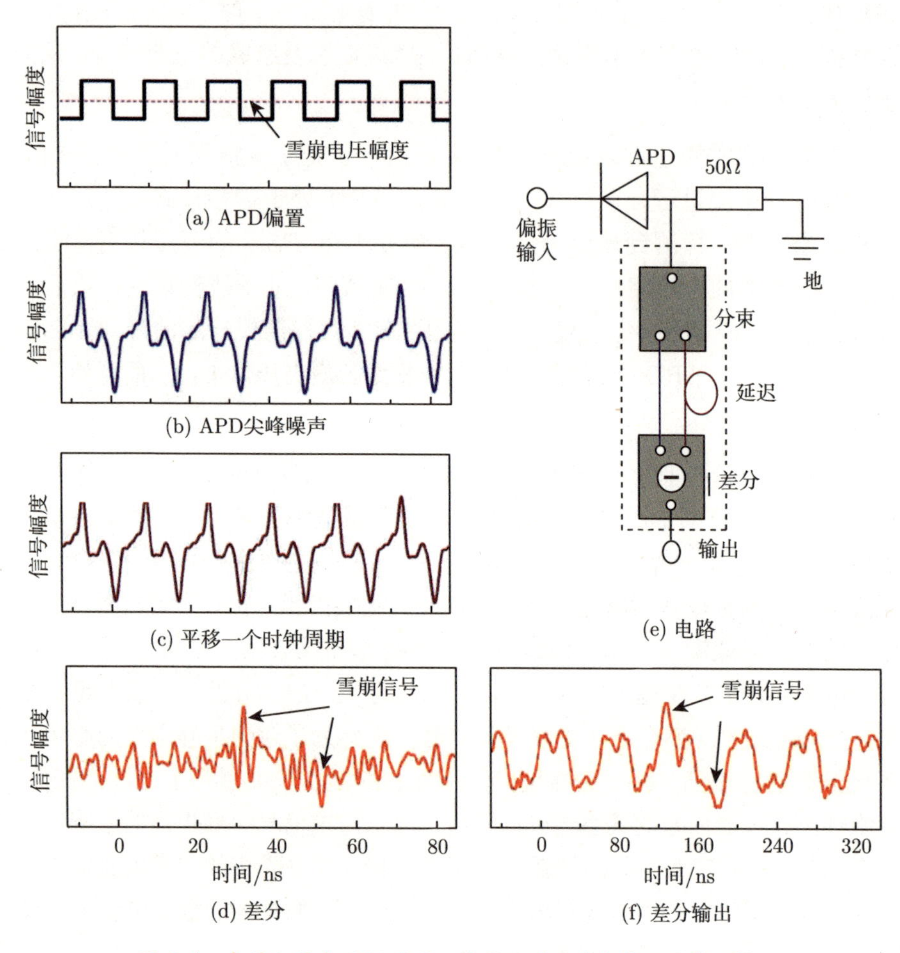

图 3-4 自差分单光子探测器工作原理（图片来自文献 [156]）

除了上面所介绍的两种典型探测器实现方案，研究者还提出了正弦滤波 [157]、采样 [158] 等其他的实现方案。对此本书不进行详细的介绍，感兴趣的读者可以参考相关的文献 [154]。

3.1.5 平衡零拍探测

平衡探测器是相干探测的主要手段，也是连续变量 QKD 中的核心器件。图 3-5给出了平衡零拍探测器的基本工作原理。两路相干光场（信号光 $|\alpha\rangle$ 和参考光 $|\beta\rangle$）在分束器（BS）处发生干涉，分别使用两个光电二极管（PIN）在分束器的两个输出端口进行探测，光电二极管的输出电信号通过一个差分电路输出，从而得到平衡零拍探测器的输出电流 i。为了推导的简单，分别标记分

束器两个输入端口为 a 和 b，以及两个输出端口为 c 和 d。

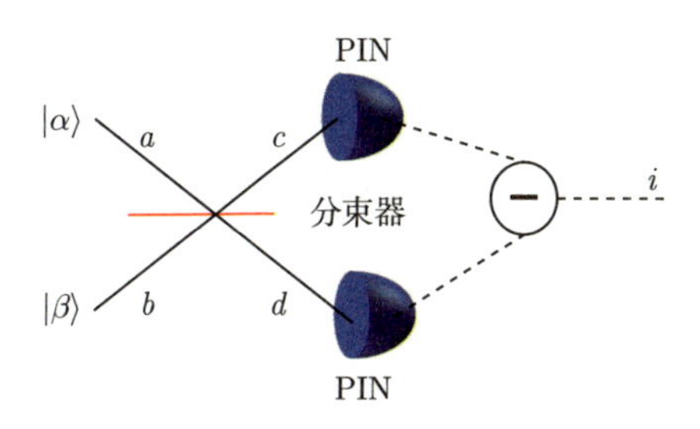

图 3-5　平衡零拍探测器工作原理示意图

根据分束器的特性（式 (3.6)），输入光场和输出光场的产生算子存在如下变换关系：

$$\begin{cases} \hat{a}_+ = \dfrac{1}{\sqrt{2}}(-\mathrm{i}\hat{c}_+ + \hat{d}_+) \\ \hat{b}_+ = \dfrac{1}{\sqrt{2}}(\hat{c}_+ - \mathrm{i}\hat{d}_+) \end{cases} \tag{3.12}$$

根据相干态在平移算子下的表示（式 (2.47)），可以推导出两个相干场经分束器干涉后的量子态形式，即

$$\begin{aligned} |\alpha\rangle_a|\beta\rangle_b &= D(\alpha)D(\beta)|0\rangle|0\rangle \\ &= \mathrm{e}^{\alpha\hat{a}_+ - \mathrm{c.c.}}\mathrm{e}^{\beta\hat{b}_+ - \mathrm{c.c}}|00\rangle \\ &= \mathrm{e}^{\alpha\hat{a}_+ + \beta\hat{b}_+ - \mathrm{c.c.}}|00\rangle \\ &\to \exp(\frac{1}{\sqrt{2}}(-\mathrm{i}\alpha+\beta)\hat{c}_+ + \frac{1}{\sqrt{2}}(\alpha - i\beta)\hat{d}_- - \mathrm{c.c.})|00\rangle \\ &= \exp(\frac{1}{\sqrt{2}}(-\mathrm{i}\alpha+\beta)\hat{c}_+ - \mathrm{c.c})\exp(\frac{1}{\sqrt{2}}(\alpha - i\beta)\hat{d}_- - \mathrm{c.c.})|00\rangle \\ &= D(\frac{1}{\sqrt{2}}(-\mathrm{i}\alpha+\beta))D(\frac{1}{\sqrt{2}}(\alpha-\mathrm{i}\beta))|00\rangle \\ &= |\frac{1}{\sqrt{2}}(-\mathrm{i}\alpha+\beta)\rangle_c|\frac{1}{\sqrt{2}}(\alpha-\mathrm{i}\beta)\rangle_d \end{aligned} \tag{3.13}$$

式中：c.c. 表示复共轭，并且用到了对易关系 $[\hat{a}_+, \hat{b}_+] = [\hat{c}_+, \hat{d}_+] = 0$；下标 a, b, c, d 表示光场的模式。

因此，平衡探测器输出电流 i 可以写为

$$i \propto \langle \hat{c}_+\hat{c}_- - \hat{d}_+\hat{d}_-\rangle \approx |-\mathrm{i}\alpha+\beta|^2 - |\alpha-\mathrm{i}\beta|^2 \propto \langle\alpha\beta^* - \alpha^*\beta\rangle \tag{3.14}$$

如果假设光场 β 是强光，那么其可以写成经典光场振幅和相位的形式 $\beta=|\beta|\mathrm{e}^{\mathrm{i}\theta}$。同时注意到弱光场 α 作为复数可以写为广义坐标和广义动量之和，即 $\alpha=\hat{X}+i\hat{Q}$。因此，式 (3.14) 可以重新写为

$$i\propto|\beta|\langle\alpha\mathrm{e}^{-\mathrm{i}\theta}-\alpha^{*}\mathrm{e}^{\mathrm{i}\theta}\rangle\propto\langle-\sin(\theta)\hat{X}+\cos(\theta)\hat{Q}\rangle \tag{3.15}$$

可以看出，通过改变参考光 β 的相位就可以分别测量信号光 α 的广义坐标分量和广义动量分量。

3.2 典型的 QKD 实验系统

3.2.1 离散变量 QKD 系统

从编码方式上划分，当前主要的离散变量 QKD 系统可以分为偏振编码系统、相位编码系统和时间–相位编码系统 3 种。下面针对这 3 种编码方式分别进行简单介绍。

3.2.1.1 偏振编码 QKD 系统

偏振编码是较为常见的 QKD 编码方式，特别是在自由空间 QKD 中具有广泛的应用，比如墨子卫星就是基于偏振编码来实现密钥分发[44]。如图 3-6所示，QKD 中偏振态的产生主要存在两种方案：多激光器方案（图 3-6（a））和单激光器方案（图 3-6（b））。

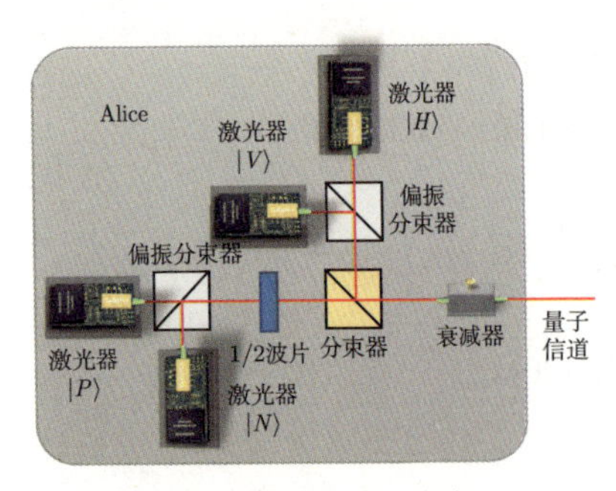

(a) 多激光器量子态产生方案

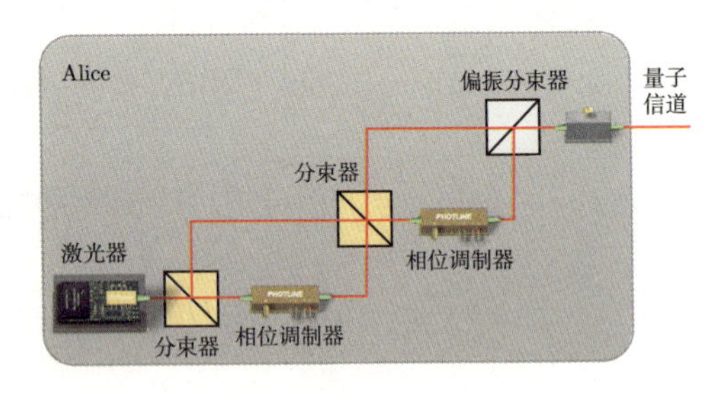

(b) 单激光器量子态产生方案

图 3-6 偏振编码 QKD 系统示意图

多激光器方案中：Alice 首先采用 4 个独立激光器分别产生 4 个偏振态（这可以通过偏振分束器和半波片来调节每个激光器的偏振态）；然后 Alice 通过分束器将四个激光器的光耦合到同一个量子信道，并发送给 Bob。在此过程中，Alice 每一时刻仅触发一个激光器发光，从而确保同一时刻仅有一个偏振

量子态输出。Bob 接收到来自 Alice 的光信号后，采用一个分束器被动完成测量基随机选择，然后通过 4 个单光子探测器来完成偏振态测量。多激光器方案中 Alice 和 Bob 都仅需被动光学器件即可完成量子态的制备和测量，因此具有实现简单、容易高速化等优点。但是，在实际应用中，4 个激光器在波长、发光时间、波形等维度上很难做到完全一致，因此具有较大的侧信道信息泄露风险。对此，将在第 5 章中进行详细分析。

单激光器方案中，Alice 采用一个激光器产生固定偏振态的光脉冲，然后通过偏振调制光路实现 4 个偏振态产生。目前，不同实验小组采用不同光路结构来实现偏振态制备，这些光路结构在调制带宽、消光比、稳定性等方面各有千秋。图 3-6（b）给出了一种较为典型的快速偏振态制备光路。Alice 采用一个等臂马赫–曾德尔干涉仪来实现光脉冲在第二个干涉仪中不同路径的切换，同时由于第二个干涉仪的输出端口使用了偏振分束器，因此可以实现不同偏振态产生。当第一个相位调制器调制 0 或者 π 相位时，光脉冲将通过第二个干涉仪的上路径或者下路径，此时经偏振分束器的反射或者透射后就产生了 H 和 V 偏振。当第一个相位调制器调制 π/2 相位时，光脉冲将同时经过第二个干涉仪的上下路径，此时相当于产生了偏振态 $H+V$，所以只需要第二个相位调制器随机地调制 0 或者 π 相位，即可产生 $H \pm V$ 偏振态。单激光器方案能够有效避免侧信道信息泄露风险，具有较高安全性。但是，该系统同时需要额外的辅助设备来保持系统的稳定性（如 MZ 干涉仪的稳定性），因此增加了系统复杂度。

3.2.1.2　相位编码 QKD 系统

受光纤双折射的影响，光的偏振状态在光纤中传输时会发生较为明显变化，而相位编码则能较好解决这一问题。图 3-7展示了两种较为常见的相位编码 QKD 系统：基于不等臂马赫–曾德尔干涉的 QKD 系统和基于法拉第镜–迈克尔逊干涉的 QKD 系统。两种方案的基本原理相近，基于马赫–曾德尔干涉的方案具有实现简单的优点，但 Bob 端的探测存在偏振相关特性，需要额外的偏振控制装置。基于法拉第镜–迈克尔逊干涉方案能够实现偏振无关的干涉检测，因此在实际应用中具有更好的性能。

在相位编码系统中：激光器输出的光脉冲首先在第一个不等臂干涉仪处分为两个脉冲，分别称为长路径脉冲 l 和短路径脉冲 s；然后 Alice 在两种脉冲间调制相对相位 ϕ_a。光脉冲到达 Bob 端的不等臂干涉仪后，Bob 对脉冲调制相对相位 ϕ_b。根据光脉冲所经历光程路径的不同，光脉冲总共存在 3 个时间窗口，分别为：$s-s$、$s-l$，$l-s$、$l-l$，其中 s 和 l 分别表示是光脉冲经过干涉仪的短路径和长路径。例如，$s-s$ 表示光脉冲在 Alice 端经历短路径，同时在 Bob 端也经历短路径。对于时间窗口 $s-l$ 和 $l-s$，光脉冲将发生干涉。理想情况下，干涉仪的输出光强为

$$I \propto [1-\cos(\phi_a-\phi_b)]/2=[1-\cos(\Delta\phi)]/2 \tag{3.16}$$

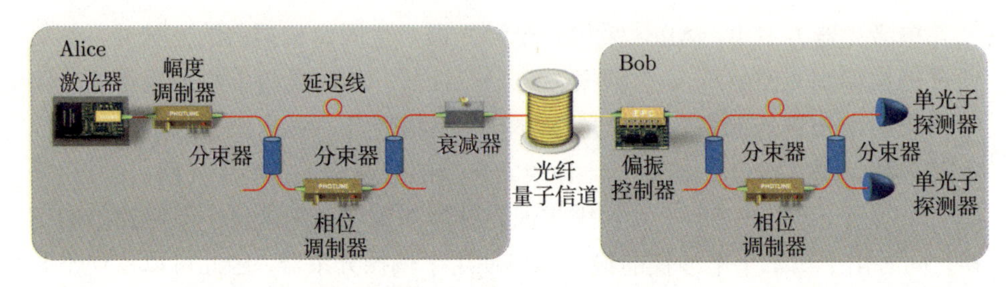

(a) 基于马赫–曾德尔干涉仪的相位编码实现方案（图片来自文献[159]）

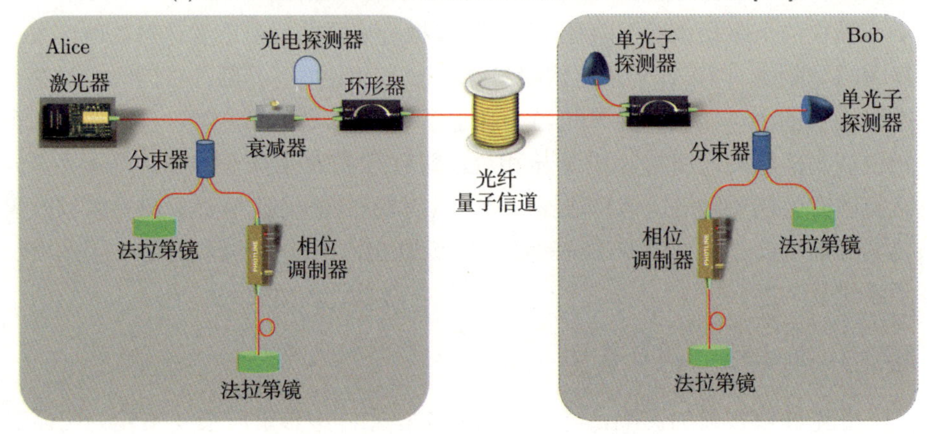

(b) 基于法拉第镜–迈克尔逊干涉仪的实现方案（图片来自文献[160]）

图 3-7　相位编码 QKD 系统示意图

因此，当 Alice 和 Bob 所调制相位的差 $\Delta\phi$ 为 0 和 π 时，光脉冲将确定性到达两个单光子探测器之一。而当相位差 $\Delta\phi$ 为 π/2 和 3π/2 时，两个单光子探测器均有 1/2 的概率接收到光脉冲信号。

3.2.1.3　时间–相位编码 QKD 系统

时间–相位编码系统中采用不同时刻的光脉冲 t_0 和 t_1 来分别表示 Z 基下的比特 0 和比特 1，因此具有非常低的 Z 基误码率。同时，系统采用 $t_0 \pm t_1$ 来表示 X 基，这等同于相位编码，但 Alice 仅需调制 0 和 π 两个相位，而 Bob 不需要调制相位，这就降低了相位调制的复杂度。

图 3-8所示为一个典型的时间-相位编码 QKD 系统结构图。Alice 激光器所发出的光脉冲经不等臂马赫–曾德尔干涉仪后变为两个脉冲，分别为时间 t_0 和 t_1。如果 Alice 需要制备 Z 基量子态，那么她就采用强度调制器随机衰减其中一个脉冲，如制备 Z_0（Z_1）量子态就衰减掉 t_1（t_0）的脉冲。如果 Alice 需要制备 X 基量子态，那么就保持光脉冲不衰减，然后通过相位调制器随机调制相对相位 0 或者 π。Bob 收到来自信道的光脉冲后，首先采用一个电动偏振控制器随机调乱光脉冲偏振；然后采用一个偏振分束器来被动选择 Z 基测量或者 X 基测量。对于 Z 基，直接采用 SPD 进行测量。对于 X 基，采用和 Alice 匹配的不等臂干涉仪来进行相位解码测量。

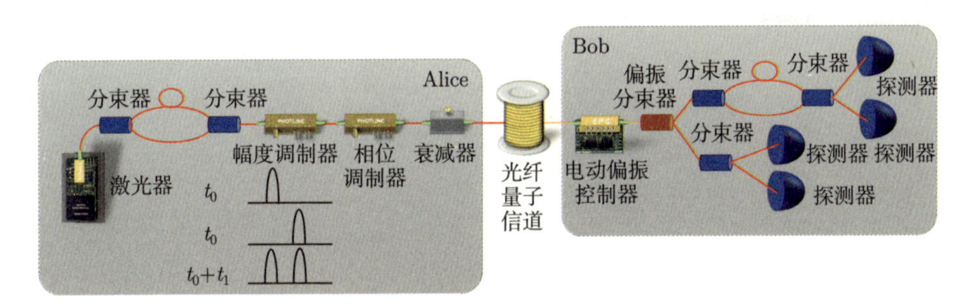

图 3-8　时间-相位编码 QKD 系统示意图

3.2.1.4　即插即用 QKD 系统

前面从编码方式上介绍了 3 种常见的离散变量 QKD 系统，其光路结构都是 Alice 制备量子态，然后 Bob 进行检测。下面从光路结构上介绍一种特殊的 QKD 系统，“即插即用” QKD 系统。该系统本质上是一种基于相位编码的 QKD 系统，但由于如下原因，本书对该系统单独进行介绍：首先，该系统具有自稳定特性，系统能够自动补偿光纤信道双折射的影响，因此具有较高的稳定性；然后，该系统为瑞士 Id Quantique 公司商用产品的光路结构，故而具有较为广泛的研究意义；最后，该系统容易遭受量子黑客攻击的影响，特别是木马攻击[89]、非可信任源[161-162] 等，对于研究 QKD 的实际安全性具有较好的借鉴意义。

即插即用 QKD 系统最早由 A. Muller 在 1997 年提出[163]，其主要优点是能够自动补偿光纤信道双折射效应的影响，因此无须任何额外的补偿系统，这就极大简化了 QKD 系统的复杂性，并提高了系统的稳定性。图 3-9展示了一个典型的即插即用 QKD 系统光路结构。Bob 的光脉冲经环形器到达一个不等臂干涉仪，此时光脉冲被分为前后两个具有不同偏振状态的光脉冲。光脉冲到达 Alice 后，Alice 采用一个相位调制器随机地调制编码相位 $0, \pi/2, \pi, 3\pi/2$，并采用一个法拉第镜将光脉冲返回给 Bob。根据 3.1.3节所介绍法拉第镜的特点，返回光脉冲的偏振将被旋转 90°。因此，初始经历干涉仪短臂的光脉冲将再次经历长臂，而初始经历长臂的光脉冲将经历短臂。此时，Bob 再调制相对相位 0 或者 $\pi/2$ 来决定 Z 基测量还是 X 基测量。最后，光脉冲将在分束器处干涉，并被两个单光子探测器探测。由于在分束器处干涉的两路光脉冲经历了完全相同的路径，因此路径的波动不会对系统稳定性带来影响，这也是系统自稳定的关键。

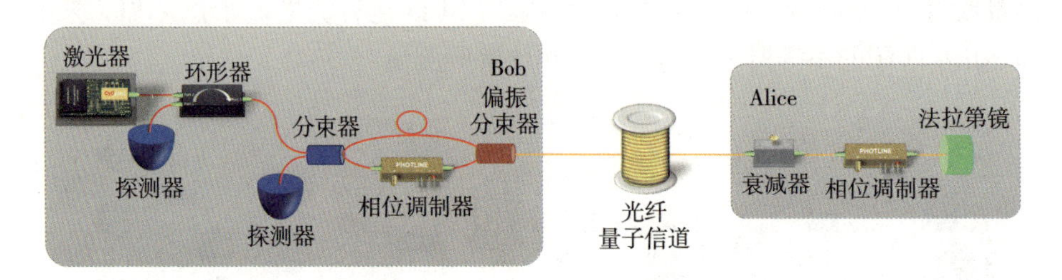

图 3-9　即插即用 QKD 系统示意图

3.2.2　连续变量 QKD 系统

根据通信双方是否需要传递本振光，连续变量 QKD 系统可以分为随路本振系统和本地本振系统两大类[164]。在随路本振连续变量 QKD 系统中，本振光通过发送端激光器制备，并随同信号光一起传输到接收端。这一方案的优势在于本振光和信号光通过同一个激光器同时制备，因而本振光与信号光具有相同的初始相位，本振光能够为相干检测提供一个稳定的相位参考。在本地本振连续变量 QKD 系统中，本振光在接收端本地制备。本地本振方案可在一定程度上保障系统的实际安全性不受本振光的影响，同时可降低本振光与信号光间的串扰，降低系统的过量噪声，并且使得进行零差探测的本振光功率不随传输距离的增加而减弱，保证探测器可工作在最佳工作点。但是，相比于随路本振，本地本振系统需要两台激光器，不仅增加了系统成本，而且需要进行额外的频率锁定、相位同步。目前，本地本振连续变量 QKD 系统处于关键技术突破和实验探索阶段，商用化系统以随路本振连续变量 QKD 方案为主。

3.2.2.1　随路本振系统

随路本振系统是指本振光与信号光由同一个激光器产生，并且本振光随着信号光经信道共同传输的系统，其系统结构包括光源、调制、信道偏振控制、基选择和零差探测，如图 3-10所示。随路本振系统中，激光器产生的相干光经过幅度调制后得到满足一定消光比和占空比要求的光脉冲，之后经过光分束器分成两路光脉冲，一路为功率较强的本振光，另一路为功率较弱的信号光。其中，信号光通过幅度调制和相位调制实现光场正则分量的高斯调制，并经过衰减得到符合调制方差要求的量子信号，最后经过偏振分束器与本振光耦合进入信道，并通过时分复用和偏振复用在信道中传输。在信道输出端，经过偏振控制和偏振分束，信号与本振分为两路，其中，对本振光分束进行数据同步，并对本振光进行相位调制实现基选择和相位补偿。本振光与信号光干涉后进行零差探测，其测量结果通过数据采集卡进行采集。

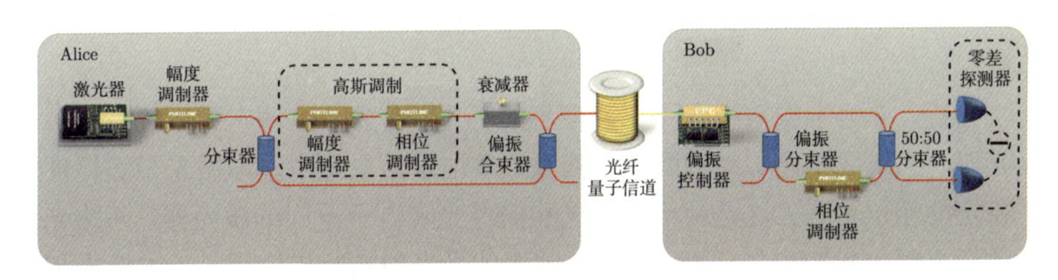

图 3-10 随路本振系统结构框图

3.2.2.2 本地本振系统

在连续变量 QKD 系统中，探测端的相干检测技术能够提取编码在光场正交分量上的信息，而相干检测技术需要强本振光与信号光进行干涉，从而实现信号光正交分量放大。前面介绍的随路本振系统中，本振光通过发送端激光器制备，并随同信号光一起传输到接收端。该方案的优势在于本振光和信号光通过同一激光器同时制备，因而本振光与信号光具有相同的初始相位，本振光能够为相干检测提供一个稳定的相位参考。该系统方案自提出以来，在安全传输距离和最终密钥率上都不断取得突破，并且也实现了城域网内的实地验证。然而，随着实际安全性的研究，研究者发现理论分析中被忽略的本振光存在潜在安全性隐患。具体说来，攻击者可以通过篡改信道中传输的本振光来掩盖由自己窃听所造成的过噪声，从而达到欺瞒合法通信方的效果。虽然后续的研究者提出了安全监控方案对本振光进行监控，但仍然无法彻底排除所有潜在的本振光漏洞。因此，研究者于 2015 年提出了本地本振连续变量 QKD 系统结构，即在接收端本地制备本振光 [81-82]。这一创新性的结构弥补了随路本振系统中本振光传输相关的安全性漏洞，提高了系统的实际安全性。

除此之外，本地本振系统还具有如下优势：首先，本振光在本地制备，因此随路本振系统中本振光与信号光的串扰也被消除，进一步降低了系统过噪声；其次，由于连续变量 QKD 系统需要达到散粒噪声极限探测，这就需要很强的本振光功率。当传输距离较远时，随路本振系统中到达接收端的本振光功率可能无法满足散粒噪声极限探测的要求。例如，普通的检测器需要接收端的本振光功率达到 1 mW，如果传输距离达到 150 km 以上（链路损耗为 30 dB 以上），为了确保散粒噪声极限探测，发送端的本振光功率需要达到 1 W，这样的激光功率将在光纤中产生剧烈的非线性效应，无法保障 QKD 系统的正常运行。在本地本振 QKD 系统中，本振光在本地制备，无论系统传输距离有多远，都可以确保探测端达到散粒噪声极限标准，因此从本振光功率这个角度来看，本地本振结构更适宜于长距离的连续变量 QKD 系统运行。

当然，本地本振系统也存在其自身的不足：首先，本地本振系统需要两台激光器，系统成本高，结构复杂；其次，本地本振系统中，本振光无法提供一个稳定的相位参考。这是由于本振光和信号光来自于不同的激光器，两路光信号的中心频率和相位抖动都不一致，因而信号光的初始相位相对于本振光相位完全随机，接收端将无法提取信号光上的调制相位信息。为了解决这一问题，人们提出了通过发送端发送相位参考信号的思路，进而重新构建收发端的相位同步。这一思路可以被划分为两种方案：一种是相位参考脉冲序列系统方案；另一种是导频频分复用系统方案。

如图 3-11所示，发送方首先采用激光器发出连续光信号，并采用强度调制器进行脉冲调制，得到光脉冲序列，当然，发送方也可以采用脉冲激光器直接产生脉冲序列；然后发送方对脉冲信号进行高斯调制，具体做法是采用强度调制器和相位调制器在脉冲上调制随机数据，使得光场正交分量服从高斯分布；最后采用可调衰减器对输出量子信号的光功率进行控制，达到所需要的调制方差。同时，发送方通过隔离器对外界光进行隔离，以保障发送端设备的安全性。为了确保调制方差数据的实时更新，发送方同时分出一路量子光信号进行实时光功率监控。

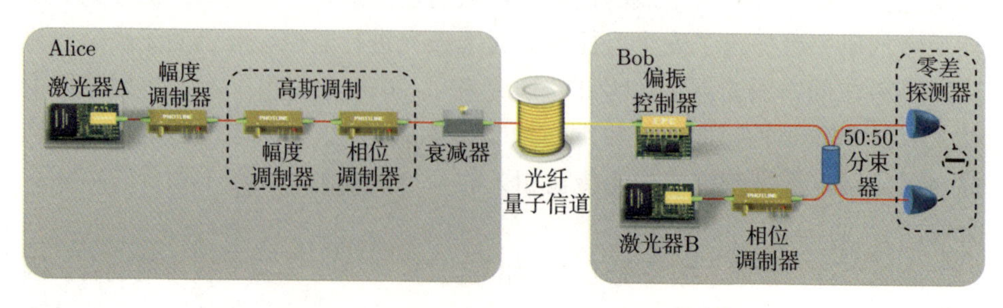

图 3-11　本地本振系统光路结构示意图[81]

量子信号经过信道后，通过偏振控制器进行偏振态调整，进而与本振光的偏振方向对齐。另外，本振光首先通过接收端的激光器进行制备，并通过强度调制器进行脉冲切割；再通过相位调制器进行测量基选择；然后与信号混合实现零差探测，探测得到的电信号经过采集量化后，再经过参数评估协商译码等操作；最后提取出安全密钥。可以看到，随路本振系统与本地本振系统在信号调制、信号相干检测方面并无差别，而本振光移到接收端使得发送端的光路结构更加简化，降低了光路结构的复杂性。

第 4 章

安全性分析

4.1 信息论基础

和任何密码系统一样，QKD 的安全性也是在信息论框架下表述的，因此为了便于后面分析的清晰，本节介绍 QKD 安全性分析所需要的信息论基础知识。首先回顾经典信息论中熵的相关知识；然后将其扩展到量子信息论的表述；最后介绍一个最重要的定理——Holevo 限。

4.1.1 信息和香农熵

4.1.1.1 信息与信息量

“信息”是大家经常提到的词语，但什么是信息，如何用数学的方法来分析信息呢？这一工作最早由香农在 1948 年完成[165]。

定义 4.1 信息

用符号传递的消息，消息的内容是接收符号者预先不知道的。♣

根据上述定义，所谓信息就是指获得消息后消除掉的关于某一事件发生的不确定性。这里要注意 3 个不同含义的词语“符号”“消息”和“信息”。所谓符号（或者称为“信号”）是一个物理的状态，它是消息的载体，如激光通信中的激光脉冲，以及无线广播中的电磁波等就是符号。所谓消息是指加载在符号或信号上的逻辑编码内容，如无线广播中经过编码调幅或调频后的逻辑内容。因此，符号是消息的物理形式，消息是符号表述的内容。而消息可能包含信息，也可能不包含信息。只有能够消除掉一定不确定性的消息才包含信息，否则该消息就不包含信息（或者说信息量为零）。

从信息的定义可以看出，消息的信息量就是它所消除掉的不确定性的度量，而不确定性可以用概率来进行定量分析。因此，一条消息的信息量就是该消息所表述的事件发生概率的对数的负值，即

$$I(x_i) = -\log_2 p(x_i) \equiv -\log p(x_i) \tag{4.1}$$

式中 $p(x_i)$ 表示事件 x_i 出现的概率。在信息论中，对数的底数一般取 2，因此在后面的表述中如果没有特殊说明均忽略了底数记号。从定义可以看出，信息量具有如下特点：

（1）确定性发生（发生概率为 1）的事件和完全不可能发生（发生概率为 0）的事件，信息量都为 0。

（2）信息量非负，即 $I(x_i) \geqslant 0$，因为 $0 \leqslant p(x_i) \leqslant 1$。

4.1.1.2　熵

前面讲到 $I(x_i)$ 表示某一事件的信息量，但对于实际的信号源而言，可能发生的事件集合一般包含多个事件，即集合 $X = \{x_1, x_2, \cdots, x_m\}$ 是多个事件 $x_i(i = 1, 2, \cdots, m)$ 的集合。那么对于这样的集合（信号源），其平均信息量就可以用熵来表示。

定义 4.2 熵

定义为集合 X 中各事件自信息量的统计平均，即

$$H(X) = \sum_{i=1}^{m} p_i I(x_i) = \sum_{i=1}^{m} p_i \log p_i \tag{4.2}$$

式中：$p_i \equiv p(x_i)$ 表示信号源中事件 x_i 出现的概率，满足 $\sum_{i=1}^{m} p_i = 1$。♣

经典的信息熵又称为香农熵。特别地，对于二元信源 $\{0,1\}$ 而言，如果 0 出现的概率为 p，那么 1 出现的概率为 $1-p$，此时信源的熵为

$$H(p) = -p\log p - (1-p)\log(1-p) \tag{4.3}$$

熵平均地描述了集合 X 中每个事件的不确定程度，即确定 X 中一个事件平均需要的信息量。因此，熵刻画了信号源传递信息的能力。同时，熵具有如下性质：

（1）熵非负，即 $H(X) \geqslant 0$。

（2）各事件等概率出现时熵最大，即对任意概率分布 $P=(p_1,p_2,\cdots,p_m)$ 而言，有

$$H(p_1,p_2,\cdots,p_m)\leqslant H(1/m,1/m,\cdots,1/m)\equiv \log m \tag{4.4}$$

（3）熵是概率分布 P 的凹函数，即对任意两个概率分布 P 和 P'，有

$$\alpha H(P)+(1-\alpha)H(P')\leqslant H[\alpha P+(1-\alpha)P'] \tag{4.5}$$

式中 $0\leqslant\alpha\leqslant 1$。

如果 $X=\{x_1,x_2,\cdots,x_n\}$ 是离散的随机变量，那么利用熵的定义可以很容易计算出变量 X 的熵 $H(X)$，但是如果 X 是连续的随机变量，那么就需要用到**微分熵**的概念。所谓“微分熵”是指一个连续随机变量的熵。微分熵与最短描述长度也存在着联系，并且在许多方面与离散随机变量的熵相类似。但是，它们之间仍然存在一些重要的差别，所以在使用这些概念时需要加以注意。下面简要介绍微分熵的概念。不过注意到，在本书后面的描述中不特别地区别“熵”和“微分熵”这两个名词，而统一称为“熵”。

设 X 是一个随机变量，其累积分布函数为

$$F(x)=\Pr(X\leqslant x) \tag{4.6}$$

如果 $F(x)$ 是连续的，则称该随机变量是连续的。当 $F(x)$ 的导数存在时，令 $f(x)=F'(x)$，若 $\int_{-\infty}^{\infty}f(x)\mathrm{d}x=1$，则称 $f(x)$ 为 X 的概率密度函数。另外，使得 $f(x)\geqslant 0$ 的所有 x 的集合 S 称为 X 的支撑集，即 $S=\{x|f(x)\geqslant 0\}$。

定义 4.3 微分熵

一个以 $f(x)$ 为概率密度函数的连续随机变量 X 的微分熵 $h(X)$ 定义为

$$h(X)=-\int_S f(x)\log f(x)\mathrm{d}x \tag{4.7}$$

式中积分范围为该随机变量的支撑集 S。 ♣

与离散变量一样，微分熵仅依赖于随机变量的概率密度，因此有时将微分熵写成 $h(f)$。特别需要注意的是，当每次给出的例子涉及积分或者密度函数时，需要说明它们是否存在，因为很容易构造出随机变量的例子，使它的密度函数不存在，或者上述的积分不存在。

上面给出了微分熵的定义，那么它和离散随机变量的熵具有什么联系呢？下面进行简要的讨论，并给出微分熵的计算方法。

考虑一个概率密度函数为 $f(x)$ 的随机变量 X，假设将 X 的定义域分割为长度为 Δ 的若干小区间，并且假定概率密度函数在这些小区间内是连续的，那么由中值定理可知，在每个小区间中一定存在一个 x_i，使得下式成立，即

$$f(x_i)\Delta = \int_{i\Delta}^{(i+1)\Delta} f(x)\mathrm{d}x \tag{4.8}$$

因此，可以定义离散化后的随机变量 X^Δ，其定义为

$$X^\Delta = x_i,\quad i\Delta \leqslant X < (i+1)\Delta \tag{4.9}$$

x_i 的概率为

$$p(x_i) = f(x_i)\Delta = \int_{i\Delta}^{(i+1)\Delta} f(x)\mathrm{d}x \tag{4.10}$$

显然，概率分布 $\sum_i p(x_i) = 1$ 满足归一化条件。因此，离散化后的随机变量 X^Δ 的熵为

$$\begin{aligned} H\left(X^\Delta\right) &= -\sum_{i=-\infty}^{\infty} p_i \log p_i \\ &= -\sum_{i=-\infty}^{\infty} f\left(x_i\right)\Delta \log f\left(x_i\right)\Delta \\ &= -\sum_{i=-\infty}^{\infty} f\left(x_i\right)\Delta \log f\left(x_i\right) - \sum_{i=-\infty}^{\infty} f\left(x_i\right)\Delta \log \Delta \\ &= -\sum_{i=\infty}^{\infty} \Delta f\left(x_i\right) \log f\left(x_i\right) - \log \Delta \end{aligned} \tag{4.11}$$

如果函数 $f(x)\log f(x)$ 是黎曼可积的，那么当 $\Delta \to 0$ 时，式 (4.11) 第一项趋近于概率密度函数 $f(x)$ 的微分熵 $h(X)$。因此，有如下定理成立。

定理 4.1

如果随机变量 X 的概率密度函数 $f(x)$ 是黎曼可积的，那么当 $\Delta \to 0$ 时有

$$H\left(X^\Delta\right) + \log \Delta \to h(f) = h(X) \tag{4.12}$$

♡

由定理 4.1 可以看出，连续随机变量的微分熵的绝对值为一个无穷大的量（这主要是因为连续信源有无穷多个状态，因此根据香农熵的含义其必然为无

穷大)。在实际应用中，微分熵仍然是刻画信息传输的重要量。这是因为，尽管连续信源微分熵的绝对值为一个无穷大量，但信息论主要讨论的是信息传输问题，连续信道的输入输出都是连续变量，而分析输入输出信息的关联时一般是求两个熵的差，此时两个无穷大量将被抵消，不影响分析。

4.1.1.3　互信息量、条件熵和联合熵

熵刻画了某个集合自身的平均信息量，在实际应用中还需要刻画两个集合之间的关联性。例如，在通信模型中，信号源 X 发送了一系列的事件信号，信号经过信道传递到接收方后，接收方通过某种探测方式测量得到另一个事件集合 Y，但由于信道噪声的存在，X 和 Y 有时并不完全一一对应。为了刻画这种情况，就需要用到互信息、条件熵和联合熵的概念。图 4-1给出了各种熵之间的关系。

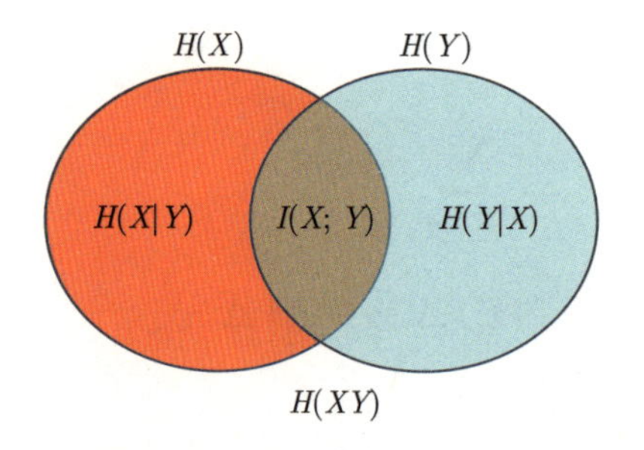

图 4-1　熵、条件熵、联合熵和互信息之间的相互关系

1）**互信息量**

对于集合 $X=\{x_1,x_2,\cdots,x_n\}$ 和集合 $Y=\{y_1,y_2,\cdots,y_m\}$ 中任意两个事件 x_i 和 y_j 而言，其互信息量定义为 x_i 自身的信息量减去知道 y_j 后尚存的不确定性程度，即

$$I(x_i;y_j)=-\log p(x_i)-[-\log p(x_i|y_j)]=\log\frac{p(x_i|y_j)}{p(x_i)} \tag{4.13}$$

式中：$p(x_i|y_j)$ 表示知道 y_j 后 x_i 的条件概率。

可以证明，互信息量 $I(x_i;y_j)$ 满足如下性质：

（1）如果 x_i 和 y_j 统计独立，则互信息量为 0，即 $I(x_i;y_j)=0$。

（2）两个事件的互信息量具有对称性，即 $I(x_i;y_j)=I(y_j;x_i)$。

（3）任意两个事件的互信息量不大于其中一个事件的自信息量，即

$$I(x_i;y_j)\leqslant\min\{I(x_i),I(y_j)\} \tag{4.14}$$

同时，集合 X 和 Y 的平均互信息量定义为集合 X 和 Y 中任意两个事件对 (x_i, y_j) 的平均互信息量，即

$$I(X;Y) = \sum_{i,j} p(x_i, y_j) I(x_i; y_j) \tag{4.15}$$

式中 $p(x_i, y_j)$ 表示事件对 (x_i, y_j) 出现的联合概率。

2）**联合熵**

联合集 X 和 Y 的联合熵定义为事件对 (x_i, y_j) 的平均信息量，即

$$H(XY) = -\sum_{i,j} p(x_i, y_j) \log p(x_i, y_j) \tag{4.16}$$

3）**条件熵**

联合集 X 和 Y 中，集合 X 相对于 Y 的条件熵定义为平均条件自信息量，表示已知 Y 的条件下，X 尚存的不确定性，即

$$H(X|Y) = \sum_{i,j} p(x_i, y_j) I(x_i|y_j) \tag{4.17}$$

式中 $I(x_i|y_j) = -\log p(x_i|y_j)$ 为条件自信息量。

4.1.2　冯 · 诺伊曼熵

通过前面的介绍可知，香农熵刻画了经典概率分布的不确定程度，而由 2.1.1.2 节可知，量子态由密度矩阵来表示，其包含了物理体系的全部信息。因此，量子信息理论中采用了冯 · 诺伊曼（Von Neumann）熵来刻画量子体系的不确定程度。

定义 4.4 冯 · 诺伊曼熵

对密度矩阵 ρ 所描述的量子体系而言，其冯 · 诺伊曼熵定义为

$$S(\rho) = -\mathrm{tr}(\rho \log \rho) \tag{4.18}$$

♣

可以证明，冯 · 诺伊曼熵满足如下性质：

（1）如果 $\{\lambda_i\}$ 是密度矩阵 $\boldsymbol{\rho}$ 的全部非零本征值，那么冯 · 诺伊曼熵可以写为

$$S(\boldsymbol{\rho}) = -\sum_i \lambda_i \log \lambda_i \tag{4.19}$$

因此，从某种程度上讲，经典香农熵是量子冯 · 诺伊曼熵的一种特例。

（2）冯 · 诺伊曼熵非负，即 $S(\boldsymbol{\rho}) \geqslant 0$。

（3）幺正变换下冯 · 诺伊曼熵不变，即对任意幺正矩阵 $\boldsymbol{U}$ 而言，有 $S(\boldsymbol{U}\boldsymbol{\rho}\boldsymbol{U}^{-1}) = S(\boldsymbol{\rho})$ 成立。

（4）如果密度矩阵 $\boldsymbol{\rho}$ 具有 M 个非零的本征值，那么

$$S(\boldsymbol{\rho}) \leqslant \log M \tag{4.20}$$

仅且仅当所有非零本征值都相等时等号成立。

（5）如果复合系统 AB 处于纯态，那么子系统 A 和子系统 B 的熵相等。即对于任意纯态 $|\Psi\rangle_{AB}$，有 $S(\boldsymbol{\rho}_A) = S(\boldsymbol{\rho}_B)$ 成立，其中 $\boldsymbol{\rho}_A$ 和 $\boldsymbol{\rho}_B$ 分别为子系统 A 和 B 的约化密度矩阵。

（6）如果 $\{\boldsymbol{\rho}_i\}$ 是系统 A 的密度算子集合，$\{|i\rangle\}$ 是系统 B 的正交态集合，则

$$S(\sum_i p_i \boldsymbol{\rho}_i \otimes |i\rangle\langle i|) = H(p_i) + \sum_i p_i S(\boldsymbol{\rho}_i) \tag{4.21}$$

式中 p_i 是态 $\boldsymbol{\rho}_i$ 的概率。

（7）两个独立系统的熵具有可加性，即

$$S(\boldsymbol{\rho}_1 \otimes \boldsymbol{\rho}_2) = S(\boldsymbol{\rho}_1) + S(\boldsymbol{\rho}_2) \tag{4.22}$$

（8）冯 · 诺伊曼熵是凹函数。即对于任意的 λ_i，$\sum_i \lambda_i = 1$，有

$$\sum_i \lambda_i S(\boldsymbol{\rho}_i) \leqslant S\left(\sum_i \lambda_i \boldsymbol{\rho}_i\right) \tag{4.23}$$

同时，与经典熵一样，可以在冯 · 诺伊曼熵的框架下定义量子的联合熵、条件熵和互信息量，其定义和经典的定义完全一致，仅需要将香农熵换为冯 · 诺伊曼熵即可。注意到，虽然这些量子熵之间也具有图 4-1所表示的相同关系，但对于某些特殊的量子态而言，量子熵会出现和经典熵不同的特性。例如，对于 $|\Psi\rangle = (|0\rangle_A|0\rangle_B + |1\rangle_A|1\rangle_B)/\sqrt{2}$ 所表示的两系统纠缠态而言，简单的计算即可发现 $S(A) = S(B) = 1$，但 A 和 B 之间的互信息 $I(A;B) = S(A) + S(B) - S(A,B) = 2$。即 A 和 B 之间的互信息量大于体系单独的信息量，而在经典信息中这是不可能的。

4.1.3 Holevo 限

下面介绍量子信息中一个十分重要的定理——Holevo 限，它给出了对一个量子系统进行任意测量时所能够获取信息的上限。由于这个定理证明过程非常简洁和漂亮，不仅在 QKD 的安全性证明中具有十分重要的作用，而且其证明过程也蕴含了很多 QKD 安全性分析的基本技巧，因此，在此对该定理进行详细证明。

定理 4.2

假设 Alice 以概率 $p_x(x=0,1,2,\cdots,n)$ 制备量子态 ρ_x，Bob 对这些量子态执行一个由分量 $\{E_y\}\equiv\{E_0,E_1,\cdots,E_m\}$ 所描述的任意 POVM 测量，对应的测量结果为 $Y=\{y_j|j=0,1,2,\cdots,m\}$。由于 Alice 的态和 Bob 的测量结果不一定一一对应，因此 $m\neq n$。那么，对于 Bob 的测量，Alice 和 Bob 的互信息量有下式成立：

$$I(X;Y)\leqslant S(\boldsymbol{\rho})-\sum_x p_x S(\boldsymbol{\rho}_x)\equiv\chi \tag{4.24}$$

式中 $\rho=\sum_x p_x\boldsymbol{\rho}_x$；$\chi$ 为 Holevo 量。♡

证明: 为了证明 Holevo 限，需要将 Alice 的量子态制备过程和 Bob 的测量过程包含在量子态的表示中，即写成整体的量子态密度矩阵，进而利用前面各种熵的关系来估计 Alice 和 Bob 的互信息。因此，除了 Alice 所发送量子态的系统 Q 外，还需要另外引入两个虚构的辅助系统 P 和 M，其中系统 P 决定 Alice 的态制备过程，系统 M 决定 Bob 的态测量过程。

假设系统 P 由一组正交归一的基态 $\{|x\rangle\}$ 张成，其分量对应于 Alice 所制备量子态的指标 $x=0,1,\cdots,n$。那么 P 和 Q 所构成复合系统的量子态可以写为

$$\boldsymbol{\rho}^{PQ}=\sum_x p_x|x\rangle\langle x|\otimes\rho_x \tag{4.25}$$

式 (4.25) 可以理解为 Alice 具有两个物理系统 P 和 Q，此时复合系统 PQ 处于密度矩阵 $\boldsymbol{\rho}^{PQ}$ 所描述的量子态。Alice 采用正交基 $|x\rangle$ 所描述的投影测量算子对 P 系统进行测量，如果测量得到指标 x，那么 Q 系统将处于 $\boldsymbol{\rho}_x$ 所描述的量子态。由于 Alice 对 P 系统测量时得到结果 x 的概率为 p_x，那么 Q 系统塌缩到量子态 $\boldsymbol{\rho}_x$ 的概率也为 p_x。这就等价于 Alice 以概率 p_x 制备了量子态 $\boldsymbol{\rho}_x$。

假设系统 M 的基为 $\{|y\rangle\}$，其分量对应于 Bob 的 POVM 测量结果 $y=0,1,2,\cdots,m$。由于初始时刻 Bob 的 M 系统和 Alice 的 PQ 系统相互独立。因此，可以假设初始时刻 M 系统处于标准基态 $|0\rangle$，而且系统 M 和系统 PQ 处于直积状态。换言之，此时复合系统 PQM 的量子态可以写为

$$\boldsymbol{\rho}^{PQM}=\sum_x p_x|x\rangle\langle x|\otimes\boldsymbol{\rho}_x\otimes|0\rangle\langle 0| \tag{4.26}$$

根据第 2 章的描述可知,POVM 操作可以采用保迹映射来描述(式 (2.65)),

即操作后复合系统的量子态可以表示为

$$\boldsymbol{\rho}^{P'Q'M'} = \varepsilon(\boldsymbol{\rho}^{PQM}) = \sum_{xy} p_x |x\rangle\langle x| \otimes \sqrt{E_y}\boldsymbol{\rho}_x\sqrt{E_y} \otimes |y\rangle\langle y| \tag{4.27}$$

式中 E_y 表示 Bob 的 POVM 算子。

这样就写出了系统 PQM 操作前后的量子态，其中包括了 Alice 的态制备过程和 Bob 的态测量过程。由于初始时刻系统 M 和系统 PQ 没有关联，有

$$S(P;Q) = S(P;Q,M) \tag{4.28}$$

注意到，量子操作 ε 的作用空间是系统 QM，因此不会增加系统 P 和系统 QM 之间的互信息，即

$$S(P;Q,M) \geqslant S(P';Q',M') \tag{4.29}$$

此外，注意到对于一个复合系统而言，去掉部分子系统后不会增加剩下系统间的互信息，即

$$S(P';Q',M') \geqslant S(P';M') \tag{4.30}$$

将上面式 (4.29) 和式 (4.30) 联立可得

$$S(P';M') \leqslant S(P;Q) \tag{4.31}$$

这就是 Holevo 限的结论。下面给出式 (4.31) 左右两边的具体计算结果。

计算式 (4.31) 的右边，根据式 (4.25)，有

$$\begin{aligned} S(P) &= H(p_x) \\ S(Q) &= S(\boldsymbol{\rho}) \\ S(P,Q) &= H(p_x) + \sum_x p_x S(\boldsymbol{\rho}_x) \end{aligned} \tag{4.32}$$

式中：$\boldsymbol{\rho} = \sum_x p_x \boldsymbol{\rho}_x$ 为 Q 系统的密度矩阵；$H(p_x) = -\sum_x p_x \log p_x$ 为概率分布 $\{p_x\}$ 的香农熵。

根据熵之间的相互关系，系统 PQ 之间的互信息为

$$S(P;Q) = S(P) + S(Q) - S(P,Q) = S(\boldsymbol{\rho}) - \sum_x p_x S(\boldsymbol{\rho}_x) \tag{4.33}$$

这其实就是 Holevo 限的右边。

下面计算式 (4.31) 的左边，注意到式 (4.27)，为了求系统 P' 和 M' 的互信息，需要得到子系统 $P'M'$ 的密度矩阵，这可以通过求迹系统 Q' 来实现。同时注意到

$$p(x,y)=p_x p(y|x)=p_x\mathrm{tr}(\boldsymbol{\rho}_x E_y)=p_x\mathrm{tr}(\sqrt{E_y}\boldsymbol{\rho}_x\sqrt{E_u}) \tag{4.34}$$

则

$$\boldsymbol{\rho}^{P'M'}=\mathrm{tr}_{Q'}(\boldsymbol{\rho}^{P'Q'M'})=\sum_{xy}p(x,y)|x\rangle\langle x|\otimes|y\rangle\langle y| \tag{4.35}$$

从密度矩阵可以看出，系统 $P'M'$ 的互信息等于经典数据 X 和 Y 互信息，即

$$S(P';M')=I(X;Y) \tag{4.36}$$

这样就得到了 Holevo 限的证明。□

4.2　BB84 协议安全性分析

在介绍 QKD 的安全性分析之前，先简要回顾窃听者所能够采取的三类窃听模型。本书将窃听者在量子信道所采取的所有攻击行为称为“**窃听**”，而将窃听者利用 QKD 系统中设备非完美性所采取的攻击行为称为“**攻击**”。如图 4-2所示，根据窃听者窃听能力的不同，窃听方案可以分为 3 类：个体窃听、联合窃听和相干窃听。

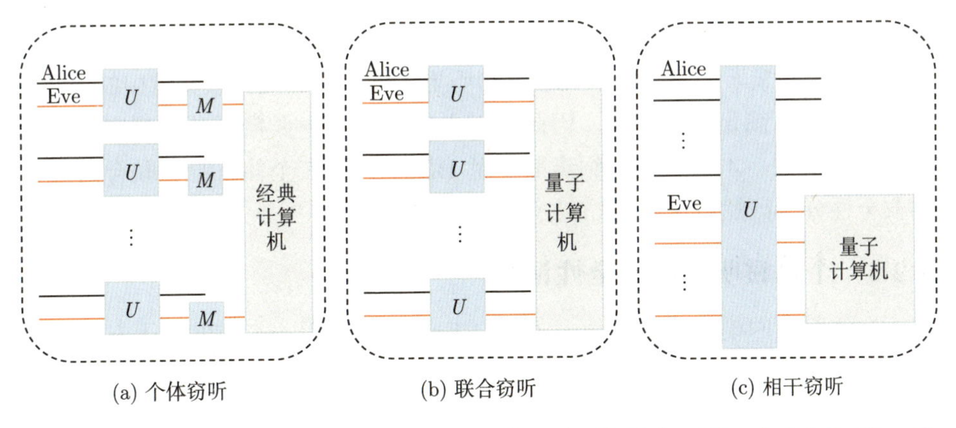

图 4-2　个体窃听、联合窃听和相干窃听方案示意图（图中 U 表示 Eve 为了获取 Alice 量子态信息所采用的操作，M 表示 Eve 的测量算子，黑线表示 Alice 的量子态，橙线表示 Eve 的量子态）

定义 4.5 个体窃听

个体窃听是指，对于 Alice 所发送的每一个量子态，Eve 都独立地采用一个辅助量子系统来与之耦合，待 Alice 和 Bob 通信结束后，Eve 对自己的辅助量子系统进行测量，并采用经典计算机来分析数据，从而获取密钥信息。♣

定义 4.6 联合窃听

联合窃听是指，对于 Alice 所发送的每一个量子态，Eve 都独立地采用一个辅助量子系统来与之耦合，待 Alice 和 Bob 通信结束后，Eve 采用量子计算机来分析自己的全部辅助量子系统，从而获取密钥信息。♣

定义 4.7 相干窃听

相干窃听是指，对于 Alice 所发送的全部量子态，Eve 采用一个大的辅助量子系统来与之耦合，待 Alice 和 Bob 通信结束后，Eve 采用量子计算机来分析自己的全部辅助量子系统，从而获取密钥信息。♣

从上面的描述可以看出，作为一般性的窃听方案，相干窃听的攻击能力最强。因此，对于给定的 QKD 协议，只有在相干窃听模型下完成安全性证明后才能称该协议具有无条件安全性。但是，相干窃听的证明过程中涉及无穷维希尔伯特空间的处理，因此对于很多 QKD 协议而言，其在相干窃听下的安全性证明非常困难。不过，根据量子 de Finetti 定理 [166]，大物理系统的对称性意味子系统的独立性[167]。换言之，对于具有置换对称性的 QKD 协议而言，Eve 并不能从相干窃听方案中获取比联合窃听更多的信息。而离散变量中的 BB84 协议刚好可以满足这一性质。因此对于 BB84 协议主要需要讨论其在联合窃听下的安全性。本节首先介绍离散变量 BB84 协议在个体窃听和联合窃听下的安全性分析；然后介绍 GLLP 公式和诱骗态方法。

4.2.1 个体窃听下的安全性证明

个体窃听的模型如图 4-2(a) 所示。Eve 首先采用一个辅助量子态独立地和 Alice 的每个量子位进行相互作用；然后对自己的每个辅助量子态独立地进行测量；最后通过分析自己的经典结果和合法通信双方间的经典通信来获取信息。该模型的数学表达式可以写为[168]

$$U(|\varphi_a\rangle|\phi_0\rangle) = |\Phi\rangle \tag{4.37}$$

式中 $|\varphi_a\rangle \in \{z_0, z_1, x_0, x_1\}$ 表示 Alice 发送的 4 个量子态；$|\phi_0\rangle$ 表示 Eve 辅助空间的初始量子态；$|\Phi\rangle$ 表示经过 Eve 的相互作用后 Alice 和 Eve 所共享的纠缠态。

可以看出，相互作用矩阵 U 包含了 Eve 的全部信息。注意到，由于 Eve 可以在 Alice 和 Bob 公布测量基后再进行测量，因此她可以对 Z 基和 X 基采用不同的 POVM 算子，分别记为 $\{E_\lambda\}$ 和 $\{F_\lambda\}$。同时注意到，如果系统没有基相关缺陷，那么 Eve 在 Z 基和 X 基下获取的信息完全相同，因此下面以 Z 基为例来分析 Eve 的信息量。不失一般性，假设 Alice 发送量子态 $|z_0\rangle$，则 Eve 得到结果 λ 的条件概率可以写为

$$P_{\lambda,z_0} = \langle z_0|I \otimes E_\lambda|z_0\rangle \tag{4.38}$$

式中 I 表示 Alice 空间的单位算子。

如果定义 Alice 发送态 i 的概率为 p_i，那么当 Alice 发送 Z 基时 Eve 得到结果 λ 的条件概率为

$$q_\lambda = P_{\lambda,z_0} p_{z_0} + P_{\lambda,z_1} p_{z_1} \tag{4.39}$$

根据贝叶斯定理，当 Eve 测量得到 λ 时，Alice 发送态 i 的条件概率可以写为

$$Q_{i,\lambda} = P_{\lambda,i} p_i / q_\lambda \tag{4.40}$$

因此，可以定义 Eve 的信息量为

$$G = \sum_\lambda q_\lambda G_\lambda = \sum_\lambda |P_{\lambda,z_0} p_{z_0} - P_{\lambda,z_1} p_{z_1}| \tag{4.41}$$

式中 $G_\lambda = |Q_{z_0,\lambda} - Q_{z_1,\lambda}|$ 定义为 Eve 测量得到 λ 时所获取的信息量。

根据信息论，Alice 和 Eve 的互信息可以写为

$$\begin{aligned} I &= \sum_i [H(p_i) - \sum_\lambda H(i|\lambda)] \\ &= 1 + \sum_\lambda q_\lambda \sum_i Q_{i\lambda} \log Q_{i,\lambda} \end{aligned} \tag{4.42}$$

根据上面的定义，经过详细的数学计算就可以推导出 Eve 的互信息。这里仅给出结论，而不给出具体的推导过程，详细的推导可以参考文献 [168]。结果表明，Eve 在 Z 基和 X 基下的互信息上限分别可以表示为

$$\begin{aligned} I_Z &\leqslant \frac{1}{2}\phi[2\sqrt{e_x(1-e_x)}] \\ I_X &\leqslant \frac{1}{2}\phi[2\sqrt{e_z(1-e_z)}] \end{aligned} \tag{4.43}$$

式中：e_x 和 e_z 表示 Alice 和 Bob 在 X 基和 Z 基下的误码率；$\phi(x) = (1+x)\log(1+x) + (1-x)\log(1-x)$。

如果系统中不存在基相关缺陷，那么系统在 X 基和 Z 基下具有对称性，即 $e_x = e_z \equiv e$，因此 Eve 的总互信息量可以写为

$$I_E = \frac{1}{2}(I_Z + I_X) \leqslant \frac{1}{2}\phi[2\sqrt{e(1-e)}] \tag{4.44}$$

所以，在个体窃听下，Alice 和 Bob 的密钥率为

$$r_{AB} = I_{AB} - I_E \geqslant 1 - H(e) - \frac{1}{2}\phi[2\sqrt{e(1-e)}] \tag{4.45}$$

式中：$H(e)$ 表示香农熵。

简单的计算可以发现，当 $e = 14.64\%$ 时，$r = 0$。因此，在个体窃听下，合法通信双方所能够容忍的最大误码率为 14.64%。

4.2.2　联合窃听下的安全性证明

由于准备–测量协议（如 BB84 协议）和基于纠缠协议（如 Ekert91 协议）具有理论上的等价性，因此，下面基于纠缠协议分析 BB84 协议在联合窃听下的安全性。由于联合窃听的重要性，所以在这里给出密钥率的详细推导过程（具体分析也可以参考文献 [169]）。

联合窃听的原理如图 4-2(b) 所示。窃听者采用一个辅助量子位独立地和 Alice 的每个量子位进行相同的相互作用，待通信结束后她对自己拥有的所有量子位进行联合测量从而获取信息。注意到，在纠缠等价协议中，Alice 准备量子态 $|\Phi^+\rangle = (|00\rangle + |11\rangle)/\sqrt{2}$，然后她将其中一个量子位发送给 Bob。待 Bob 接收到量子位后，他们分别随机地对自己的量子位进行 σ_z（Z 基）或者 σ_x（X 基）测量。从理论上讲，如果信道和测量都是完美的，Alice 和 Bob 将拥有完全对称的测量结果，即 $\langle\sigma_z \otimes \sigma_z\rangle = \langle\sigma_x \otimes \sigma_x\rangle = 1$。然而，由于噪声或者说窃听者的存在①，Alice 和 Bob 最后拥有的量子态将是混合态，在退极化信道下②，Alice 和 Bob 的量子态密度矩阵可以写为

$$\boldsymbol{\rho}_{AB} = \lambda_1|\Phi^+\rangle\langle\Phi^+| + \lambda_2|\Phi^-\rangle\langle\Phi^-| + \lambda_3|\Psi^+\rangle\langle\Psi^+| + \lambda_4|\Psi^-\rangle\langle\Psi^-| \tag{4.46}$$

---

① 在 QKD 的安全性证明中，所有的噪声都被认为是由窃听者的窃听所引入。

② 根据量子信息理论，任何纠缠态都可以在 LOCC 下转化为式 (4.46) 所表示的维纳态，因此退极化信道模型给出了密钥率的下限。对于实际的 QKD 系统而言，也可以在通信过程中采用信道层析的方法来实时标定信道特性，从而提高密钥率 [170]。

式中 $\sum_{i=1}^{4}\lambda_i=1$；以及 $|\Phi^{\pm}\rangle$ 和 $|\Psi^{\pm}\rangle$ 分别表示为

$$\begin{cases}|\Phi^{\pm}\rangle=(|00\rangle\pm|11\rangle)/\sqrt{2}\\|\Psi^{\pm}\rangle=(|01\rangle\pm|10\rangle)/\sqrt{2}\end{cases}\tag{4.47}$$

可以看出，量子态 $|\Phi^{-}\rangle$ 对应于相位错误，$|\Psi^{+}\rangle$ 对应于比特错误，$|\Psi^{-}\rangle$ 中同时存在比特错误和相位错误。因此，在噪声信道下，Alice 和 Bob 的测量结果中将以 λ_2 的概率发生比特错误，以 λ_3 的概率发生相位错误，以 λ_4 的概率同时发生比特错误和相位错误。因此 X、Y、Z 三个基下面的误码率分别为

$$e_x=\lambda_2+\lambda_4,\quad e_y=\lambda_2+\lambda_3,\quad e_z=\lambda_3+\lambda_4\tag{4.48}$$

根据信息论，Alice 和 Bob 间的安全密钥率可以定义为

$$r=I_{AB}-I_E\tag{4.49}$$

式中 I_{AB} 表示 Alice 和 Bob 间的互信息，I_E 表示 Alice 和 Eve 之间（或者 Bob 和 Eve 之间）的互信息。

注意到，由于通信结束后 Alice 和 Bob 仅拥有经典比特信息，所以他们之间的互信息由香农熵给出，即 $I_{AB}=1-H(e_z)$。因此，估计 Alice 和 Bob 间密钥率下限的关键是估计 Eve 所能够获取信息量的上限。注意到，由于 Eve 所拥有的是量子态，所以其互信息应由 Holevo 限给出，即

$$\begin{aligned}I_E&=S(\boldsymbol{\rho})-\sum_i p(i)S(\boldsymbol{\rho}_i)\\&=S(\boldsymbol{\rho}_E)-\frac{1}{2}[S(\boldsymbol{\rho}_{E|0})+S(\boldsymbol{\rho}_{E|1})]\end{aligned}\tag{4.50}$$

式中 $S(\boldsymbol{\rho})=-\mathrm{tr}[\boldsymbol{\rho}\log_2(\boldsymbol{\rho})]$ 表示冯 · 诺伊曼熵；$\boldsymbol{\rho}=\sum_i p(i)\boldsymbol{\rho}_i$，$\boldsymbol{\rho}_E$ 为 Eve 所拥有的量子态，$\boldsymbol{\rho}_{E|0}$ 和 $\boldsymbol{\rho}_{E|1}$ 表示当 Alice 测量得到 0 和 1 后 Eve 所拥有的量子态。

注意到，由于 Eve 能够纯化 Alice 和 Bob 的量子态，所以 Alice、Bob 和 Eve 三者共同拥有的态为纯态，可以写为

$$|\Psi\rangle_{ABE}=\sqrt{\lambda_1}|\Phi^{+}\rangle|e_1\rangle+\sqrt{\lambda_2}|\Phi^{-}\rangle|e_2\rangle+\sqrt{\lambda_3}|\Psi^{+}\rangle|e_3\rangle+\sqrt{\lambda_4}|\Psi^{-}\rangle|e_4\rangle\tag{4.51}$$

式中 $\langle e_i|e_j\rangle=\delta_{ij}$ 为 Eve 所属空间的正交基。

这里需要指出的是，一般来说 Eve 的纯化态并不唯一。但是，对 Eve 而言，所有纯化态具有 LOCC 等价性，因此不同纯化态并不会改变 Eve 所能够获取的信息量。根据量子信息熵理论，由于 $|\Psi\rangle_{ABE}$ 为纯态，所以 $S(\boldsymbol{\rho}_E) = S(\boldsymbol{\rho}_{AB}) = H(\{\lambda_1, \lambda_2, \lambda_3, \lambda_4\}) \equiv H(\underline{\lambda})$。下面推导 Eve 的条件熵 $S(\boldsymbol{\rho}_{E|0})$ 和 $S(\boldsymbol{\rho}_{E|1})$。

由 $|\Psi\rangle_{ABE}$ 并对 Bob 的态空间求迹后就可以得到 Alice 和 Eve 的量子态密度矩阵，其可以写为

$$\boldsymbol{\rho}_{AE} = \mathrm{tr}_B(|\Psi\rangle_{ABE}\langle\Psi_{ABE}|) = \frac{1}{2}(|a\rangle\langle a| + |b\rangle\langle b|) \tag{4.52}$$

其中

$$\begin{cases} |a\rangle = |0\rangle|e_1\rangle + |0\rangle|e_2\rangle + |1\rangle|e_3\rangle - |1\rangle|e_4\rangle \\ |b\rangle = |1\rangle|e_1\rangle - |1\rangle|e_2\rangle + |0\rangle|e_3\rangle + |0\rangle|e_4\rangle \end{cases} \tag{4.53}$$

因此

$$\begin{cases} \boldsymbol{\rho}_{E|A=0} = \dfrac{\langle 0|\boldsymbol{\rho}_{AE}|0\rangle}{\mathrm{tr}(\langle 0|\boldsymbol{\rho}_{AE}|0\rangle)} \\ \qquad = \lambda_1|e_1\rangle\langle e_1| + \sqrt{\lambda_1\lambda_2}(|e_1\rangle\langle e_2| + |e_2\rangle\langle e_1| + \lambda_2|e_2\rangle\langle e_2|) \\ \qquad + \lambda_3|e_3\rangle\langle e_3| + \sqrt{\lambda_3\lambda_4}(|e_3\rangle\langle e_4| + |e_4\rangle\langle e_3| + \lambda_4|e_4\rangle\langle e_4|) \\ \boldsymbol{\rho}_{E|A=1} = \dfrac{\langle 1|\boldsymbol{\rho}_{AE}|1\rangle}{\mathrm{tr}(\langle 1|\boldsymbol{\rho}_{AE}|1\rangle)} \\ \qquad = \lambda_3|e_3\rangle\langle e_3| - \sqrt{\lambda_3\lambda_4}(|e_3\rangle\langle e_4| + |e_4\rangle\langle e_3| + \lambda_4|e_4\rangle\langle e_4|) \\ \qquad + \lambda_1|e_1\rangle\langle e_1| - \sqrt{\lambda_1\lambda_2}(|e_1\rangle\langle e_2| + |e_2\rangle\langle e_1| + \lambda_2|e_2\rangle\langle e_2|) \end{cases} \tag{4.54}$$

通过简单的推导可以计算出 $\boldsymbol{\rho}_{E|0}$ 和 $\boldsymbol{\rho}_{E|1}$ 具有相同的本征值，即 $\{0, \lambda_1 + \lambda_2, 0, \lambda_3 + \lambda_4\}$，则

$$\begin{aligned} S(\boldsymbol{\rho}_{E|0}) = S(\boldsymbol{\rho}_{E|1}) &= -(\lambda_1+\lambda_2)\log_2(\lambda_1+\lambda_2) - (\lambda_3+\lambda_4)\log_2(\lambda_3+\lambda_4) \\ &= -(1-e_z)\log(1-e_z) - e_z\log(e_z) \equiv H(e_z) \end{aligned} \tag{4.55}$$

其中，用到了条件 $\sum_{i=1}^{4}\lambda_i = 1$。所以，Eve 的互信息可以写为

$$I_E = H(\underline{\lambda}) - H(\varepsilon_z) \tag{4.56}$$

根据式 (4.56)，Alice 和 Bob 需要分别知道 X、Y、Z3 个基下的误码率 e_x、e_y、e_z 才可以估计出系统的安全密钥率。对于六态协议而言，这三个参数都可以由实验直接测试得到，因此可以完全确定系统的密钥率。但是对于 BB84 协议而言，合法通信双方仅在 Z 基和 X 基下进行测量，而不会测量 Y 基。换言之，式 (4.56) 并不能够由实验结果唯一确定，而是存在一个自由参数。因此，合法通信双方必须通过优化这一自由参数来最大化 Eve 的信息量，从而确保密钥的无条件安全性。不失一般性，假设 $\lambda_1=(1-e_z)(1-u)$，$\lambda_2=(1-e_z)u$，$\lambda_3=e_z(1-v)$，$\lambda_4=e_zv$，其中，$u,v\in[0,1]$。可以验证，上面的假设满足式 (4.48)。并且注意到 u,v 并不是独立的，而是需要满足约束条件：

$$(1-e_z)u+e_zv=e_x \tag{4.57}$$

通过简单的推导可以看出，在上面的参数假设下，$H(\underline{\lambda})=H(e_z)+(1-e_z)H(u)+e_zH(v)$，因此 Eve 的互信息量可以写为

$$I_E(\underline{\lambda})=(1-e_z)H(u)+e_zH(v) \tag{4.58}$$

由于合法通信双方需要最大化上面的方程,即他们可以通过计算 $\partial I_E/\partial u=0$ 来寻找最优的 u 和 v（注意到，由于 u 和 v 并不独立，因此在计算中可以假设 $v=v(u)$）。下面推导该微分方程。通过简单的推导可以得到

$$\frac{\partial I_E}{\partial u}=(1-e_z)\log(\frac{1-u}{u})+e_z\log(\frac{1-v}{v})\frac{\mathrm{d}v}{\mathrm{d}u}=0 \tag{4.59}$$

注意到，约束方程式 (4.57)，由其可以得到

$$(1-e_z)+e_z\frac{\mathrm{d}v}{\mathrm{d}u}=0 \tag{4.60}$$

因此，由上式 (4.59)、式 (4.60) 可以得到最优的 u、v 应该为 $u=v=e_x$。所以，Eve 的互信息可以写为

$$I_E=H(e_x) \tag{4.61}$$

在 BB84 协议下 Alice 和 Bob 间的安全密钥率为

$$r=1-H(e_z)-H(e_x) \tag{4.62}$$

式中：e_z 表示 Z 基下的误码率，称为比特错误率；e_x 表示 X 基下的误码率，称为相位错误率。

如果系统不存在基相关的缺陷，则比特错误率等于相位错误率，即 $e_z = e_x = e$。此时，简单计算可知，当 $e = 11\%$ 时，$r = 0$。因此，联合窃听下合法通信双方所能够容忍的最大误码率为 11%。

4.2.3 GLLP 公式

4.2.2 节给出了理想情况下 BB84 协议在联合窃听下的密钥率公式，但对于实际系统而言，设备总是存在一定的非完美性。例如，非理想单光子源中的多光子脉冲就可能泄露信息给窃听者。2004 年，D. Gottesman 等基于实际设备得到了一个更一般的密钥率公式，这就是著名的 GLLP 公式[25]。下面就简要介绍 GLLP 分析的基本思想。

GLLP 分析的一个重要思想是将 Alice 所发送的光脉冲比特分为“标记比特（Tagged Qubit）”和“非标记比特（Untagged Qubit）”。其中非标记比特是安全的量子比特，来源于基无关的光源。所谓基无关的光源是指通过信道传输的量子态和通信双方所选择的基无关。而标记比特是存在信息泄露的非安全量子比特，来源于基相关的光源。换言之，对于标记比特而言，窃听者知道发送方所选择的基，而对于非标记比特而言，窃听者没有基相关的信息。例如，在 BB84 协议中，如果 Alice 所发送的光脉冲中包含多于一个光子，那么这些多光子脉冲就是“标记比特”。因为对于这些光脉冲而言，窃听者首先通过光子数分离攻击[23,171-172]来获取一个光子；然后将剩余的光子发送给接收方，待通信双方公布基信息后窃听者再对其拥有的光子进行测量，此时窃听者就已经知道了发送方所选取的基信息。

对光脉冲进行划分后，通信双方采用下面的后处理方法来提取安全密钥：

（1）通信双方对所有的比特数据（标记比特和非标记比特）进行纠错处理，以保证 Alice 和 Bob 数据的一致性。根据信息论，此时将至少泄露 $H(E_\mu)$ 的初始密钥，其中 E_μ 表示标记比特和非标记比特总的误码率。

（2）通信双方分别对标记比特和非标记比特进行私密放大处理，以保证数据的私密性。此时，将至少泄露 $H(e_1)$ 的初始密钥，其中 e_1 表示非标记比特数据的误码率。通信双方之所以可以对标记比特和非标记比特分别进行私密放大处理，可以通过以下两方面来理解。一方面，从原则上讲，通信双方可以区分标记比特和非标记比特。例如，在非单光子源的情况中，Alice 可以先测量光脉冲的光子数（原则上可以实现这种测量），这样其就可以区分出哪些脉冲属于标记比特，哪些脉冲属于非标记比特。另一方面，假设有两个比特：一个来自非标记比特（记为 S_{untagged}）；另一个来自标记比特（记为 S_{tagged}）；如果私密放大所采用的哈希函数是线性的（如最简单的异或操作 $\oplus$），则私密放

大后的比特为 $S_{\text{untagged}} \oplus S_{\text{tagged}}$。可以看出，如果非标记比特是安全的，那么无论标记比特是否安全，私密放大后的比特都是安全的。因此，仅需考虑非标记比特在私密放大过程中泄露的信息。

根据上面的思想，式 (4.62) 中的 3 项就可以做如下替代：

$$\begin{cases} 1 \to Q_1 \\ H(e_z) \to Q_\mu f(E_\mu) H(E_\mu) \\ H(e_x) \to Q_1 H(e_1) \end{cases} \tag{4.63}$$

式中：Q_1 和 e_1 分别表示非标记比特的计数率和误码率；Q_μ 表示非标记比特和标记比特的总计数率；E_μ 表示非标记比特和标记比特总的误码率；$f(E_\mu)$ 表示纠错算法的效率，一般而言 $f(x) \geqslant 1$ 是 x 的函数。

式 (4.63) 的第一个公式表示安全的密钥仅能从非标记比特提取；第 2 个公式表示纠错所泄露的信息需要同时考虑非标记比特和标记比特的信息泄露；第 3 个公式表示可以分别针对非标记比特和标记比特进行私密放大，因此密钥率中仅需考虑非标记比特的信息泄露。通过上面的分析就可以得到著名的 GLLP 公式：

$$\begin{aligned} r \geqslant & q\{Q_1 - Q_1 H(e_1) - Q_\mu f(E_\mu) H(E_\mu)\} \\ \equiv & q\{-Q_\mu f(E_\mu) H(E_\mu) + Q_1 [1 - H(e_1)]\} \end{aligned} \tag{4.64}$$

式中：q 表示 Alice 和 Bob 选择相同基的概率，对于标准 BB84 协议而言 $q = 1/2$；对于某些基偏置的 QKD 协议而言，为了提高密钥产生率，Alice 和 Bob 可以提高发送 Z 基的概率，此时 $q > 1/2$。

4.2.4　QKD 模型

通过前面的介绍可知，单光子脉冲是保证 BB84 等离散 QKD 协议安全性的基础，但受系统复杂性、稳定性和成本等因素的影响，目前，绝大部分的 BB84 系统都是采用弱相干脉冲来替代单光子源。而 4.2.3 节中已经分析指出，非单光子源中的多光子脉冲是典型的标记比特，会完全泄露密钥信息。根据 GLLP 公式（式 (4.64)），如果要计算密钥率的下限，则需要估计出非标记比特计数率的下限 Q_1^L，以及非标记比特误码率的上限 e_1^U。虽然原则上讲，Alice 可以首先通过光子数非破坏测量来测量每个光脉冲的光子数，从而区分出标记比特和非标记比特；然后再根据实验数据计算非标记比特的计数率和误码率。

在当前技术水平下，通信双方并无法有效地完成非破坏的光子数测量，因此通信双方只能采用最悲观的方法来估计非标记比特的计数率和误码率，即假设：

（1）Alice 发送的所有标记比特脉冲都以 1 的概率被 Bob 探测到。

（2）所有的误码率都来自非标记比特脉冲, 即标记比特的误码率为零。

在这两个假设下，非标记比特的计数率和误码率可以写为

$$\begin{cases} Q_1 = Q_\mu - p_{\text{tagged}} \\ e_1 = Q_\mu E_\mu / Q_1 \end{cases} \tag{4.65}$$

式中：p_{tagged} 表示标记比特出现的概率；在弱相干光源中 $p_{\text{tagged}} = p_{\text{multi}}$，即标记比特的概率等于多光子脉冲出现的概率。

下面的分析将指出（图 4-3），如果通信双方采用式 (4.65) 所假定的悲观估计，那么在典型的弱相干光源下 QKD 安全距离将被限制在 30km 左右，这就极大地限制了 QKD 应用范围。幸运的是，诱骗态方法可以很好地解决该问题[12-14]。由于诱骗态思想在离散变量 QKD 中具有非常重要的作用，下面对该方法进行详细介绍[173]。在介绍诱骗态方法前，先考虑 QKD 中光源、信道和探测的模型。

4.2.4.1　光源

激光器的输出光场可以采用相干态来描述，根据式 (2.53)，当相干态的相位完全随机化后①，其量子态可以写为粒子数空间的完全混合态，即

$$\rho = \int_0^{2\pi} \frac{\mathrm{d}\theta}{2\pi} |\sqrt{\mu}\mathrm{e}^{\mathrm{i}\theta}\rangle\langle\sqrt{\mu}\mathrm{e}^{\mathrm{i}\theta}| = \sum_{n=0}^{\infty} \mathrm{e}^{-\mu} \frac{\mu^n}{n!} |n\rangle\langle n| \tag{4.66}$$

式中：θ 表示相干态的相位；μ 表示光脉冲的平均光子数。

此时，光子数服从泊松分布，即 Alice 发送的光脉冲中包含 n 个光子的概率为

$$P_n = \mathrm{e}^{-\mu} \frac{\mu^n}{n!} \tag{4.67}$$

注意到，虽然本节主要分析弱相干光源的情况，但对于任意非单光子光源（如热光场光源、基于纠缠的标记单光子源等），只要知道其光子数分布 $\{P_n\}$ 就可以通过类似的方法进行分析。

---

① 事实上，可以证明 $[0, 2\pi]$ 区间的离散均匀随机也可以保证诱骗态 BB84 QKD 协议的无条件安全性[131]，不过在本书中仍采用一般性的描述，即假设相干光场的相位满足 $[0, 2\pi]$ 的连续均匀随机。

4.2.4.2 信道和探测

信道的损耗和单光子探测器的探测效率可以采用分束器模型来模拟，假设分束器的透过率为 η，主要由 3 个部分构成：信道的传输率 η_c、Bob 光学设备固有的传输率 η_{Bob} 和 Bob 单光子探测器的效率 η_d，即

$$\eta = \eta_c \times \eta_{\text{Bob}} \times \eta_d \tag{4.68}$$

很多文献也采用信道长度来表示信道的传输率。对于长度为 l km, 损耗为 β_c dB/km的信道而言，有

$$\eta_c = 10^{-l\beta_c/10} \tag{4.69}$$

4.2.4.3 计数率

定义 n 光子脉冲的条件计数率 Y_n 为 Alice 发送 n 光子脉冲且 Bob 探测器发生响应的条件概率。其主要来源于两个部分：Bob 单光子探测器的暗计数 Y_0 和 Alice 所发送光子到达 Bob 探测器后所触发的计数 η_n。如果假设探测器的暗计数和光子触发的计数相互独立，则

$$Y_n = Y_0 + \eta_n - Y_0\eta_n \tag{4.70}$$

同时，n 光子脉冲的全计数率 Q_n 定义为 Alice 发送 n 光子脉冲时，Bob 探测器发生响应的联合概率，即

$$Q_n = P_nY_n \tag{4.71}$$

因此，对于 Alice 的光源而言，总的计数率为

$$Q_\mu = \sum_{n=0}^{\infty} Q_n = \sum_{n=0}^{n} P_nY_n \tag{4.72}$$

4.2.4.4 误码率

定义 n 光子脉冲的误码率 e_n 为 Alice 发送 n 光子脉冲时，Bob 端探测器错误响应的概率。错误事件的来源主要由两部分构成：一是单光子探测器的暗计数，即没有光子到达单光子探测器时，单光子探测器也有一定的响应概率；二是由 QKD 光路系统本身缺陷所导致的错误。如 Alice 计划发送水平偏振态，但是，制备时消光比有限，同时信道具有一定的退偏特性，这些因素就导致 Bob 会以一定的概率接收到垂直偏振态。因此，e_n 可以表示为

$$e_nY_n = e_0Y_0 + e_d\eta_n \tag{4.73}$$

式中：$e_0 = 1/2$ 表示背景场噪声所引入的误码；e_d 表示 QKD 系统中由于光电器件非理想性所导致的系统固有误码率。

系统总的误码率可以表示为

$$E_\mu = \frac{1}{Q_\mu}\sum_{n=0}^{\infty} P_n e_n Y_n \tag{4.74}$$

对于弱相干光源而言，当没有窃听者时，Alice 所发送 n 光子脉冲中的光子相互独立，因此有 $\eta_n = 1-(1-\eta)^n$ 成立。此时，可以计算出式 (4.72) 和式 (4.74) 分别为

$$\begin{cases} Q_\mu = \sum\limits_{n=0}^{\infty} \mathrm{e}^{-\mu}\dfrac{\mu^m}{n!}[Y_0+\eta_n - Y_0\eta_n] = 1-(1-Y_0)\mathrm{e}^{-\mu\eta} \\ E_\mu Q_\mu = \sum\limits_{n=0}^{\infty} \mathrm{e}^{-\mu}\dfrac{\mu^m}{n!}(e_0Y_0+e_d\eta_n) = e_0Y_0+e_d(1-\mathrm{e}^{-\mu\eta}) \end{cases} \tag{4.75}$$

4.2.5　诱骗态协议

从 GLLP 公式的分析可知，为了较好地估计密钥率下限，通信双方需要估计出非标记比特计数率的下限和误码率的上限。在基于非单光子源的 BB84 协议中，非标记比特对应的是单光子脉冲。换言之，在 BB84 协议中只有单光子脉冲才能产生安全的密钥①。在没有其他任何条件的情况下，通信双方只能采用式 (4.65) 所给出的悲观估计方法来估计单光子的计数率和误码率，这会严重恶化系统的安全密钥产生率。因此，诱骗态方法的目标就是研究如何根据总的计数率 Q_μ 和误码率 E_μ（实验可直接测试量）估计出较紧的单光子计数率下限 Y_1^L 和误码率的上限 e_1^U。

诱骗态协议的基本思想是在标准的 BB84 协议中增加诱骗态的制备，具体来说就是：发送方首先采用一个强度调制器随机地将光源的强度调制为不同的值，标记为 $\mu_i(i=1,2,3,\cdots)$；通信结束后，发送方公布每个脉冲的平均光强（由下标 i 标记）；然后通信双方分别对每个诱骗态 μ_i 统计总的计数率 Q_{μ_i} 和误码率 E_{μ_i}。根据前面的模型和式 (4.72) 和式 (4.74) 可知，此时总的计数率和误码率分别为

---

① 需要注意的是这一结论是针对 BB84 协议而言，也存在其他的协议能够从多光子脉冲中提取出安全的密钥。比如在 SARG04 协议[150] 中，双光子脉冲也能够产生安全的密钥。

$$\begin{cases} Q_{\mu_i} = \sum_{n=0}^{\infty} P_n^{\mu_i} Y_n = P_0^{\mu_i} Y_0 + P_1^{\mu_i} Y_1 + P_2^{\mu_i} Y_2 + \cdots \\ Q_{\mu_i} E_{\mu_i} = \sum_{n_0}^{\infty} P_n^{\mu_i} Y_n e_n = P_0^{\mu_i} Y_0 e_0 + P_1^{\mu_i} Y_1 e_1 + P_2^{\mu_i} Y_2 e_2 + \cdots \end{cases} \tag{4.76}$$

式中：$P_n^{\mu_i}$ 表示平均光强为 μ_i 的光脉冲中 n 光子脉冲出现的概率，在给定平均光强 μ_i 时，$\{P_n^{\mu_i}\}$ 为已知量。

同时，式 (4.76) 中假设所有诱骗态仅存在光强的差别，而不存在波长、时间等任何其他维度的侧信道差别，即当窃听者进行光子数测量得到脉冲中的光子数 n 时，她无法判断出该脉冲是来自哪一个诱骗态 μ_i。换言之，式 (4.76) 中假设下式成立：

$$\begin{cases} Y_n^{\mu_1} = Y_n^{\mu_2} = Y_n^{\mu_3} = \cdots \equiv Y_n \\ e_n^{\mu_1} = e_n^{\mu_2} = e_n^{\mu_3} = \cdots \equiv e_n \end{cases} \tag{4.77}$$

注意到，式 (4.77) 是诱骗态方法的基本假设之一。虽然在一般的 QKD 系统中该假设条件成立，但是在后面的实际安全性分析中将发现，在一些特殊的系统中，该假设条件可能并不成立，此时就需要对这些系统的安全性重新进行评估和计算。

从上面的分析可以看出，如果通信双方具有无穷个数的诱骗态，那么就可以通过求解式 (4.76) 所描述的线性方程组来得到所有 $\{Y_n\}$ 和 $\{e_n\}$。换言之，此时通信双方可以精确知道非标记比特的计数率和误码率，从而精确估计出安全密钥率的下限。但在实际情况下，通信双方不可能调制无穷多个诱骗态来估计 Y_n 和 e_n，因此需要考虑如何在有限多个诱骗态情况下紧致地估计出单光子的计数率 Y_1 和误码率 e_1。注意到，对于弱相干光源而言，光子数服从泊松分布，因此当平均光强较小时（如 $\mu \approx 0.1$），多光子脉冲出现的概率也较小。所以，可以通过较少的诱骗态来估计出单光子的计数率下限和误码率上限。下面介绍诱骗态中典型的“弱 + 真空”两诱骗态方案。Alice 随机地制备 3 种强度的光脉冲 $\{\mu, \nu_1, \nu_2\}$，其中 μ 称为信号态，用于提取安全的密钥，ν_1 和 ν_2 称为诱骗态，用于估计单光子的计数率和误码率。同时，不失一般性，假设

$$\begin{cases} \nu_1 > \nu_2 \geqslant 0 \\ \mu > \nu_1 + \nu_2 \end{cases} \tag{4.78}$$

下面，根据马雄峰等人的分析，在“弱 + 真空”诱骗态方法下推导单光子计数率的下限和误码率的上限[173]。

4.2.5.1　真空态计数率下限 Y_0^L

根据式 (4.72) 和式 (4.67) 可知，对于弱相干态光源有下式成立：

$$\begin{aligned}&\nu_1 e^{\nu_2} Q_{\nu_2} - \nu_2 e^{\nu_1} Q_{\nu_1} \\ =&(\nu_1 - \nu_2) Y_0 - \nu_1 \nu_2 (Y_2 \frac{\nu_1 - \nu_2}{2!} + Y_3 \frac{\nu_1^2 - \nu_2^2}{3!} + \cdots) \leqslant (\nu_1 - \nu_2) Y_0\end{aligned} \tag{4.79}$$

因此，真空态计数率的下限可以表示为

$$Y_0 \geqslant Y_0^L = \max\{\frac{\nu_1 e^{\nu_2} Q_{\nu_2} - \nu_2 e^{\nu_1} Q_{\nu_1}}{\nu_1 - \nu_2}, 0\} \tag{4.80}$$

当 $\nu_2 = 0$ 时上式等号成立。

4.2.5.2　单光子态计数率下限 Y_1^L

对于信号态而言，多光子脉冲的计数率可以表示为

$$\sum_{n=2}^{\infty} Y_n \frac{\mu^n}{n!} = Q_\mu e^\mu - Y_0 - Y_1 \mu \tag{4.81}$$

则

$$\begin{aligned}Q_{\nu_1} e^{\nu_1} - Q_{\nu_2} e^{\nu_2} &= Y_1 (\nu_1 - \nu_2) + \sum_{i=2} \frac{Y_i}{i!} \left(\nu_1^i - \nu_2^i\right) \\ &\leqslant Y_1 (\nu_1 - \nu_2) + \frac{\nu_1^2 - \nu_2^2}{\mu^2} \sum_{i=2}^{\infty} Y_i \frac{\mu^i}{i!} \\ &= Y_1 (\nu_1 - \nu_2) + \frac{\nu_1^2 - \nu_2^2}{\mu^2} (Q_\mu e^\mu - Y_0 - Y_1 \mu) \\ &\leqslant Y_1 (\nu_1 - \nu_2) + \frac{\nu_1^2 - \nu_2^2}{\mu^2} \left(Q_\mu e^\mu - Y_0^L - Y_1 \mu\right)\end{aligned} \tag{4.82}$$

式中：Y_0^L 由式 (4.80) 给出。

上面的推导中用到了不等式 $a^n - b^n \leqslant a^2 - b^2$ 在条件 $0 < a + b < 1$ 和 $n \geqslant 2$ 下恒成立。

通过求解上面的不等式即可得到单光子态计数率的下限，即

$$Y_1 \geqslant Y_1^{L,\nu_1,\nu_2} = \frac{\mu}{\mu\nu_1 - \mu\nu_2 - \nu_1^2 + \nu_2^2} \left[Q_{\nu_1} e^{\nu_1} - Q_{\nu_2} e^{\nu_2} - \frac{\nu_1^2 - \nu_2^2}{\mu^2} \left(Q_\mu e^\mu - Y_0^L\right)\right] \tag{4.83}$$

4.2.5.3 单光子态误码率的上限 e_1^U

根据式 (4.76) 容易证明

$$\begin{cases} E_{\nu_1}Q_{\nu_1}e^{\nu_1} = e_0Y_0 + e_1\nu_1Y_1 + \sum_{n=2}^{\infty} e_nY_n\frac{\nu_1^n}{n!} \\ E_{\nu_2}Q_{\nu_2}e^{\nu_2} = e_0Y_0 + e_1\nu_2Y_1 + \sum_{n=2}^{\infty} e_nY_n\frac{\nu_2^n}{n!} \end{cases} \tag{4.84}$$

因此，单光子误码率的上限可以表示为

$$e_1 \leqslant e_1^U = \frac{E_{\nu_1}Q_{\nu_1}e^{\nu_1} - E_{\nu_2}Q_{\nu_2}e^{\nu_2}}{(\nu_1-\nu_2)Y_1^{L,\nu_1,\nu_2}} \tag{4.85}$$

文献 [173] 中分析指出，当 $\nu_1 \to 0, \nu_2 \to 0$ 时，式 (4.83) 和式 (4.85) 的估计值渐进逼近理论值。因此，理论上讲 ν_1 和 ν_2 的取值为 0 时取值最优，但根据诱骗态假设 ν_1 和 ν_2 不能同时取 0，否则前面的推导将失效。所以，在两诱骗态方法中一般令 $\nu_2 = 0$，然后根据实际系统参数来最优化 ν_1 的取值，这就是著名的“弱 + 真空”诱骗态方法。此时，式 (4.83) 和式 (4.85) 可以修改为

$$\begin{cases} Y_1 \geqslant Y_1^L = \dfrac{\mu}{\mu\nu-\nu^2}\left(Q_\nu e^\nu - Q_\mu e^\mu\dfrac{\nu^2}{\mu^2} - \dfrac{\mu^2-\nu^2}{\mu^2}Y_0\right) \\ e_1 \leqslant e_1^U = \dfrac{E_vQ_ve^v - e_0Y_0}{Y_1^{L,v,0}\nu} \end{cases} \tag{4.86}$$

将式 (4.86) 代入式 (4.64) 即可估计出在弱相干光源情况下的安全密钥率。图 4-3分别给出了 GYS 实验参数 [174] 下采用悲观估计的密钥率和采用“弱 + 真空”诱骗态方法下的密钥率情况。可以看出采用诱骗态方法后系统的密钥率能够得到大幅度的提高。文献 [173] 分析表明，“弱 + 真空”诱骗态的密钥率结果和无穷多诱骗态的密钥率结果已经非常接近，因此在普通的 BB84 系统中，“弱 + 真空”诱骗态方法是较好的选择。需要注意的是，当考虑有限数据长度对系统密钥率的影响后，可以用多诱骗态的方法来了进一步提高系统密钥率 [175-176]。

表 4-1 GYS 实验参数，数据来自文献 [174]

波长	β_c/(dB/km)	e_d/%	Y_0	η_{Bob}	η_d	$f(E_\mu)$
1550nm	0.21	3.3	1.7×10^{-6}	0.45	0.1	1.22

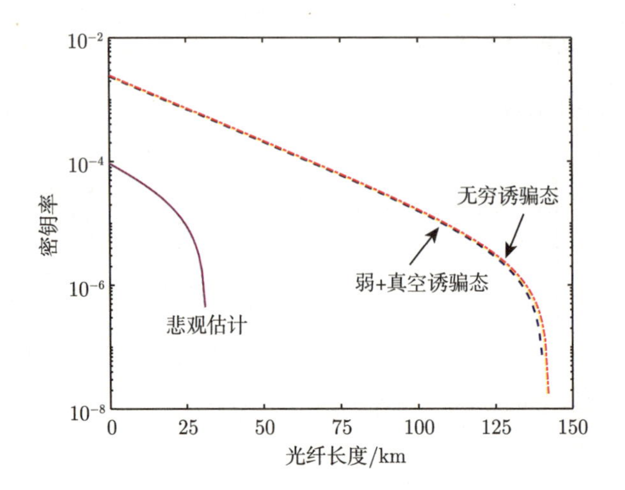

图 4-3　弱相干光源下不使用诱骗态的密钥率和采用“弱 + 真空”诱骗态方法的密钥率。可以看出采用“弱 + 真空”的两诱骗态方法后系统的密钥率可以得到大幅度的提高。模拟中使用了表 4-1所列出的 GYS 实验参数。根据文献 [173] 的分析，GYS 参数下诱骗态的最优光强为 0.48，诱骗态的最优光强为 0.05。在无诱骗态的悲观估计中，设光脉冲的光强为 0.01

4.3　高斯调制相干态协议安全性分析

和离散变量 QKD 一样，连续变量 QKD 中窃听者的攻击操作也被分为个体窃听、联合窃听以及相干窃听 3 种。它们的窃听方式和特点如下：

(1) **个体窃听**：在个体窃听中，Eve 将自己的每个辅助系统和 Alice 发送的每个信号态进行独立的相互作用，随后再对每个辅助系统进行独立测量。此时，Alice、Bob 以及 Eve 三者之间的量子态可以用下式表示：

$$\rho_{ABE}=\left[\sum_{x,y,z}P(x,y,z)|x,y,z\rangle\langle x,y,z|\right]^{\otimes n} \tag{4.87}$$

式中 x、y、z 分别表示 Alice 发送的数据、 Bob 收到的数据以及 Eve 测量得到的数据。

(2) **联合窃听**：在联合窃听中，Eve 将自己的每个辅助系统和 Alice 发送的每个信号态进行独立的相互作用，随后再将作用后的复合量子系统存储在量子存储中。此时，Alice、Bob 以及 Eve 三者之间的量子态可以用下式表示：

$$\rho_{ABE}=\left[\sum_{a}P(a)|a\rangle\left\langle a\right|_a\otimes\psi_{BE}^a\right]^{\otimes n} \tag{4.88}$$

最后，Eve 在获得通信双方的经典后处理信息之后再对存储的辅助系统进行最优联合测量。

(3) **相干窃听**：在相干窃听中，Eve 将自己的附属系统和 Alice 发送的信号态进行相互作用，随后再将作用后的模式存储在量子存储中。待 Alice 发送 n 个信号态后，Alice、Bob 以及 Eve 三者之间的量子态可以表示为

$$\rho_{ABE} = \sum_{a^n} P\left(a^n\right) \left|a^n\right\rangle \left\langle a^n\right|_a \otimes \rho_{BE}^{a^n} \tag{4.89}$$

式中窃听者 Eve 在获得通信双方的经典后处理信息后，对存储的附属系统进行最优联合测量。

下面以连续变量 QKD 中最常用的高斯调制相干态协议为例，在无限码长下分析 3 种窃听操作下的安全密钥率。首先将证明高斯调制相干态协议制备–测量模型和基于纠缠模型的等效性，并在个体窃听下证明高斯调制相干态协议的理论安全性；然后证明高斯调制相干态协议具有联合窃听下的安全性，并使用高斯窃听最优性定理来获得联合窃听下的安全码率；最后通过量子 de Finetti 定理[177] 将联合窃听下的安全性证明推广至相干窃听下的安全性证明。

图 4-4给出了高斯调制相干态协议的制备–测量模型和纠缠模型，其中图 4-4(a) 为制备测量模型，图 4-4(b) 为纠缠模型。根据 GG02 协议的描述可知， Alice 所发送相干态的坐标和动量矢量均满足高斯调制分布，设 x 和 p 两个分量的调制方差分别为 V_{Ax} 和 V_{Ap}。为了使 x 和 p 两个方向保持对称，有 $V_{Ax} = V_{Ap} = V_A$。此时，可以称 V_A 为 Alice 的调制方差。因此，对于窃听者而言， Alice 所发送的量子态可以看作是方差为 $V = V_A + 1$ 的热场态。

在纠缠模型中， Alice 对模式 A 进行外差探测。设外差测量的结果分别为（x_A，p_A），利用外差操作对高斯态一阶统计量和二阶统计量的变换关系，可以计算出模 B_0 被投影到由如下位移矢量和协方差矩阵表征的高斯态上：

$$\boldsymbol{d}_{B_0} = \sqrt{2\frac{V-1}{V+1}}\left[x_A, p_A\right]^{\mathrm{T}}, \quad \gamma_{B_0} = \begin{bmatrix} 1 & 0 \\ 0 & 1 \end{bmatrix} \tag{4.90}$$

利用 $\langle x_A^2\rangle = \langle p_A^2\rangle = (V+1)/2$，可得

$$\left\langle \Delta^2 d_{B_{0x}} \right\rangle = \left\langle \Delta^2 d_{B_{0p}} \right\rangle = V - 1 = V_A \tag{4.91}$$

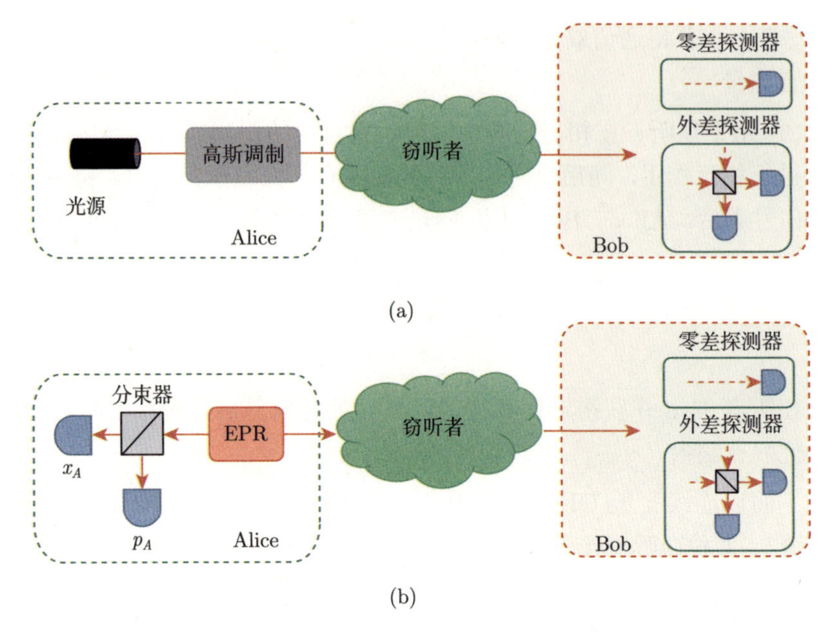

图 4-4 高斯调制相干态协议制备-测量模型 (a) 和纠缠模型 (b) 示意图

由此可见，制备–测量模型和纠缠模型在量子信道的输入端处具有相同的量子态形式，从外界看来，这两种方法产生的量子态无法区分，可以认为这两种模型完全等价。虽然，连续变量 QKD 中存在正向协调和反向协调两种数据后处理方式，但由于反向协调在提升传输距离方面更具有优势，因此本节中的计算均基于反向协调。

4.3.1 个体窃听下的安全性证明

对于激光器所产生的每个光脉冲而言：首先，Alice 根据均值为 0、方差为 $V_A N_0$（N_0 为散粒噪声方差）的高斯分布来随机选择 x_A 和 p_A 的值；然后， Alice 制备一个以（x_A，p_A）为中心的相干态，并将其通过量子信道发送给 Bob。该信道由传输效率 T 和过量噪声 ε 表征，之后 Bob 的输入端有 $(1+T\varepsilon)N_0$ 的噪声方差。经过散粒噪声归一化后，与信道输入相关的总信道噪声被定义为 $\chi_{\text{line}}=(1+T\varepsilon)/T-1=1/T-1+\varepsilon$。当 Bob 接收到信号态后，他随机地测量 x 方向或 p 方向（零差探测）或同时测量两个方向（外差探测）。其中假设探测器为理想探测器。此时，安全码率的计算公式可以写为

$$K=I_{AB}-\overline{I}_{BE} \tag{4.92}$$

式中：I_{AB} 为 Alice 和 Bob 之间的经典互信息；$\overline{I}_{BE}$ 为 Eve 能获取信息量的上界。

安全性分析的核心是如何计算 Alice 和 Bob 之间的互信息以及估计 Eve 能获取的信息量的上界 $\overline{I}_{BE}$。Alice 和 Bob 的互信息 I_{AB} 可以利用 Bob 的测量方差 V_B 和条件方差 $V_{B|A}$ 计算得到。根据香农公式：

$$I_{AB}^{\text{hom}} = \frac{1}{2}\log_2\frac{V_B}{V_{B|A}} = \frac{1}{2}\log_2\frac{V+\chi_{\text{line}}}{1+\chi_{\text{line}}} \tag{4.93}$$

$$I_{AB}^{\text{het}} = 2\times\frac{1}{2}\log_2\frac{V_B}{V_{B|A}} = \log_2\frac{T(V+\chi_{\text{line}})+1}{T(1+\chi_{\text{line}})+1} \tag{4.94}$$

式中：上标 hom 表示使用零差探测；het 表示使用外差探测。

在个体窃听下， Eve 所能获取的最大信息量 $\overline{I}_{BE}$ 由香农公式进行计算得到[178]

$$\overline{I}_{BE}^{\text{hom}} = \frac{1}{2}\log_2\frac{V_B}{V_{B|E}} = \log_2\frac{T^2\,(V+\chi_{\text{line}})\,(1/V+\chi_{\text{line}})}{1+T\,(1/V+\chi_{\text{line}})} \tag{4.95}$$

$$\overline{I}_{BE}^{\text{het}} = \log_2\frac{V_B}{V_{B|E}} = \log_2\frac{T^2\,[(V+\chi_{\text{line}})+1]\,(V+x_E)}{Vx_E+1+(V+x_E)} \tag{4.96}$$

式中：$x_E = T(2-\varepsilon)^2/(\sqrt{2-2T+T\varepsilon}+\sqrt{\varepsilon})^2+1$。

式 (4.95) 和式 (4.96) 即给出了高斯调制相干态协议在个体窃听下的密钥率，图 4-5给出了 GG02 协议在个体窃听下的安全码率与传输距离关系曲线。

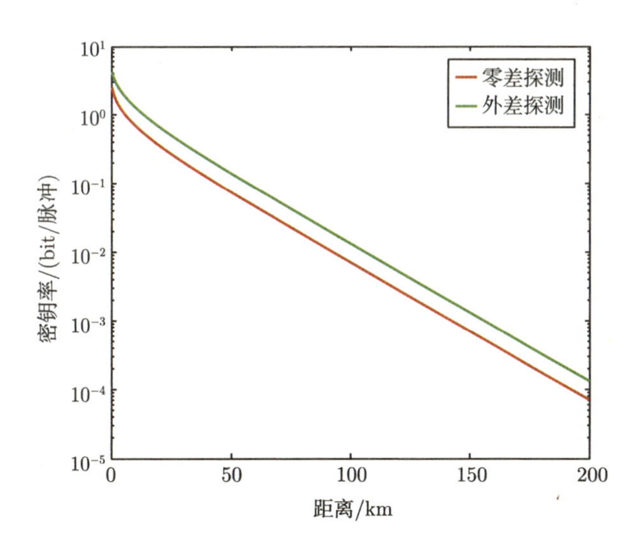

图 4-5　个体窃听下高斯调制相干态协议的安全密钥率

4.3.2 联合窃听下的安全性证明

根据“高斯窃听最优性定理”[179-181]，在已知 Alice 和 Bob 协方差矩阵 γ_{AB} 的条件下，如果将 Eve 的窃听操作看作是一个高斯操作，则 Eve 可以得到最多的信息。此时即可以利用协方差矩阵 γ_{AB} 来计算安全码率。一般情况下，当 Alice 初始制备并分发方差为 V 的 TMSS 态时，在 Bob 接收到量子态进行测量之前，系统的量子态 $\boldsymbol{\rho}_{AB}$ 可以表示为均值为 0、协方差矩阵为 γ_{AB} 的双模高斯态：

$$\gamma_{AB}=\begin{bmatrix} VI & \sqrt{T\left(V^2-1\right)}\sigma_z \\ \sqrt{T\left(V^2-1\right)}\sigma_z & T(V+\chi_{\text{line}})I \end{bmatrix}=\begin{bmatrix} \gamma_A & \boldsymbol{\sigma}_{AB} \\ \boldsymbol{\sigma}_{AB}^T & \gamma_B \end{bmatrix} \tag{4.97}$$

此时，假设窃听者在信道中使用的是纠缠克隆窃听操作。由 Holevo 定理知道 I_{BE} 的上界是 S_{BE}，因此 S_{BE} 的上界也就是 $\overline{I}_{BE}$。在纯化条件下，S_{BE} 的上界可以通过下式计算：

$$\overline{S}_{BE}=S(\boldsymbol{\rho}_E)-S(\boldsymbol{\rho}_E^b)=S\left(\boldsymbol{\rho}_{AB}\right)-S\left(\boldsymbol{\rho}_{AB}^b\right) \tag{4.98}$$

则安全码率的计算公式变为

$$K=I_{AB}-\overline{I}_{BE}=I_{AB}-\overline{S}_{BE}=I_{AB}-\left[S\left(\boldsymbol{\rho}_{AB}\right)-S\left(\boldsymbol{\rho}_{AB}^b\right)\right] \tag{4.99}$$

式中：I_{AB} 仍由式 (4.93) 给出；$S\left(\boldsymbol{\rho}_{AB}\right)$ 为 Alice 和 Bob 两体系统的冯 · 诺伊曼熵，跟测量方式的选择无关，故和使用零差探测或者外差探测计算出的结果相同。

根据 Williamson 定理可得：

$$S\left(\boldsymbol{\rho}_{AB}\right)=S\left(\lambda_1\boldsymbol{I}\right)+S\left(\lambda_2\boldsymbol{I}\right) \tag{4.100}$$

式中：λ_1、λ_2 为协方差矩阵 γ_{AB} 的辛特征值；$S\left(\boldsymbol{\rho}_{AB}^b\right)$ 的计算依赖于协方差矩阵 $\boldsymbol{\gamma}_{AB}^b$，该协方差矩阵表征测量后的量子态 $\boldsymbol{\rho}_{AB}^b$。当 Bob 使用零差探测时，$\boldsymbol{\gamma}_{AB}^b$ 可以通过下式计算得到

$$\boldsymbol{\gamma}_{AB}^b=\gamma_A-\boldsymbol{\sigma}_{AB}^{\mathrm{T}}(\boldsymbol{X}\boldsymbol{\gamma}_B\boldsymbol{X})^{\mathrm{MP}}\boldsymbol{\sigma}_{AB} \tag{4.101}$$

式中：$\boldsymbol{X}=\begin{bmatrix} 1 & 0 \\ 0 & 0 \end{bmatrix}$；上标 MP 代表 Moore-Penrose 逆。

当 Bob 使用外差探测时，$\boldsymbol{\gamma}_{AB}^{b}$ 可以通过下式计算得到

$$\boldsymbol{\gamma}_{AB}^{b}=\boldsymbol{\gamma}_{A}-\boldsymbol{\sigma}_{AB}^{\mathrm{T}}(\boldsymbol{\gamma}_{B}+\boldsymbol{I})^{-1}\boldsymbol{\sigma}_{AB} \tag{4.102}$$

式中：$\boldsymbol{I}=\begin{bmatrix}1 & 0\\ 0 & 1\end{bmatrix}$。由此，可得：

$$S\left(\boldsymbol{\rho}_{AB}^{b}\right)=S\left(\lambda_{3}\boldsymbol{I}\right) \tag{4.103}$$

式中：λ_3 为 $\boldsymbol{\gamma}_{AB}^{b}$ 的辛特征值。

图 4-6 给出了高斯调制相干态协议在联合窃听下，安全密钥率与传输距离之间的关系曲线。

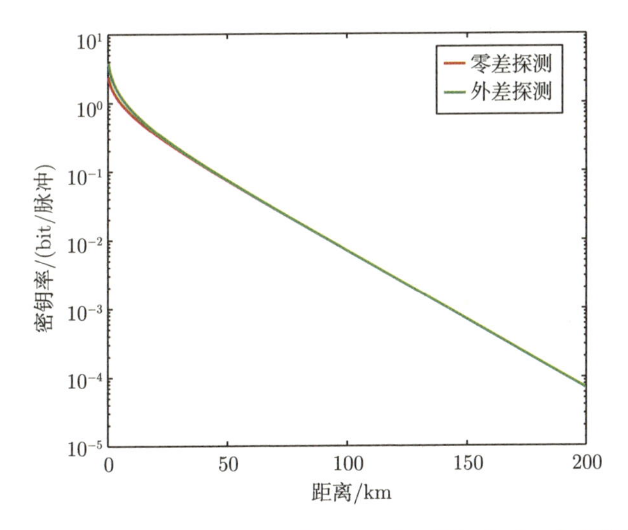

图 4-6　联合窃听下高斯调制相干态协议的安全密钥率随距离的变化关系

4.3.3　相干窃听下协议的安全性证明

2009 年，瑞士苏黎世理工学院的 R. Renner 和 J. I. Cirac 提出了适用于高维度连续变量 QKD 协议的指数形式的量子 de Finetti 定理[177]，并将该定理运用于连续变量 QKD 协议的安全性分析中。在无限码长的情况下，可以证明：只要这组无限长且置换不变的量子态（若 $\boldsymbol{\rho}^N$ 是 $\boldsymbol{H}^{\otimes N}$ 的一个置换不变的量子态，则对于任意置换 $\boldsymbol{\pi}$，都有 $\boldsymbol{\pi}\boldsymbol{\rho}^N\boldsymbol{\pi}^{-1}=\boldsymbol{\rho}^N$）中一小部分子系统的测量结果小于一个特定值，那么这组置换不变的量子态就可以被近似看作是一组未知的 i.i.d. 量子态。这样就可将窃听者的相干窃听简化为联合窃听来分析，只需明晰两者之间的近似程度即可。近似 i.i.d. 态 $\hat{\boldsymbol{\rho}}_{v}^{n}$ 的平滑最小熵可以

通过计算 i.i.d. 态 $\boldsymbol{v}^{\otimes n}$ 的熵来近似获得，从而完成联合窃听下安全码率的计算。注意，这里的联合窃听下安全密钥率的计算需要在组合安全性框架下来获得。图 4-7展示了反向协调外差探测高斯调制相干态协议在通用组合安全性框架下的安全密钥率仿真。

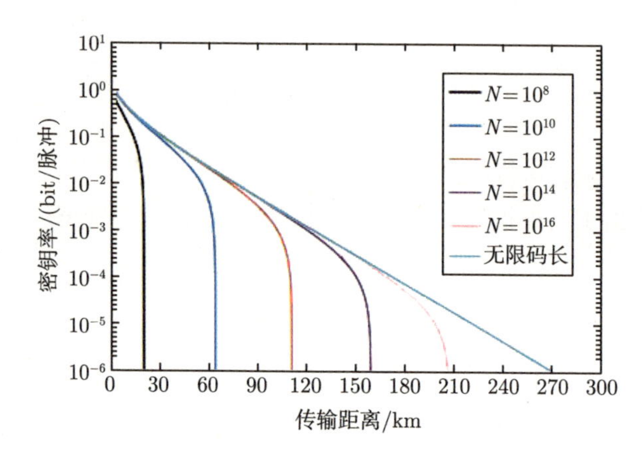

图 4-7 外差探测 GG02 协议在组合安全性框架下的安全密钥率仿真

由此可见，高斯调制相干态协议具有联合窃听下的安全性。将联合窃听下的安全性证明推广至相干窃听下的安全性证明有两种方法：指数形式的 de Finetti 定理和后选择方法[182]。前者最终的安全密钥率较低，故本书主要介绍后者。

为了证明安全性，需要通过增加一个初始测试 Γ 来对协议进行略微的修正，该测试是一个作用在一个稍微大的希尔伯特空间 $(\boldsymbol{H}_A\otimes\boldsymbol{H}_B)^{\otimes(n+k)}$ 上的正定映射。首先随机测量 k 个与 Alice 和 Bob 一致的模式；然后将测量结果与事先确定下来的阈值比较。如果测试输出结果小于阈值，那么测试通过。因为这意味着系统的整个量子态近似与一个仅包含低光子数的有限维量子态相当，所以这个态就可以被一个低维的希尔伯特空间很好地描述出来。如果测试输出结果过大，则协议终止。此处假设用于初始测试的态的数量 $k\ll n$，故初始测试不会影响协议的实用性。为了证明经过修正后的协议是 ϵ 安全的，则需要计算钻石距离 $\|\varepsilon-F\|_\diamond$ 的边界。通过后选择方法可以得到这些映射间的钻石距离，但是这些映射必须是有限维的，并且需要是 i.i.d. 的态。这可以通过定义另一个正定映射 P 来解决。其中， P 是一个投影操作，其作用是将一个高维希尔伯特空间 $(\boldsymbol{H}_A\otimes\boldsymbol{H}_B)^{\otimes n}$ 的量子态投影到一个低维希尔伯特空间 $\left(\overline{\boldsymbol{H}}_A\otimes\overline{\boldsymbol{H}}_B\right)^{\otimes n}$ 的量子态上。其中，$\overline{\boldsymbol{H}}_A\doteq\mathrm{Span}\left(|0\rangle,|1\rangle,\cdots,|d_A-1\rangle\right)$ 和 $\overline{\boldsymbol{H}}_B\doteq\mathrm{Span}\left(|0\rangle,|1\rangle,\cdots,|d_B-1\rangle\right)$ 分别为 $\boldsymbol{H}_A$ 和 $\boldsymbol{H}_B$ 的子空间。定义两个虚

拟的协议 $\tilde{\varepsilon} \doteq \varepsilon_0 \circ P \circ \Gamma$ 以及 $\tilde{F} \doteq S \circ \tilde{\varepsilon}$。其中，$\varepsilon_0$ 表示最初的高斯调制相干态协议。那么协议 ϵ 的安全性可以转化为

$$\begin{aligned} \|\varepsilon - F\|_\diamond &\leqslant \|\tilde{\varepsilon} - \tilde{F}\|_\diamond + \|\varepsilon - \tilde{\varepsilon}\|_\diamond + \|F - \tilde{F}\|_\diamond \\ &\leqslant \|\tilde{\varepsilon} - \tilde{F}\|_\diamond + \|\varepsilon_0 \circ (id - P) \circ \Gamma\|_\diamond + \|F_0 \circ (id - P) \circ \Gamma\|_\diamond \\ &\leqslant \|\tilde{\varepsilon} - \tilde{F}\|_\diamond + 2\|(id - P) \circ \Gamma\|_\diamond \end{aligned} \tag{4.104}$$

其中，因为 $\tilde{\varepsilon}$ 和 $\tilde{F}$ 都是有限维的，故不等式右边的第一项可以通过后选择方法给出边界 $\|\tilde{\varepsilon} - \tilde{F}\|_\diamond = 2^{-c\delta^2 n + O\left[\log^4(n/\epsilon_{\text{test}})\right]}$。

当选定子空间维度 d_A 和 d_B 为 $O\left[\log(n/\epsilon_{\text{test}})\right]$ 时，式 (4.104) 第二项的上界为 $\|(id_{H^{\otimes n}} - P) \circ \Gamma\|_\diamond = \epsilon_{\text{test}}$。所以，这就证明了协议 ε 在有限码长、相干窃听下是 ϵ 安全的，其中 $\epsilon = 2^{-c\delta^2 n + O\left[\log^4(n/\epsilon_{\text{test}})\right]} + 2\epsilon_{\text{test}}$。

第5章 离散变量QKD的实际安全性

前几章介绍了 QKD 安全性分析相关的基础知识，从分析中可以看出，QKD 具有信息论意义上的无条件安全性。但是，实际 QKD 系统中的光电模块可能并不能够满足 QKD 理论模型的要求，甚至某些模块还存在一定的侧信道信息泄露，这些非理想特性就会破坏 QKD 在实际运行下的安全性。本章主要介绍离散变量 QKD 系统在实际情况下的安全性问题（连续变量 QKD 的实际安全性将在下一章介绍），同时通过分析安全性缺陷以及量子黑客攻击方案来展示实际器件的非理想性如何影响 QKD 系统的安全性，更重要的是希望通过分析安全性缺陷来研究相应的防御策略，从而得到具有更高安全性的 QKD 实验方案或协议。

对于 QKD 通信模型而言，窃听者完全控制信道，可以在信道中进行任何量子力学所允许的操作，因此，对于实际安全性分析而言，仅需考虑源端和探测端的安全性即可。注意到，并非所有的 QKD 系统都同时具有源和探测相关的安全性漏洞。如图 2-6 所示，一般来说，纠缠 QKD 协议仅需考虑探测相关的漏洞，而测量设备无关 QKD 协议仅需考虑与源相关的安全性漏洞。

5.1 针对源的量子攻击

5.1.1 非理想编码态制备

对于 BB84 协议而言，Alice 需要制备 $|0\rangle, |1\rangle, |+\rangle, |-\rangle$4 个量子态发送给 Bob。目前，基于 BB84 协议的 QKD 系统主要存在偏振编码、相位编码和时间编码 3 类编码方式，具体对应的物理态如表 2-2 所列。但是，在实际的 QKD 系统中，Alice 的量子态制备装置可能仅具有有限消光比，其制备的量子态并不严格等于 BB84 协议所要求的量子态。例如，在偏振编码中，Alice 本想制备 H 态，但是由于起偏器或者偏振控制器的消光比有限，实际制备的量子态

可能是 $\cos\theta|H\rangle+\sin\theta|V\rangle$，其中 $\theta\neq 0$。为了分析这种非理想态制备对 QKD 安全性的影响，下面先介绍 H.K. Lo 和 J. Preskill 的分析 [183]，该分析采用"量子硬币 (quantum coin)"的思想来分析非理想态制备情况下密钥率变化情况。虽然该分析对相位错误率的估计具有信道损耗相关性（窃听者可以利用信道损耗来放大相位错误率），但是该分析仍具有典型性，而且在 QKD 的安全性分析中具有重要的应用，因此本书仍首先对该分析进行详细介绍。当然，相位错误率和损耗相关的问题，可以首先引入"量子比特"假设，然后采用 K. Tamaki 等提出的损耗容忍协议 [184] 来解决。

Alice 发送给 Bob 的量子态可以表示为一般的形式 $|\phi_{\alpha i}\rangle$，其中下标 $\alpha=\{Z,X\}$ 表示 Alice 所选择的基，$i=\{0,1\}$ 表示 Alice 所选择的比特。虽然在此处将 Alice 所发送的量子态写成了纯态的形式，但对于混合态的情况也可以采用相同的方法进行分析，因为可以假设存在另外一个属于 Eve 的辅助系统来纯化 Alice 的量子态。所以，本书主要讨论纯态的情况，对于混合态的情况读者可以自行推广计算。此时，Alice 的量子态在 Z 和 X 基下的等效纠缠量子态可以写为

$$\begin{cases} |\Psi_Z\rangle=\dfrac{1}{\sqrt{2}}(|Z_0\rangle|\phi_{Z_0}\rangle+|Z_1\rangle|\phi_{Z_1}\rangle) \\ |\Psi_X\rangle=\dfrac{1}{\sqrt{2}}(|X_0\rangle|\phi_{X_0}\rangle+|X_1\rangle|\phi_{X_1}\rangle) \end{cases} \tag{5.1}$$

式中：$|Z_0\rangle,|Z_1\rangle$ 和 $|X_0\rangle,|X_1\rangle$ 表示 Alice 的辅助比特，Alice 通过测量该辅助比特决定她的比特信息。

同时，为了表示 Alice 的基选择信息，引入"量子硬币"的概念，Alice 通过测量该量子硬币来决定发送 Z 基或者 X 基的量子态给 Bob。因此，Alice 和 Bob 的总体量子态可以写为

$$|\Psi\rangle=\frac{1}{\sqrt{2}}(|0\rangle_c|\Psi_Z\rangle+|1\rangle_c|\Psi_X\rangle) \tag{5.2}$$

注意到，在 BB84 协议的密钥率公式（4.62 或 4.64）中存在两种误码率：比特错误率 $\varepsilon_z=e_b$ 和相位错误率 $\varepsilon_x=e_p$。由于 Alice 和 Bob 从 Z 基量子态中提取密钥，而根据 X 基量子态估计窃听者的信息量。因此，所谓比特错误率和相位错误率的定义如下。

（1）**比特错误率：** e_b^Z 是指 Alice 和 Bob 共享量子态 $|\Psi_Z\rangle$，同时 Alice 和 Bob 都采用 Z 基进行测量所得到的错误率（其中，e_b^Z 的上标 Z 是为了强调该错误率是在 Alice 和 Bob 共享 $|\Psi_Z\rangle$ 态条件下得到的错误率）。

（2）**相位错误率**：e_p^Z 是指 Alice 和 Bob 共享量子态 $|\Psi_Z\rangle$，同时 Alice 和 Bob 都采用 X 基进行测量所得到的错误率。

根据 BB84 协议，Alice 和 Bob 可以直接从实验测试数据中计算出比特错误率 e_b^Z，但他们无法直接测得相位错误率，因为在 BB84 协议中他们只能得到共享量子态 $|\Psi_X\rangle$，同时采用 X 基进行测量时的比特误码率 e_b^X。当 Alice 所发送的量子态不具有基相关的缺陷时（$|\Psi_Z\rangle = |\Psi_X\rangle$），$e_p^Z = e_b^X$。换言之，在没有基相关缺陷时，Alice 和 Bob 可以采用 X 基下的比特错误率来替代 Z 基下的相位错误率，从而正确估计出密钥率。但是，当基相关缺陷存在时（$|\Psi_Z\rangle \neq |\Psi_X\rangle$），$e_p^Z \neq e_b^X$。此时 Alice 和 Bob 就需要采用新的方法来重新估计相位错误率 e_p^Z。

为了得到相位错误率的估计，可以引入量子硬币的失衡量 $\varDelta$ 来刻画基相关的缺陷，所谓量子硬币失衡量 $\varDelta$ 定义为

$$\varDelta = \frac{1}{2}(1 - \langle\Psi_Z|\Psi_X\rangle) \tag{5.3}$$

或者表示为

$$\varDelta = \frac{1}{2}[1 - F(\boldsymbol{\rho}_Z, \boldsymbol{\rho}_X)] \tag{5.4}$$

式中：$\boldsymbol{\rho}_X$ 和 $\boldsymbol{\rho}_Z$ 分别表示 X 基和 Z 基下的量子态密度矩阵；$F(a,b)$ 表示量子态 a 和 b 的忠实度。

注意到，在实际的 QKD 系统中，并非 Alice 发送的所有量子态都能够被 Bob 探测到，因为 Eve 可以决定哪些量子态被 Bob 探测到，从而增强 Bob 所探测到信号的基相关缺陷。换言之，由于 QKD 系统探测效率不为 1，则 Eve 可以通过损耗来增强 Bob 探测到量子态的基相关缺陷。此时，式 (5.3) 所定义的量子硬币失衡量需要修改为

$$\varDelta' = \varDelta/Q \tag{5.5}$$

式中 Q 为 Bob 探测到量子态的概率。例如，在弱相干光源时（假设平均光强为 μ），如果仅考虑系统损耗的影响（传输率为 η），那么 $Q \approx \mu\eta$。可以看出，$\varDelta'$ 依赖于 QKD 系统的信道传输率。Lo 等在文献 [183] 中证明，可以通过式 (5.5) 和 e_b^X 给出相位错误率 e_p^Z 的上限估计，即

$$\begin{aligned} e_p^Z &= e_b^X + 4\varDelta'(1-\varDelta')(1-2e_b^X) + 4(1-2\varDelta')\sqrt{\varDelta'(1-\varDelta')e_b^X(1-e_b^X)} \\ &\leqslant e_b^X + 4\varDelta' + 4\sqrt{e_b^X\varDelta'} \end{aligned} \tag{5.6}$$

式 (5.6) 中第二行的不等式是忽略了 e_b^X 和 Δ' 的高阶项后的近似表达式。根据上面的约束条件，Alice 和 Bob 可以在 QKD 系统存在基相关缺陷时仍能正确估计出安全密钥率下限。但从式 (5.5) 可以看出，基相关缺陷的估计和信道传输率存在紧密关联，因此信道损耗会恶化系统的密钥产生率，这将严重限制系统的应用。图 5-1给出了量子态制备非理想情况下的密钥率模拟结果，可以看出即使较小的态偏差也会严重影响系统的密钥产生率。

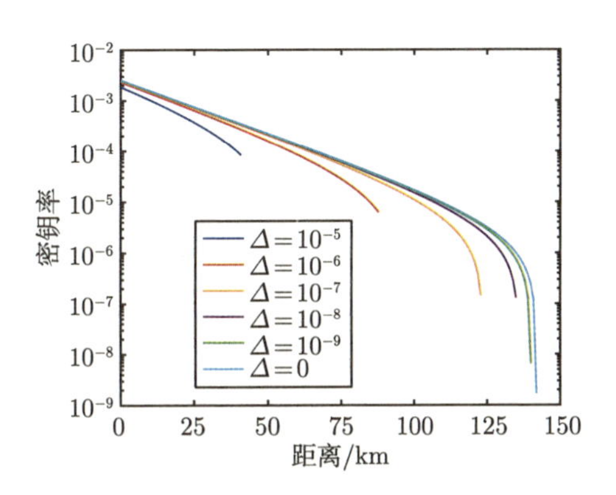

图 5-1　Alice 的量子态存在基相关缺陷时系统密钥率变化情况，可以看出由于信道损耗的存在，即使较小的态偏差也会严重影响系统的密钥产生率。模拟中采用了表 4-1 所列的实验参数，并假设 Alice 和 Bob 采用无穷多诱骗态方案来估计密钥率，信号态强度设置为 0.48

为了解决基缺陷时相位错误率估计损耗相关的问题，K.Tamaki 等在 2014 年提出了损耗容忍 QKD 协议 [184]。同时，该协议还指出使用较少的 3 个量子态也能够实现 BB84 协议，这就进一步降低了态制备难度。徐飞虎等在 2015 年基于 ID Quantique 公司的 ID-500 QKD 系统完成了损耗容忍协议的实验验证 [185]。同年，王灿等将损耗容忍 BB84 协议扩展到了参考系无关 QKD 协议中，分析了态制备非理想性对参考系无关 QKD 密钥率的影响 [186]；王吉鹏等基于该工作于 2019 年在实验上证明了四态的损耗容忍参考系无关 QKD 协议 [187]。

损耗容忍协议的基本思想是引入“量子比特”假设，也就是假设 Alice 所发送的量子态虽然存在制备相关的缺陷，但是这些量子态仍属于二维希尔伯特空间，也就是说 Alice 所发送的量子态可以在编码空间存在制备的缺陷。但是，在其他维度没有信息泄露，因此窃听者无法通过量子态区分测量来获得更多的信息。同时，第 2 章中曾经证明任何二维空间量子态的密度矩阵可以写为

$$\boldsymbol{\rho}=\frac{1}{2}(\boldsymbol{I}+\boldsymbol{P}\cdot\boldsymbol{\sigma})\equiv\frac{1}{2}(\boldsymbol{I}+p_x\boldsymbol{\sigma}_x+p_y\boldsymbol{\sigma}_y+p_z\boldsymbol{\sigma}_z)\tag{5.7}$$

式中：$\boldsymbol{I}$ 和 $\boldsymbol{\sigma}_{x,y,z}$ 是式 (2.32) 所定义的单位矩阵和泡利矩阵；$\vec{\boldsymbol{P}}$ 称为极化矢量。

由式 (5.7) 可以看出，二维空间量子态的表示完全由极化矢量 $\boldsymbol{P}$ 的三个分量 p_x, p_y, p_z 决定。因此，如果通信双方能够估计出单位矩阵 $\boldsymbol{I}$ 和 Pauli 矩阵 $\boldsymbol{\sigma}_{x,y,z}$ 在通信信道中的传输特征，那么就可以估计出任意量子态（密度矩阵）的传输特征，从而较紧致地估计出相位错误率 e_p^Z。由于具体的推导过程较为烦琐，因此本书不对该协议做详细推导分析，感兴趣的读者可以参见文献[184]。

5.1.2　编码态相关的侧信道

在 BB84 协议中，Alice 需要产生一个脉冲信号（如激光脉冲），首先将 $\{|0\rangle, |1\rangle, |+\rangle, |-\rangle\}$4 个量子状态调制在脉冲信号上，然后发送给 Bob。如果 Alice 发送的光脉冲严格的属于二维希尔伯特空间，那么窃听者无法获取更多的密钥信息。但是，Alice 所发送的光脉冲还具有模式、波长、时间等其他维度。一般来说，只要编码维度之外的这些维度不携带编码信息（不可区分），那么 QKD 系统仍然具有无条件安全性。但是，对于某些实际的 QKD 系统而言，Alice 所发送的光脉冲可能具有其他维度的侧信道信息泄露。这些侧信道信息泄露可能是由于量子态调制方式、器件非理想性等非完美因素所被动导致的，也可能是窃听者通过外部信号干扰主动产生的。本节主要介绍被动侧信道相关的实际安全性问题，对于窃听者主动引入的侧信道信息泄露问题将在后面的源篡改和激光注入攻击中进行介绍。

第 3 章中给出了两种典型的偏振编码 QKD 系统结构（图 3-6）：多激光器方案和单激光器方案。多激光器方案采用 4 个激光器来产生 4 个偏振量子态，具有操控简单、无须快速量子态调制等优点，特别是在自由空间 QKD 系统的实现中具有一定优势。对实际光源而言，4 个独立光源很难做到完全一致。例如，4 个光源除产生固定偏振态外，在光谱分布、发光时间、波形分布等其他维度上也可能存在一定差别，这样窃听者就可以通过测量这些侧信道来获取部分编码信息。2009 年，S. Nauerth 等针对多激光器实现的自由空间 QKD 系统进行了测试[141]，结果如图 5-2所示。从图中可以看出，Alice 所发送量子态在空间模式、波长、时间等维度存在部分可区分性。

对于侧信道信息泄露的安全性问题，最简单的方式是通过改善器件的设计来尽量降低侧信道的可区分性。例如，通过优化激光器的驱动电流信号、增加高精度温控等措施来保证多个激光器尽量匹配，或者将多激光器方案改为单激光器方案等。但是，该方法也只能保证量子态在其他维度上尽量一致，而无法做到完全一致。因此，更严格的处理方式是将编码态的侧信道纳入安全模型予以考虑。

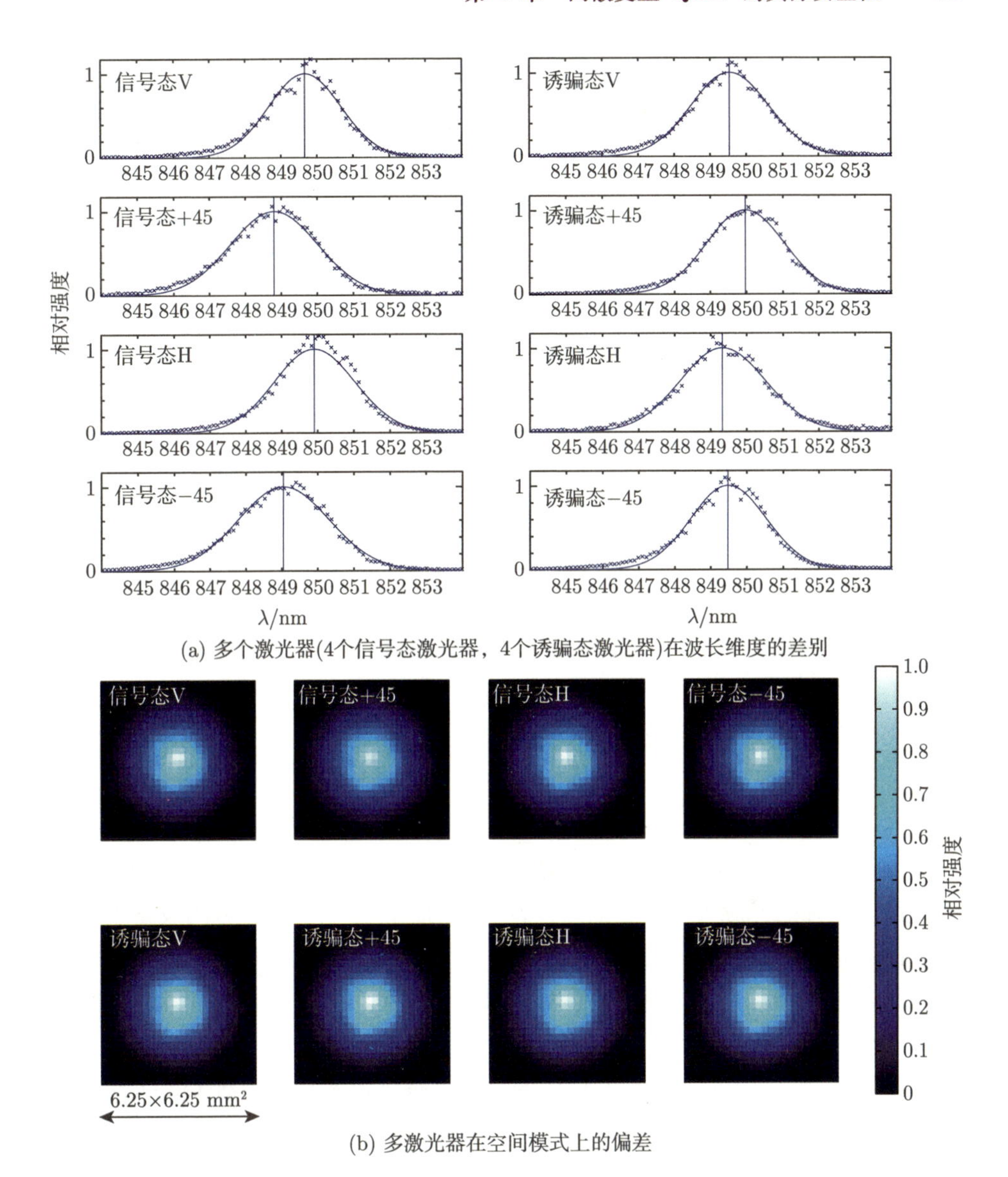

(a) 多个激光器(4个信号态激光器，4个诱骗态激光器)在波长维度的差别

(b) 多激光器在空间模式上的偏差

图 5-2 多激光器实现空间 BB84 时光斑模式、波长等维度可能存在的侧信道信息泄露，图中显示了 S. Nauerth 等 2009 年的实验测试结果（图片来自文献 [141]）

首先 Alice 测试各个量子态在波长、时域、波形等所有非编码维度的概率分布函数；然后写出不同量子态的实际密度矩阵 $\boldsymbol{\rho}_{\alpha_i}$（其中 $\alpha = Z, X$ 表示编码基，$i = 0, 1$ 表示编码比特）。严格来说，所测试的各个维度可能存在一定的关联性，此时要完全刻画出密度矩阵 $\boldsymbol{\rho}_{\alpha_i}$ 的具体形式比较困难。但是，如果假设各个维度相互独立，则 $\boldsymbol{\rho}_{\alpha_i}$ 具有如下的简单形式：

$$\boldsymbol{\rho}_{\alpha_i} = \boldsymbol{\rho}_{\alpha_i}^{\text{code}} \otimes \boldsymbol{\rho}_{\alpha_i}^{\text{wavelength}} \otimes \boldsymbol{\rho}_{\alpha_i}^{\text{time}} \otimes \boldsymbol{\rho}_{\alpha_i}^{\text{waveform}} \otimes \cdots \tag{5.8}$$

式中上标 code、wavelength、time、waveform 分别表示编码维度、波长、时域和波形等。

在得到式 (5.8) 的密度矩阵 $\boldsymbol{\rho}_{\alpha_i}$ 后，Alice 就可以写出 Z 基和 X 基下的密度矩阵表示：

$$\begin{cases} \boldsymbol{\rho}_z = |z_0\rangle\langle z_0| \otimes \boldsymbol{\rho}_{z_0} + |z_1\rangle\langle z_1| \otimes \boldsymbol{\rho}_{z_1} \\ \boldsymbol{\rho}_x = |x_0\rangle\langle x_0| \otimes \boldsymbol{\rho}_{x_0} + |x_1\rangle\langle x_1| \otimes \boldsymbol{\rho}_{x_1} \end{cases} \tag{5.9}$$

最后，Alice 可以根据式 (5.4) 和式 (5.6) 来计算基相关的偏差和相位错误率，并得到最终的安全密钥率。

不过需要注意到，虽然重新进行密钥率修正最为严格，但其存在损耗相关的不足（此时“量子比特”假设不再成立，因此无法采用损耗容忍协议），所以在实际的应用中更合理的做法是首先通过改进实验方案使得侧信道的偏差尽量小；然后再采用严格的安全性分析来进行密钥率修改，从而保证系统的安全密钥率能够满足实际应用的需求。

5.1.3 特洛伊木马攻击

图 5-3显示了特洛伊木马攻击的基本原理，窃听者从信道主动向 Alice 的设备注入较强的光脉冲，由于编码设备的反射，部分光子会被编码设备调制并反射回到信道，这样窃听者就可以通过分析反射光子来获取额外的编码信息，从而获取密钥信息。2001 年，A. Vakhitov 等就提出了大脉冲攻击的概念 [90]，随后 C. Kurtsiefer 等分析了利用特洛伊木马攻击来探测单光子探测器荧光效应的可行性 [86]。2006 年，N. Gisin 等分析了特洛伊木马攻击对 QKD 安全性的影响 [89]，随后很多研究者对其开展了研究 [152,188]。

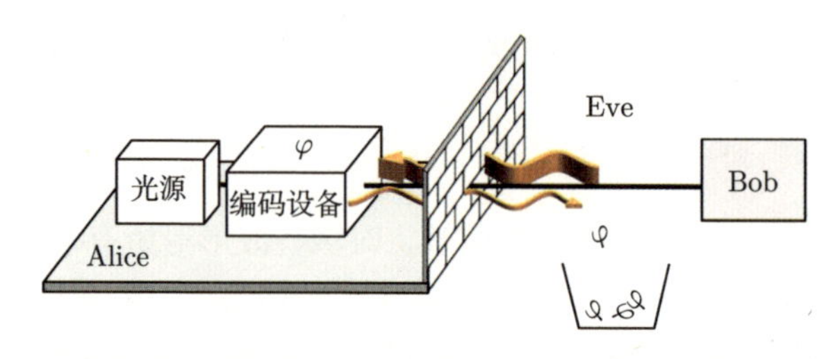

图 5-3 特洛伊木马攻击原理示意图，窃听者从信道主动注射强光到 Alice 的发送端，由于光学器件的反射，部分光子会被重新反射回信道，窃听者就可以通过分析这些反射光子来获取部分的密钥信息（图片来自文献 [152]）

为了防御特洛伊木马攻击，Alice 需要在输出端口增加光电探测器和光学隔离器。光电探测器的作用是监控是否有较强的木马光信号从信道反向注入到 Alice 的设备区间，光学隔离器的作用是降低光子从信道注入到 Alice 设备区间的概率。一般来说，光电探测器和隔离器这两个防御设备能够有效降低窃听者获取的信息量，但严格地讲，通信双方需要采用更完整的安全性分析来考虑特洛伊木马攻击下 QKD 的安全密钥产生率。对于源端的木马攻击，可以采用 5.1.1节所介绍的方法来开展分析。事实上，当存在木马攻击时，Alice 所发送量子态不仅包括她的编码光子，还包括木马光子。因此，量子态可以看成是由编码光子和木马光子构成的高维复合量子系统。例如，对于相位编码 QKD，量子态可以写为[152]

$$\begin{cases} |\psi_{0X}\rangle_{BE} = |0_X\rangle_B \otimes |+\sqrt{\mu_{\text{out}}}\rangle_E \\ |\psi_{1X}\rangle_{BE} = |1_X\rangle_B \otimes |-\sqrt{\mu_{\text{out}}}\rangle_E \\ |\psi_{0Y}\rangle_{BE} = |1_Y\rangle_B \otimes |+i\sqrt{\mu_{\text{out}}}\rangle_E \\ |\psi_{1Y}\rangle_{BE} = |0_Y\rangle_B \otimes |-i\sqrt{\mu_{\text{out}}}\rangle_E \end{cases} \tag{5.10}$$

式中：μ_{out} 表示从 Alice 的编码设备返回到信道的木马光强度。

根据上面的量子态表述就可以分析窃听者所获取的信息量，并得到特洛伊木马攻击时的安全密钥率。为了简单，本书只讨论单光子的情况，对于弱相干光源和诱骗态的情况，读者可以参见文献 [152]。根据式 (4.62)，安全密钥产生率为 ①

$$R = Q_X\left[1 - h\left(e_Y'\right) - f_{\text{EC}}h\left(e_X\right)\right] \tag{5.11}$$

式中：Q_x 表示 X 基下的单光子计数率；f_{EC} 表示纠错效率；e_X 为比特错误率可以直接从实验测得；e_Y' 为相位错误率。

由于木马光子的存在，相位错误率 e_Y' 无法直接测得，需要采用 5.1.1节所介绍的方法利用 Y 基下的比特错误率来约束，即[152]

$$\begin{cases} e_Y' \leqslant e_Y + 4\Delta'\left(1-\Delta'\right)\left(1-2e_Y\right) + 4\left(1-2\Delta'\right)\sqrt{\Delta'\left(1-\Delta'\right)e_Y\left(1-e_Y\right)} \\ \Delta' = \dfrac{\Delta}{\eta} \\ \Delta = \dfrac{1}{2}\left[1-\exp\left(-\mu_{\text{out}}\right)\cos\left(\mu_{\text{out}}\right)\right] \end{cases} \tag{5.12}$$

① 注意，这里采用文献 [152] 的表述来介绍，该分析采用 X 基和 Y 基来进行密钥分发，而不是通常所表述的 Z 基和 X 基。对于安全性分析而言，这并没有区分，感兴趣的读者也可以通过简单的替换将结果推广到 Z 基和 X 基的协议中。

式中 $\eta = \min[\eta_X, \eta_Y]$，$\eta_X$ 和 η_X 分别表示单光子在 X 基和 Y 基下的计数率。

图 5-4给出了单光子源时木马攻击对密钥率的影响情况。可以看出，如果要确保 QKD 密钥率不明显降低，应确保木马光子的强度在 $10^{-6} \sim 10^{-7}$ 左右。而这可以通过两方面来保证，一是高隔离度的隔离器 (>120dB)，二是光电设备的光功率损伤阈值。这是因为，包括光纤在内的任何光电设备都存在光功率损伤阈值，超过该阈值器件就会发生损伤，因此只要采用足够高隔离度的隔离器就能够有效抵御特洛伊木攻击的影响。对具体的讨论感兴趣的读者可以参见文献 [152]。

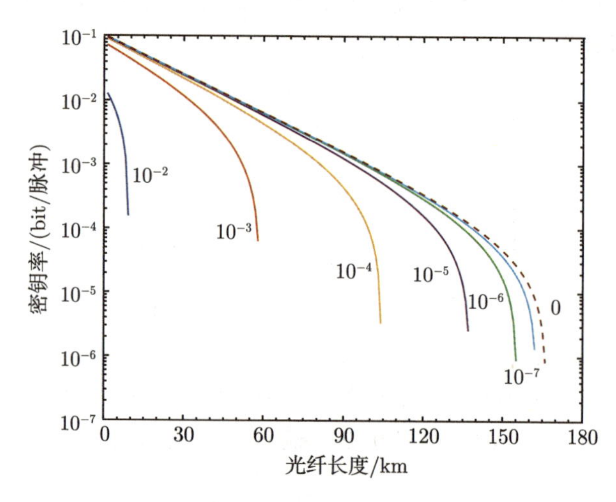

图 5-4 单光子源时特洛伊木马攻击对系统密钥率的影响情况。图中分别给出了木马光强 $\mu_{\text{out}} = 10^{-2} \sim 10^{-7}$ 以及 $\mu_{\text{out}} = 0$ 时的情况。模拟中假设光纤损耗 0.2 dB/km，探测效率 12.5%，光学错误率 1%，探测器暗计数 10^{-5}，纠错效率 20%（图片来自文献 [152]）

5.1.4 相位随机化的安全性

前面的分析指出，当采用非单光子源来实现 BB84 协议时，通信双方需要采用诱骗态方法来估计非标记比特的计数率下限和误码率上限。但是，诱骗态理论的一个重要假设就是光源的相位必须完全随机化，即式（4.66）必须成立（注意到，相位随机化要求光场的相位在 $[0, 2\pi]$ 之间均匀随机，但并不一定要求均匀连续随机。事实上，有限的离散均匀随机也可以保证 QKD 的安全性[131]）。但是，对于某些实际系统而言，光源的相位可能并不满足均匀随机化的假设条件。事实上，早在 2007 年 H.K. Lo 和 J. Preskill 就分析了光源非随机相位对弱相干光源 BB84 协议安全性的影响[183]，但长期以来研究者并没有提出可行的具体攻击方案来利用非随机相位获取密钥信息。2012 年，研究者研究指出，如果光源相位的随机化程度不到 2π（光源的随机相位范围为 $[0,\delta]$ 而且 $\delta < 2\pi$），那么窃听者可以通过相干检测实现 Alice 所发送量子态①地部分区分，从而获取密钥信息[108]。2013 年，中国科学技术大学汤艳琳等用实验证明如果光源的相位完全没有随机化（即具有确定的相位值），那么窃听者可以通过态无误区分 (Unambiguous-State-Discriminatioin, USD) 实现信号态和诱骗态的区分，进而影响诱骗态 QKD 的安全性[109]。

根据量子光学，对相干态采用平衡零拍探测器进行测量时，探测器输出信号 x 的概率分布可以写为[189-190]

$$P(x,\phi,\theta)=\sqrt{\frac{2}{\pi\kappa^2}}\exp\{-2[x-\lambda\sqrt{\mu_{\rm s}}\cos(\phi+\theta)]^2/\kappa^2\} \tag{5.13}$$

式中 $\mu_{\rm s}$ 为待测信号光的强度，ϕ 为 Alice 的编码相位，θ 为光脉冲的随机相位，κ 和 λ 为表征平衡探测器非理想性的两个参数，对于理想的平衡探测器而言，$\kappa=\lambda=1$。

由于 Alice 光脉冲的相位 θ 在 $[0,\delta]$ 之间服从统计分布 $P_{\rm r}(\theta)$，因此平衡探测器的输出结果为

$$P(x,\phi)=\int {\rm d}\theta P_{\rm r}(\theta)P(x,\phi,\theta) \tag{5.14}$$

图 5-5显示了相位编码 QKD 系统中当光源相位分布 $P_{\rm r}(\theta)$ 在区间 $[0,\delta]$ 服从均匀分布时量子态在相空间的概率分布，从图中可以看出，Alice 的 4 个编码量子态存在一定可区分性。

在 BB84 协议的具体实现中，通常采用外调制和内调制两种方式来实现脉冲光信号的产生。

所谓外调制是指激光二极管产生连续光信号，可以采用强度调制器将连续的光信号转为脉冲的光信号。此时，光信号的相位取决于激光二极管的相干时间，如果光脉冲的时间间隔远大于激光二极管的相干时间（对应于低速 QKD 系统），那么可以近似认为相位随机化假设成立。但是，如果光脉冲的时间间隔较小（对于高速 QKD 系统），前后光脉冲的相位将存在一定的关联性。

所谓内调制，是指采用脉冲的电信号驱动激光二极管从而直接产生光脉冲信号。由于内调制时电脉冲信号的最低幅度小于激光二极管的阈值电流，因此不同光脉冲信号来自不同自发辐射光子的放大，此时光脉冲的相位具有独立性。当光脉冲的重复频率较低时，内调制所产生的光脉冲相位基本能够满足相

① 量子态的测量可以通过平衡零拍探测器来实现。

位随机化要求。但是，当光脉冲的重复频率较高时，如 GHz 系统，不同光脉冲的相位之间仍然存在一定关联性。这主要是因为载流子反转后需要一定恢复时间，如果重复频率较高，前一个脉冲所产生的载流子还没有完全湮灭，下一个驱动脉冲就又产生了新的载流子，这些载流子混合在一起就导致了前后光脉冲间相位的关联。

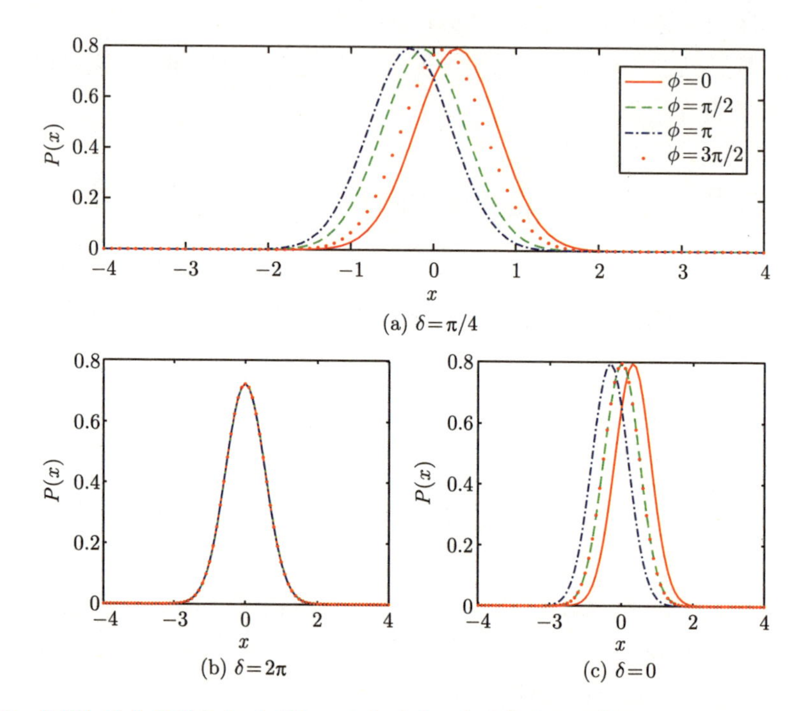

图 5-5　光源相位部分随机化时 Alice 所发送量子态在相空间的概率分布。其中 δ 是光源相位随机化的程度，x 是平衡探测器的输出。模拟中，假设 $\mu_{\mathrm{s}}=0.1$，平衡探测器为理想探测器，并且假设随机相位在区间 $[0,\delta]$ 上服从均匀分布（图片来自文献 [108]）

可以看出，无论是通过内调制还是外调制来产生脉冲光信号，光脉冲的相位都可能存在一定关联性。2014 年 T. Kobayashi 等评估了光脉冲间相位关联性对 BB84 协议安全性的影响[140]。其基本思想可以分为以下几个步骤。

（1）评估得到光脉冲相位的概率分布函数 $P(\theta)$。

（2）写出 Z 基和 X 基下量子态的密度矩阵：

$$\begin{cases}\boldsymbol{\rho}_Z=\displaystyle\int\boldsymbol{\rho}_Z(\theta,\mu)P(\theta)\mathrm{d}\theta\\\boldsymbol{\rho}_X=\displaystyle\int\boldsymbol{\rho}_X(\theta,\mu)P(\theta)\mathrm{d}\theta\end{cases}\tag{5.15}$$

式中：θ 为光场的相位；μ 为光场的强度；$\boldsymbol{\rho}_Z(\theta,\mu)$ 和 $\boldsymbol{\rho}_X(\theta,\mu)$ 分别为给定相位时 Z 基和 X 基下的量子态密度矩阵。

（3）采用 5.1.1节所介绍的方法来计算基相关偏差 $\varDelta$ 和相位错误，进而利用 GLLP 公式来得到安全密钥产生率。

由前面的分析可知，相位随机化假设在某些条件下并无法得到完全满足，而且当光源相位没有完全随机化时，窃听者可以采用实际有效的攻击策略来获取密钥信息。因此，为了保证 BB84 协议的安全性，Alice 最好的防御方式是增加主动的相位随机化模块 [191-192]，从而保证相位随机化假设的成立。

5.1.5　诱骗态可区分攻击

5.1.4 节讨论了相位随机化所导致的实际安全性问题。事实上，除了相位随机化假设外，诱骗态理论还存在另外一个基本假设，即“信号态和诱骗除强度外不可区分”（式 (4.77) 必须成立）。本小节讨论该假设在实际情况下的安全性问题。当然，相位随机化假设和诱骗态不可区分假设两者有时并非完全独立。正如 5.1.4 节中就介绍到，当光源相位完全没有随机化时，窃听者可以实现信号态和诱骗态的区分 [109]。因此，本小节仅讨论诱骗态制备非理想所引入的可区分性以及相关的实际安全性问题，而不讨论相位随机化所引入的可区分性。

根据诱骗态理论，信号态和诱骗态需要具有不同的光强，根据不同 QKD 系统的特性，目前存在多种诱骗态的实现方案。其中最简单的实现方案是多激光器方案，该方案在自由空间 QKD 系统中较为常见，如“墨子”号卫星就采用不同的激光器来产生诱骗态 [44]。此外，部分早期的光纤 QKD 系统也采用了多激光器方案来实现不同诱骗态产生 [33]。虽然利用多激光器来实现诱骗态产生在实验上较为简单，正如 5.1.2节中指出的一样，实际 QKD 系统很难保证不同激光器在模式、频率、时间等维度的高度一致（图 5-2）。

因此，当前大部分的系统已经修改为单激光器的实现方案。具体来说就是采用单个激光器来产生光脉冲，然后使用内调制或者外调制两种调制方式之一来实现诱骗态光强度的调制。

（1）内调制：Alice 采用不同幅度的电脉冲信号来随机驱动激光二极管，从而产生不同强度的光脉冲信号，该方法具有成本低、实现简单等优点。

（2）外调制：Alice 首先产生相同强度的光脉冲信号；然后利用强度调制器来随机衰减光脉冲幅度，从而实现诱骗态的产生，该方法成本较高，而且需要主动稳定强度调制器的零点工作点。

针对这两种实现方案的潜在安全性漏洞，研究者进行了实验测试和分析[142]，结果如图 5-6所示。从图（a）可以看出，内调制产生的信号态和诱骗态在发光时间和波形上存在明显差别。其主要原因是，虽然驱动电流的波形比较一致，但仅有超过激光二极管发光阈值的光电流才能触发激光器产生光脉冲信号，这就导致实际触发激光器的电信号存在一定差异，如图 5-6（b）所示。同时，从图 5-6（c）可以看出外调制产生的信号态和诱骗态具有较好的一致性。

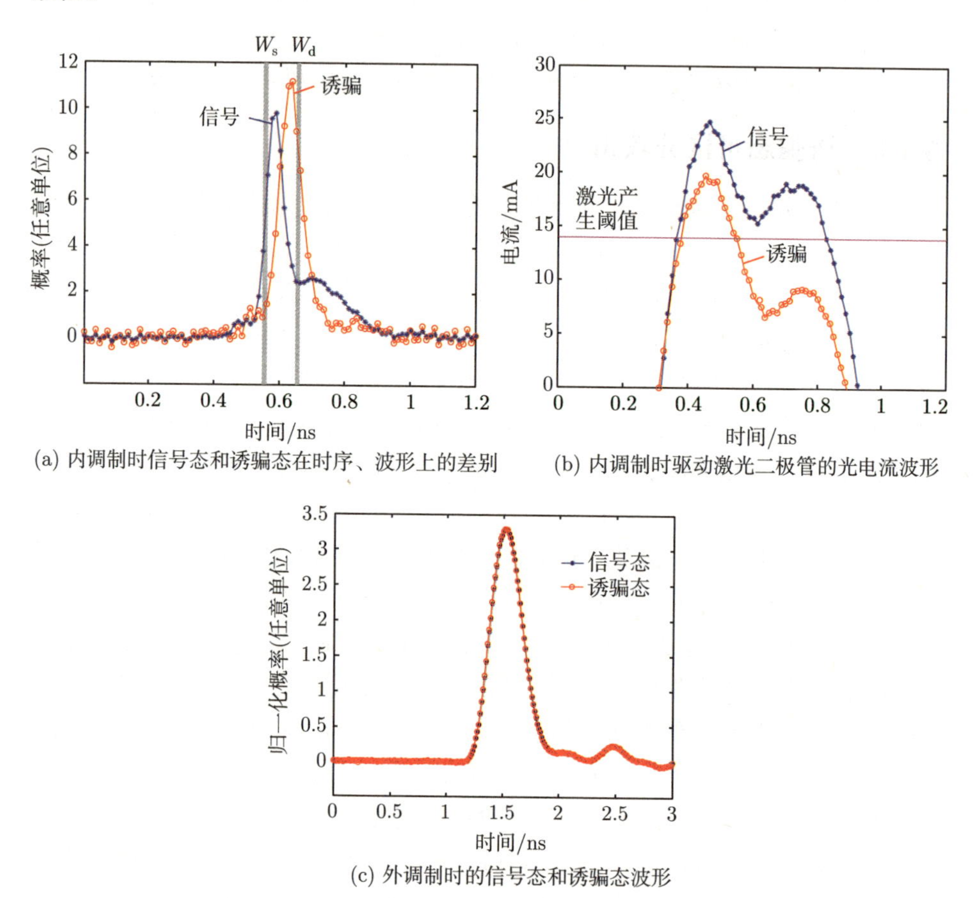

图 5-6　单激光器产生诱骗态时潜在的安全性漏洞（图片来自文献 [142]）

仅从图 5-6来看，采用强度调制器来外调制产生诱骗态能够较好关闭相应的安全性漏洞。不过需要注意到，图 5-6仅测试讨论了一种潜在的安全性漏洞，并不能说明外调制所产生的诱骗态就一定没有其它的安全性漏洞存在。实际情况中，需根据不同的系统实现方案进行具体分析。例如，对于双向“即插即用”系统而言，由于强度调制器的啁啾效应，窃听者也可以主动在诱骗态中引入频率差异，进而实现信号态和诱骗态区分[106]。因此，从严格的安全性分析角度讲，通信双方需要讨论诱骗态可区分性所导致的信息泄露量。注意到，当信号态和诱骗态存在一定可区分性时，式 (4.77) 不再成立，因此可以通过刻画信号态 n 光子脉冲的计数率 Y_n^{s} 和诱骗态 n 光子脉冲的计数率 Y_n^{d} 之间的距离来约束非标记比特的贡献[142,188]。

对于 Alice 所发送的 n 光子脉冲而言，记密度矩阵分别为 $\boldsymbol{\rho}_\omega^n$，其中 $\omega=\{\mu_1,\mu_2,\cdots\}$ 表示诱骗态的强度，那么 n 光子脉冲的计数率具有如下关系：

$$|Y_n^\omega - Y_n^{\omega'}| \leqslant D(\boldsymbol{\rho}_\omega^n, \boldsymbol{\rho}_{\omega'}^n) \tag{5.16}$$

式中：$D(a,b)=\dfrac{1}{2}\mathrm{tr}|a-b|$ 表示密度矩阵的求迹距离。

注意到，式 (5.16) 从密度矩阵的角度来分析诱骗态和信号态的偏差，这种偏差既可以是诱骗态产生方式非理想所导致的偏差，也可以是窃听者主动攻击所导致的偏差。

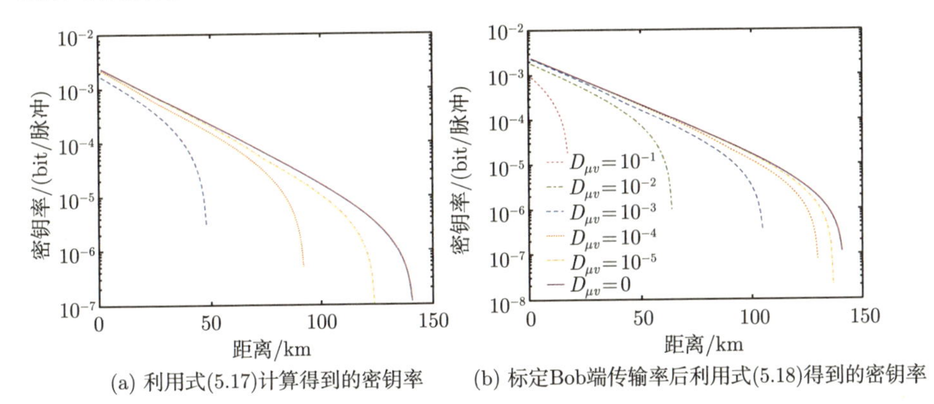

(a) 利用式(5.17)计算得到的密钥率　(b) 标定Bob端传输率后利用式(5.18)得到的密钥率

图 5-7　诱骗态 ν 和信号态 μ 存在可区分性时 QKD 系统的安全密钥产生率。$D_{\mu,\nu}$ 表示信号态和诱骗态的求迹距离。可以看出当标定 Bob 的传输率后，密钥率可以得到部分的提高，而且当 $D_{\mu,\nu}$ 为 10^{-2} 和 10^{-1} 时，原始的方法已经无法产生安全密钥率（图片来自文献 [142]）

只要给出了信号态和诱骗态的密度矩阵，那么合法通信双方就可以根据上面的约束条件重新利用 4.2.5 节所介绍的方法来估计系统的安全密钥产生率。例如，考虑图 5-6 所示的信号态和诱骗态可区分性，并假设信道为光子数信道①，那么式 (5.16) 可以退化为

$$|Y_n^\omega - Y_n^{\omega'}| \leqslant D(P_\omega, P_{\omega'}) \equiv D_{\omega,\omega'} \tag{5.17}$$

① 此处的光子数信道是指：源的量子态可以写为光子数空间的完全混合态，比如对于相位完全随机化的相干光源；窃听者通过信号态和诱骗态的区分参数来实现信号态和诱骗态的区分，而光子数无法给窃听者区分信号态和诱骗态提供更多的信息。

式中：P_ω 和 $P_{\omega'}$ 分别表示信号态和诱骗态在时域上的概率分布。

图 5-7给出了源信息泄露时的密钥率，可以看出，即使信号态和诱骗态存在较小的偏差，系统的密钥率也会存在较大幅度降低。为了克服信号态和诱骗态可区分性所导致的密钥率降低，一方面 Alice 可以通过改进系统实现方式来尽量降低信号态和诱骗态的偏差，进而提高系统密钥产生率；另一方面，在实际 QKD 系统中，Bob 端光学设备的传输率可以很容易标定，而且窃听者很难改变这一传输率，因此 Alice 和 Bob 也可以通过标定 Bob 端光学设备的传输率来提高密钥产生率①。当 Bob 端可标定光学设备的传输率为 $\eta_{\text{Bob}}^{\text{cal}}$ 时，式 (5.16) 可以写为

$$\left|Y_n^{\omega} - Y_n^{\omega'}\right| \leqslant 2D_{\omega\omega'}\left[1 - \left(1 - \eta_{\text{Bob}}^{\text{cal}}\right)^n\right] \tag{5.18}$$

利用式 (5.18) 来进行安全性分析时就可以实现密钥率改进，如图 5-7(b) 所示。具体推导过程感兴趣的读者可以参考文献 [142]。

5.1.6　主动源篡改攻击

一般来说，QKD 系统在生产完成时都会进行测试和标定，从而保证所生产的系统能够较好满足 QKD 所需要的基本假设。本节介绍一种新的攻击方案，该攻击表明对于一个初始成功标定的系统，窃听者仍然可以在系统运行过程中通过外部光信号实时篡改系统参数，从而主动地创造出新安全性漏洞。对于窃听者而言，一个典型的做法就是通过外部激光器反向注入较强的激光信号到 Alice 的激光器来改变 Alice 所发送光源的波长、强度、相位等特性，从而使得 Alice 所发送的光脉冲不再满足 QKD 所需的基本假设，这就是所谓的源篡改攻击[113]。注意到，由于源篡改攻击和特洛伊木马攻击都是利用外部激光信号来获取通信双方的密钥信息，因此有的文献也将源篡改攻击归纳为一类特殊的特洛伊木马攻击，但本书仍将其单独进行讨论，这是因为两者具有不同的攻击原理。源篡改攻击是利用外部激光主动修改 Alice 光源的特性，从而在 Alice 的量子态上主动创造出缺陷，进而利用相对应的攻击来获取密钥信息。特洛伊木马攻击是利用光学器件对外部激光的反射，并通过分析反射光子所携带的信息来获取密钥信息。

图 5-8给出了源篡改攻击测试实验的原理图，窃听者首先采用一个窄线宽的稳定激光向 Alice 的脉冲激光器注入光信号；然后利用光电探测器和不等臂

① 注意到，此处说讲的“标定光学设备传输率”可以是 Bob 端所有设备的传输率，也可以部分光学设备的传输率。比如，可以是接收端整体系统的传输率，也可以是排除单光子探测器效率外其他光学设备的传输率。

干涉仪来观察 Alice 光信号特性的改变情况。当窃听者的光信号成功注入到 Alice 的激光器后，Alice 所发送光脉冲的特性将发生改变。图 5-9显示了锁定成功后 Alice 激光器相位、发光时间和波形的变化情况。从图中可以看出，当窃听者成功注入锁定时，Alice 光源特性会发生明显变化。比如，当没有窃听者的注入激光时，Alice 所产生的光脉冲能够满足相位随机化假设（U 形分布），但窃听者可以将其改变为高斯分布（主要是由于实验所使用的激光器存在有限的线宽）。换言之，窃听者首先通过激光注入锁定使得 Alice 所发送的光脉冲之间存在一定相位关系；然后窃听者就可以利用前面所介绍的方法来获取密钥信息。事实上，外部激光注入锁定除了能够篡改光源的相位外，还可以篡改系统的其他参数，比如激光器的强度[193]和光源的频率[194]等。

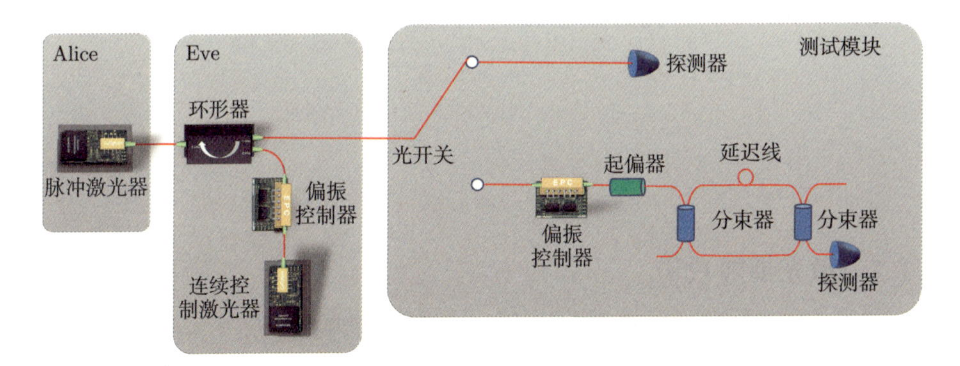

图 5-8　源篡改攻击测试原理图（图片来自文献 [113]）

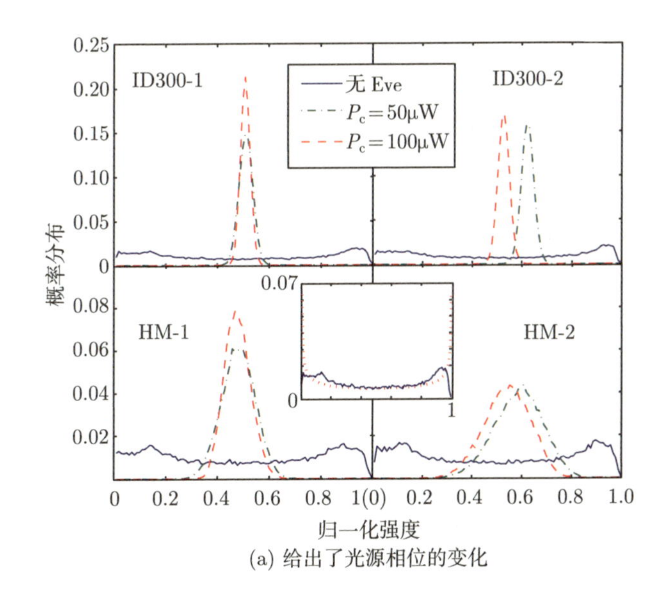

(a) 给出了光源相位的变化

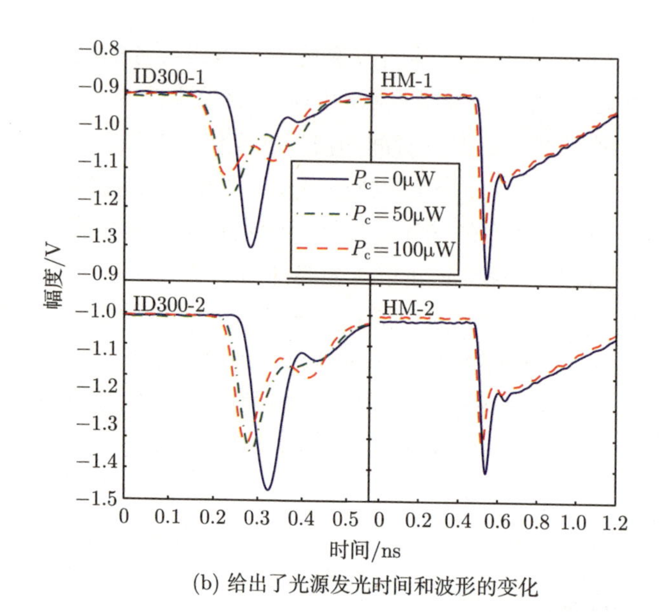

(b) 给出了光源发光时间和波形的变化

图 5-9 源篡改攻击后光源特性的变化，分别测试了两个 ID Quantique 公司的激光器（ID300）和两个笔者自制的激光器，（图片来自文献 [113]）

5.1.7 激光摧毁攻击

对于任何光学器件而言，其都存在一定损伤功率阈值，当入射光功率超过某个阈值时，光学器件就会损坏。目前，QKD 系统中大部分光学元器件的最大输入光功率都在百毫瓦级别。然而，作为攻击者来说，可使用的光强并不一定受到该约束限制。研究表明，超出正常工作范围的光强（如瓦级的光强）注入至目标光学器件后，光学器件的性能可能发生临时或者永久的变化，并导致安全漏洞，该攻击方式被称为激光摧毁攻击。

对于源端，摧毁攻击可以降低光衰减器的衰减值，并且能够永久性降低 10 dB 以上 [195]，如图 5-10所示。衰减值的降低将增大发送方所发送光脉冲的强度，从而使得窃听者获得更多的多光子脉冲和密钥信息。此外，激光摧毁攻击也可用于攻击 QKD 系统的安全防御设备。例如为了防止窃听者反向注入木马光，QKD 系统通常会在源端采用光电二极管来监控是否有外部信号从信道注入到发送方。但窃听者可以采用强光摧毁攻击来摧毁该监控光电二极管 [112]，结果如图 5-11所示。

为了保证系统的安全性，通信双方可以采用如下两种方法防御激光摧毁攻：一是在 Alice 的输出端口增加光隔离器，从而阻止高强度激光注入源端。但是该方法需要测试光隔离器在高强度激光下真实的隔离值，而不能直接信任光隔离器标定的隔离值；二是在 Alice 的输出光纤上加入光纤保险丝，当注入光强大于某一阈值时，该保险丝能够自动断开，从而保护源端其他设备。

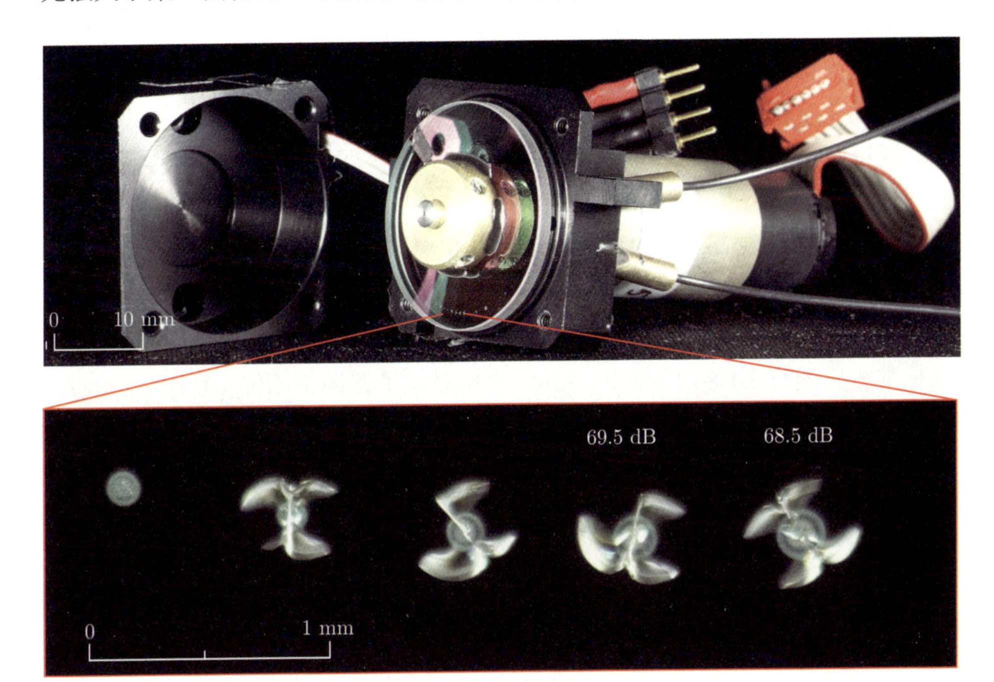

图 5-10　激光摧毁攻击对光衰减器造成的摧毁测试结果图，微距图中展示了强激光照射后留下的不同衰减值下的 5 个物理损伤点。(图片来自文献 [195])

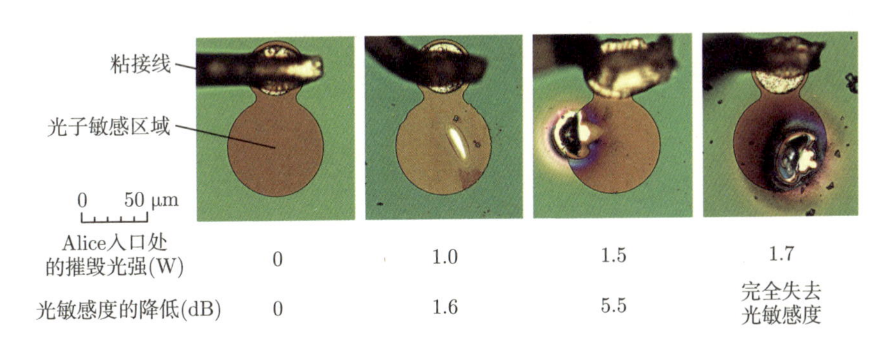

图 5-11　激光摧毁攻击对源端光强监控器造成的摧毁测试结果图（图片来自文献 [112]）

5.1.8　相位重映射攻击

BB84 协议的实现中存在单向传输系统和双向传输系统两大类实验系统。单向传输系统中，Alice 制备并发送量子态给 Bob，Bob 接收到量子态后进行测量；双向传输系统中，Bob 发送一个参考光脉冲给 Alice，Alice 调制编码后再返回给 Bob，最后 Bob 再进行解码测量。“即插即用”系统（第 3 章）就是典型的双向传输系统，该系统最大的优点是能够自动补偿光纤信道的双折射效应，从而保持自稳定性。在该系统中，量子光源首先从信道进入 Alice 编码区，然后再返回信道，这就给窃听者实施攻击提供了较大的操作空间。因此，从实际安全性角度讲，即插即用系统源端的安全性远低于普通单向系统的源端安全性。通过多年的研究，研究者们发现了多种针对“即插即用”系统的安全性漏洞 [93-95,101,106,196-197]。本节和 5.1.9 节、5.1.10 节主要介绍其中的 3 种典型攻击：相位重映射攻击、被动法拉第镜攻击和非可信任源。

相位重映射攻击最早由 C.H. Fred Fung 等 [94] 在 2007 年提出，随后 2010 年徐飞虎等利用瑞士 ID Quantique 公司的商用 QKD 系统进行了实验验证 [95]。在标准相位编码 BB84 协议中，Alice 随机对量子态调制相位 $\{0, \pi/2, \pi, 3\pi/2\}$ 之一，并发送给 Bob。在实际系统中，Alice 一般采用基于铌酸锂晶体的相位调制器来调制信号，该晶体具有电光效应，当加载不同驱动电压时，晶体折射率将发生不同改变，从而在光脉冲上引入不同相位延迟。然而，对于实际相位调制器而言，驱动电压的带宽以及相位调制器本身的带宽并非无穷大。换言之，调制在相位调制器上的驱动电压需要一定时间才能够从 0 上升到稳定值（需加载的电压值）。例如，如果 Alice 想调制相位 $\pi/2$，那么实际调制相位总是从 0 逐渐上升到 $\pi/2$。因此，如果 Eve 能够控制光脉冲到达相位调制器的时间，那么她就可以控制 Alice 的编码相位。对于即插即用系统而言，由于到达 Alice 的光脉冲来自量子信道，因此 Eve 能够通过光脉冲的时序来实现这一目的，这就是相位重映射攻击，其原理如图 5-12所示。

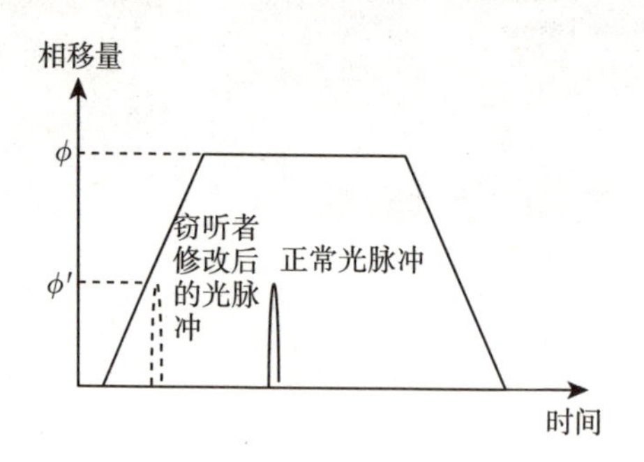

图 5-12　相位重映射攻击示意图，其中 ϕ 表示 Alice 的期望相位，ϕ' 表示经 Eve 重映射后 Alice 实际调制的相位（图片来自文献 [94]）

可以看出，经过相位重映射攻击后，Alice 发送的实际量子态不再是标准 BB84 态，而是

$$|\widetilde{\varphi}_k\rangle = \cos(k\delta/2)|0\rangle + \sin(k\delta/2)|1\rangle \tag{5.19}$$

式中 $k=0,1,2,3$ 表示 Alice 的 4 个量子态，$\delta \leqslant \pi/2$（当 $\delta=\pi/2$ 时表示标准 BB84 态）。

计算表明，在基于截取–重发的相位重映射攻击下，Eve 所引入的误码率可以低于 20%（当 δ 从 0 增加到 $\pi/2$ 时，Eve 所引入的误码率将从 15.5% 增加到 25%）。进一步的分析表明，如果 Eve 结合伪态攻击，那么她所引入的误码率可以得到进一步的降低。此时，当 δ 从 0 增加到 $\pi/2$ 时，Eve 所引入的误码率将从 5.79% 增加到 10%，小于 BB84 协议所能容忍的误码率上限 11%。

5.1.9　被动法拉第镜攻击

如第 3 章所介绍，即插即用系统（图 3-9）能够保持自稳定性的关键是 Alice 采用了法拉第镜自动补偿光纤的双折射效应。根据第 3 章有关法拉第镜的描述（3.1.3 节）可知，如果法拉第镜是理想的，那么对于任意的双折射介质信道而言，通过法拉第镜后输出光的偏振都和输入光偏振垂直。对于实际的法拉第镜而言，其旋转角度可能不是理想的 45°，而是存在一定角度偏差，这将有可能导致两个方面的问题。一是降低双折射补偿的有效性，导致系统干涉可见度降低和误码率增加；二是导致 Alice 返回的量子态除了在相位空间具有编码信息外，在偏振维度也携带了编码信息，这就导致量子态空间发生变化。由于实际法拉第镜中旋转角度偏差较小，如对于索雷博等公司的法拉第镜产品而言，其旋转角度偏差大概在 1° 以内 [198-199]。因此，旋转角度偏差对于误码率的影响很小，可以忽略不计。但研究表明，即使较小旋转角度的偏差也会对 QKD 的安全性带来较为严重的影响，这就是法拉第镜攻击 [108]。

当法拉第镜存在角度偏差时，Alice 所发送的量子态不再具有 BB84 协议所要求的标准量子态形式 $|\phi_k\rangle=(\mathrm{e}^{\mathrm{i}k\pi/2}|s\rangle+|l\rangle)/\sqrt{2}$（其中 s 和 l 分别表示光子经过短路径和长路径，$k=0,1,2,3$），而是偏振和路径复合空间的量子态，其具体形式如下：

$$|\varPhi_k\rangle=\frac{1}{\sqrt{2}}\left\{\sin(2\varepsilon)\mathrm{e}^{\mathrm{i}2k\delta}|sH\rangle+\cos(2\varepsilon)\mathrm{e}^{\mathrm{i}k\delta}|sV\rangle+\sin(2\varepsilon)|lH\rangle+\cos(2\varepsilon)|lV\rangle\right\} \tag{5.20}$$

式中：ε 表示法拉第镜中法拉第旋转器的实际旋转角度 θ 和理论值 45° 的偏差，即 $\theta=\pi/4+\varepsilon$；δ 表示不同量子态之间的相位差，对于标准相位编码 BB84 协议而言 $\delta=\pi/2$，但考虑到 5.1.8 节所介绍的相位重映射攻击 [94] 等的影响，此处采用一般的符号 δ 来表示。

可以证明，当 $\varepsilon=0$ 时，式 (5.20) 退化为标准的 BB84 量子态，但当 $\varepsilon\neq 0$ 时，式 (5.20) 所示量子态的维度是 3。为了更好地体现这点，可以对偏振进行如下旋转操作：

$$
\begin{aligned}
|H\rangle &= \cos(2\varepsilon)|H'\rangle + \sin(2\varepsilon)|V'\rangle \\
|V\rangle &= -\sin(2\varepsilon)|H'\rangle + \cos(2\varepsilon)|V'\rangle
\end{aligned} \tag{5.21}
$$

并记 $|sH'\rangle = |e_0\rangle$，$|sV'\rangle = |e_1\rangle, |lV'\rangle = |e_2\rangle$。这样，式 (5.20) 就可以重新变为

$$
\begin{aligned}
|\varPhi_k\rangle =& \frac{1}{\sqrt{2}}\left\{\sin(2\varepsilon)\cos(2\varepsilon)\left(\mathrm{e}^{\mathrm{i}2k\delta} - \mathrm{e}^{\mathrm{i}k\delta}\right)|e_0\rangle\right. \\
&\left. + \left[\sin^2(2\varepsilon)\mathrm{e}^{\mathrm{i}2k\delta} + \cos^2(2\varepsilon)\mathrm{e}^{\mathrm{i}k\delta}\right]|e_1\rangle + |e_2\rangle\right\}
\end{aligned} \tag{5.22}
$$

可以看出，当 $\varepsilon \neq 0$ 时，Alice 所发送量子态的空间维度将由二维扩展到三维，这样就使得窃听者可以在更高维度上进行态区分，从而获取更多的信息。事实上，窃听者可以采用三维空间的 5 个 POVM 算子 $\{M_{\mathrm{vac}}, M_i|i = 0, 1, 2, 3\}$（$M_{\mathrm{vac}} + \sum_{i=0}^{3} M_i = I$）来区分式 (5.22) 所给出的量子态，然后根据测量结果在发送伪态给 Bob，从而实时截取–重发攻击来获取更多的信息。具体的误码率分析读者可以参考文献 [108]。

5.1.10　非可信任源

根据 4.2.5 节的介绍知道，对基于非单光子源的 BB84 系统而言，通信双方需要知道光源中光子数的概率分布，然后才能利用诱骗态理论来估计非标记比特 (单光子脉冲) 的贡献。但是，对于即插即用系统而言，Alice 的光源来自信道。因此，从理论上讲，窃听者可以任意修改光源的光学特性（或者窃听者截断 Bob 的光脉冲后重新发送一个由其完全控制的光脉冲给 Alice)，包括光子数分布、光场相位、波长、幅度等。换言之，即插即用系统中从信道到达 Alice 端光脉冲的特性是完全未知的，通信双方需要额外的方法来保证系统的安全性，这就是所谓的“非可信任源 (untrusted source)”问题。注意到，虽然非可信任源问题主要针对即插即用系统而言，但相关的结论和方法可以扩展到其它具有不确定光源特性的 QKD 系统中。

一般来说，Alice 可以采用主动相位随机化模块来保证每个光脉冲具有完全随机的相位 [191-192]；采用窄带光学滤波器来保证仅有特定波长的光脉冲能够进入 Alice 的区域；采用光电探测器来探测输入到 Alice 端光脉冲的最大强度。因此，非可信任源问题中主要考虑如何解决光子数分布未知的影响，多伦多大学的 H.K. Lo 小组和北京大学的郭弘小组针对该问题完成了系列工作，较为成功地解决了该问题 [161-162,197,200]。其基本思想是，首先 Alice 随机选择

部分光脉冲测量其强度，仅保留强度在给定阈值范围内的光脉冲；然后 Alice 对光脉冲进行大幅度衰减来达到较低的平均光子数；最后 Alice 通过贝叶斯公式和伯努利反变换估计出输出光脉冲的光子数分布的上下限。经此操作后，Alice 就可以采用诱骗态理论来估计单光子脉冲的贡献和安全密钥产生率。由于该方法涉及的数学推导较为复杂，本书在此不进行详细的推导介绍，感兴趣的读者可以参考相关的文献以作进一步了解。

5.2　针对探测的量子攻击

5.2.1　反射光攻击

受系统成本、体积等因素影响，目前大多数离散变量 QKD 系统都采用雪崩光电二极管来作为单光子探测器件。然而，研究发现，雪崩光电二极管本身的反射光效应可被攻击者利用，从而使得攻击者能够获知探测器的响应结果。所谓反射光效应是指，当雪崩二极管接收到光子并产生雪崩光电流时，雪崩二极管会同时产生一定波长和强度的光子信号。当这些辐射光脉冲被反向耦合进入量子信道后，攻击者就可以利用这些光子来分析探测器的响应情况。例如，在 QKD 系统中，由于每个探测器具有不同的光学特性，因此反射光子从单光子探测器返回信道会存在一定的差别，攻击者就可以利用这个时间差来判断单光子探测器的响应情况。

2018 年，P.V.P. Pinheiro 等测试了偏振编码被动选基系统中的反射光效应[201]，实验装置如图 5-13所示。该方案中，若探测器 “H” 响应后产生反向光脉冲，则该光脉冲将首先通过偏振分束器；然后再通过分束器耦合至信道中。因此，该光子将具有 “H” 偏振状态。换言之，攻击者可以通过在信道中测量反射光子的偏振状态来区分单光子探测器的响应情况。当前，研究者在基于硅和铟镓砷的雪崩二极管中都发现了反射光效应，而且反射光发出概率与雪崩二极管产生的雪崩电流量成正比。

为了避免单光子探测器反射光子的影响，可在接收端的光入射端口增加窄带滤波器和光隔离器来减少反射光的泄漏概率。严格地讲，这一方法并不能完全消除反射光泄漏的影响。因此，通信双方需要将反射光效应纳入密钥率公式中以重新进行计算。当考虑反射光效应后，BB84 协议的密钥率公式应修改为[201]

$$R \geqslant AP_{\text{det}}\left(1 - H\left(\frac{e}{A}\right)\right) - \text{leak}_{\text{EC}} \tag{5.23}$$

式中：P_{det} 为探测效率；e 为误码率；$H(x)$ 为二元香农熵；leak_{EC} 为在纠错

过程中泄漏的密钥信息；$A=(P_{\mathrm{det}}-P_E)/P_{\mathrm{det}}$，其中 P_E 是 Bob 探测端的反射光泄漏给 Eve 的信息量。

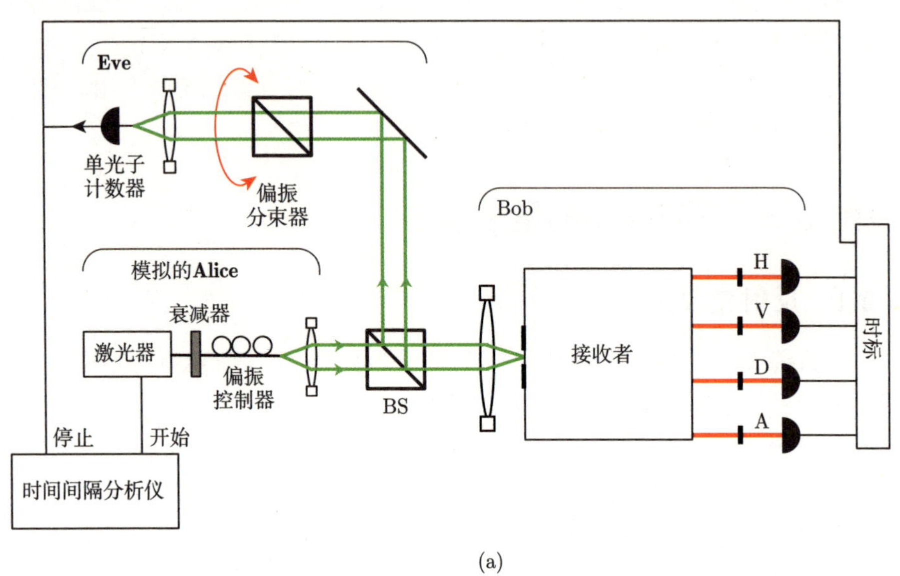

(a)

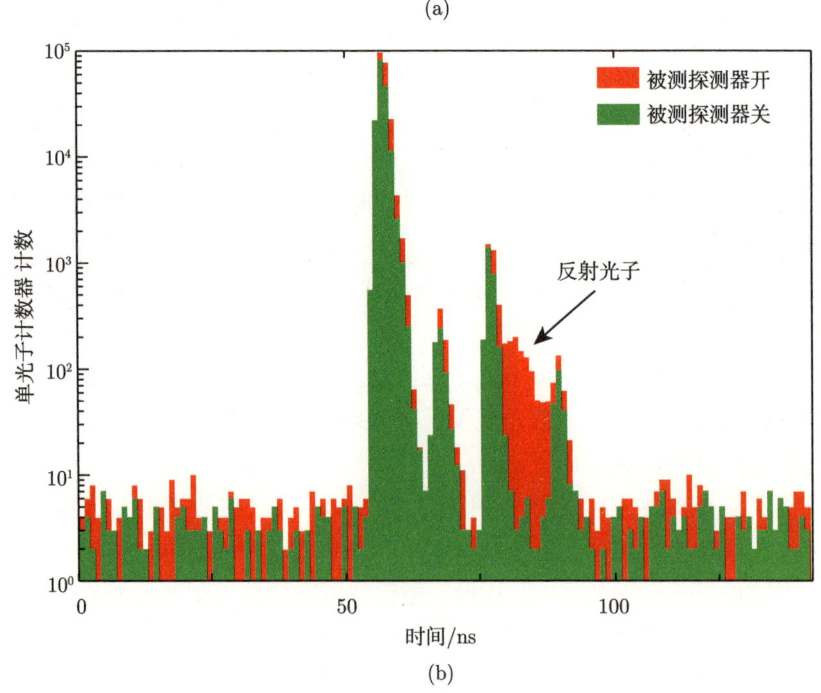

(b)

图 5-13 反射光攻击结构图 (a) 及测试结果 (b)（图片来自文献 [201]）

5.2.2 时间侧信道攻击

在理想情况下，QKD 系统所使用的单光子探测器仅接收光子，而不存在被攻击者辨别的侧信道。但是，对于某些实际系统而言，窃听者可以利用单光子探测器时间域上的响应特性来获得侧信道信息，从而区分不同探测器的响应。实验测试表明，在基于硅雪崩二极管的单光子探测器中，不同探测器的响应速度有所区别。图 5-14给出了攻击的原理和实验测试结果。可以看出探测器 1 和探测器 4 的响应较快，而探测器 2 和探测器 3 的响应较慢[91]。如果 Bob 在每次探测后，都及时将基选择的结果通过公开信道告知 Alice，则基信息的公布时间就反映了单光子探测器的探测响应时间。因此，攻击者可在基矢信息公布时，根据探测器响应的时间来判断探测器的响应情况。另外，如果 Bob 将单光子探测响应的时间戳也通过公共信道告知 Alice，攻击者则可以直接窃听公共信道上的经典信息来推测出某一探测器的响应，并由此获知密钥。

为了防止探测器侧信道的信息泄露，通信双方可以通过控制每一路延时来校准单光子探测器在时间上的响应，进而尽量消除探测器响应时间的不匹配。严格地讲，通信双方仍需要评估窃听者通过侧信道所获取的信息量，然后在后处理中减去这些所泄露的信息量。事实上，窃听者所获取的信息量可用互信息 $I(X;T)$ 来计算[91]，即

$$I(X;T) = H(X) - H(T) - H(X,T) \tag{5.24}$$

式中：X 为密钥比特；T 为探测响应的时间分布。

因此，式 (5.24) 中的熵和联合熵可表示为

$$\begin{cases} H(T) = -\int \bar{d}(t)\log_2[\bar{d}(t)]\mathrm{d}t \\ H(X) = -\sum_x p^0(x)\log_2[p^0(x)] \\ H(X,T) = -\sum_x \int p(x,t)\log_2[p(x,t)]\mathrm{d}t \\ \qquad\quad = -\sum_x \int p^0(x)d_x(t)\log_2[p^0(x)d_x(t)]\mathrm{d}t \end{cases} \tag{5.25}$$

式中：$\bar{d}(t) = \sum_x p^0(x)d_x(t)$ 是所有探测器在 t 时刻响应的概率；$d_x(t)$ 是在 t 时刻探测器 d_x 的响应概率，$x \in \{0,1\}$；在大多数协议中，逻辑比特的分布是均匀的，因此 $p^0(0) = p^0(1) = 0.5$。

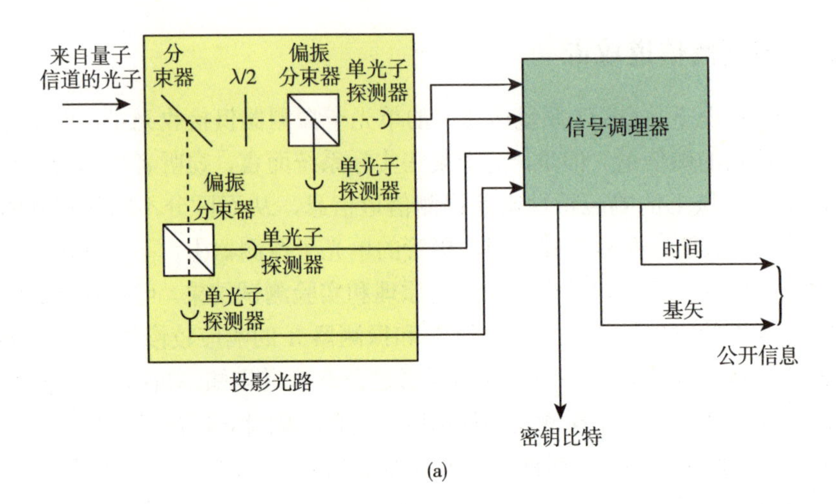

(a)

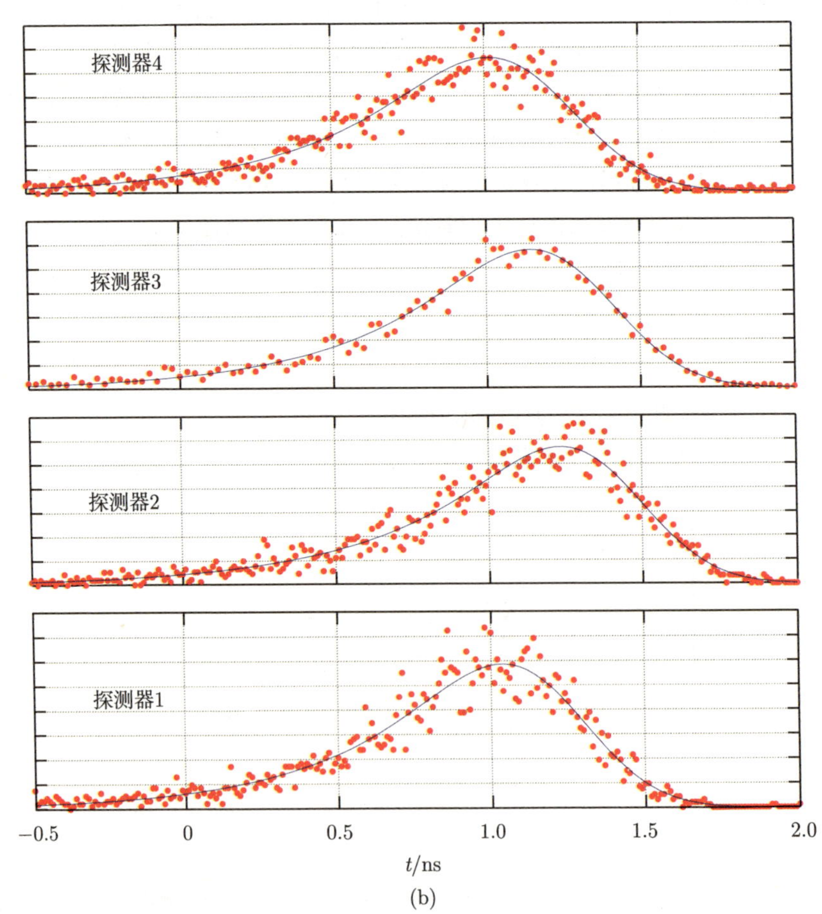

(b)

图 5-14 时间侧信道攻击结构图 (a) 及测试结果 (b)（图片来自文献 [91]）

5.2.3 探测效率不匹配攻击

在离散变量 QKD 中，Bob 一般需要多个单光子探测器来解码 Alice 的编码量子态，然而这些单光子探测器在时域、频率等维度上的探测效率曲线可能并不完全相同，这就使得窃听者能够利用单光子探测器的探测效率差异来控制单光子探测器的响应 [92-93]。

例如，在基于光纤的 QKD 系统中，雪崩光电二极管作为常用的单光子探测器，通常工作在门控模式下，即只有门信号加载在雪崩二极管上时，其才进入对单光子敏感的盖格模式。除此之外的时间，雪崩二极管对单光子不敏感。在正常工作的 QKD 系统校准过程中，Alice 发出的脉冲将落在探测窗口的中间段被 Bob 探测。然而，由于门控信号波形的不一致性或者雪崩二极管对门控信号的激励反应不一致性，使得单光子探测器在有效的探测窗口内探测效率不一致。图 5-15（a）展示了瑞士 ID Quantique 公司的 ID-500 光纤 QKD 系统中两个单光子探测器的效率匹配情况。可以看出，其存在明显的效率不匹配 [93]。同时，对于自由空间 QKD 系统而言，由于校准的不完美性以及光学镜片的反射和散射，入射光从不同角度入射时，也将引起探测器探测效率在空间分布上的不一致，如图 5-15（b）所示。因此，攻击者可以通过选择不同入射脉冲角度来实现对不同探测器响应的控制 [202]。

当单光子探测器存在效率不匹配时，窃听者就可以通过在量子信道上调整光脉冲到达 Bob 探测器的时间来控制探测器响应，从而获取密钥信息。如图 5-15（a）所示，如果窃听者控制光脉冲在 t_1 时刻到达，此时若产生探测响应，则大概率可能是触发了探测器 SPD_0 响应；同理，如窃听者控制光脉冲在 t_2 时刻到达，此时若产生探测响应，则大概率可能是触发了探测器 SPD_1 响应。因此，窃听者可以获得额外的密钥信息。

为了避免探测效率不匹配对 QKD 安全性的影响，最直观的解决方法是对接收端所使用的两个探测器进行随机切换，这样窃听者就无法根据光子到达时间来猜测密钥信息。该方法虽然具备较好的实际操作性，但可能遭受大脉冲攻击的影响 [93]。因此，更严格的解决应该是在安全密钥产生公式中考虑探测器探测效率不匹配的影响。2009 年，C.H. Fred Fung 等通过引入模式滤波模型对探测效率不匹配进行了分析 [203]。但是，该分析仅适用于单光子的情况，而且窃听者不能在信道中增加光子。2021 年，张彦豹等给出了一个更一般的分析模型，可以考虑多光子的影响 [204]。具体的分析方法不在此详细介绍，感兴趣的读者可以参考相关的文献。

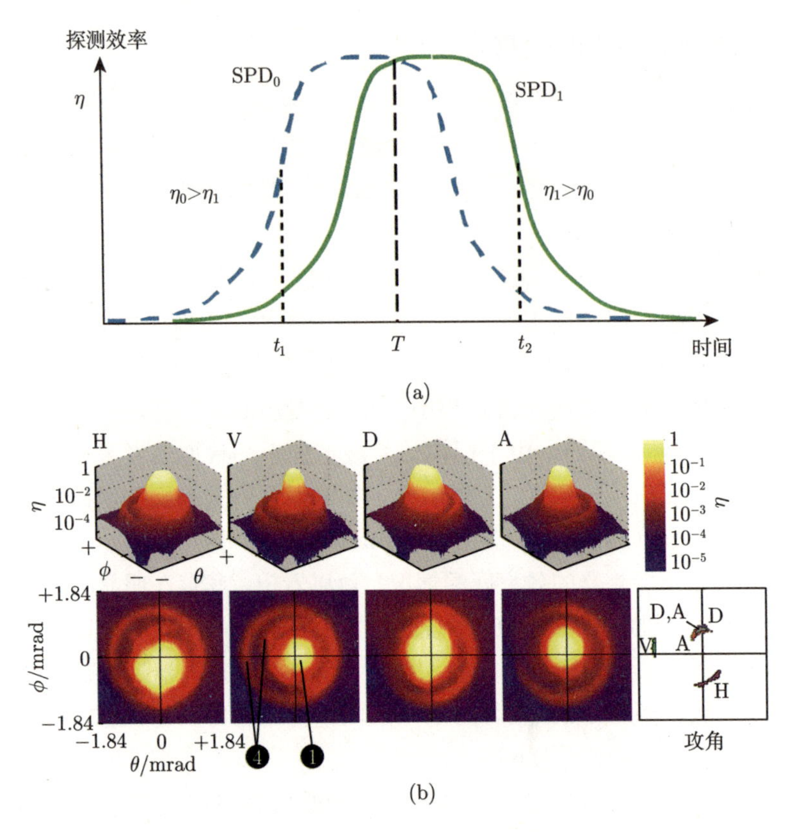

图 5-15　图 (a) 展示了瑞士 ID Quantique 公司 ID-500 光纤 QKD 系统的探测器效率不匹配情况。η 表示探测效率，(图片来自文献 [92])。图 (b) 展示了自由空间 QKD 系统中探测器效率不匹配攻击测试结果，角度 θ 和 ϕ 分别表示 X 方向和 Y 方向的偏转角度。(图片来自文献 [202])

5.2.4　死时间攻击

对基于雪崩二极管的单光子探测器而言，当探测器探测到光子后，雪崩二极管内部所产生的载流子需要一定的复合时间，如果此时后续门控信号到达，则可能再次触发未复合的载流子而使得探测器再次产生计数响应，这就增大了系统误码率。为了抑制后脉冲作用，探测器通常都会设定一段“死时间”，即让探测器处于对单光子非敏感的线性模式 (或者是此段时间内仍有响应，但所有响应事件都丢弃)。在初期的 QKD 系统设计中，各探测器进入死时间的设置相互独立，即某个探测器探测到单光子后仅有此探测器进入死时间阶段。研究表明，窃听者可以利用该死时间设置机制来控制探测器的输出响应[205]。

如图 5-16所示，攻击者并不需要进行截取重发攻击，其只需要在 Alice 发出的脉冲到达 Bob 之前，制备某一个量子态的多光子脉冲（如偏振态“H”）

发送给 Bob，并使得该脉冲比 Alice 的脉冲提前到达 Bob。需要注意的是，攻击者所发送光脉冲的到达时间仍需在探测的敏感时间区间内，但在有效探测窗口外 (以确保不会被 Bob 以为是有效计数)。攻击者注入 Bob 的多光子“H”偏振态脉冲将被探测器“H”“+”和“−”接收。此时，这 3 个探测器都将进入死时间，只有探测器“V”依然保持对单光子的敏感度。若在完成初始密钥分发后，Bob 公布该时刻他接收到了 Alice 的脉冲，则该探测一定发生在探测器“V”。因此，攻击者由 Bob 公布的信息即可反推有效的探测器响应，由此来获知密钥。

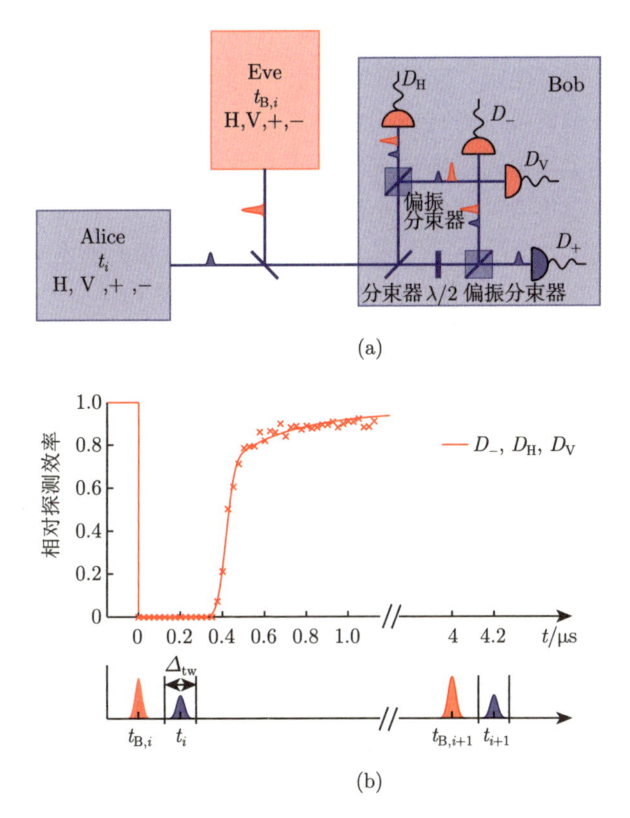

图 5-16 死时间攻击示意图 (a) 和探测结果 (b)，其中 Δ_{tw} 表示有效计数窗口，$t_{B,i}$ 表示 Eve 发送的攻击脉冲到达探测器的时刻，t_i 表示 Alice 发送的编码脉冲到达探测器的时刻。(图片来自文献 [205])

虽然死时间攻击的机制简单且用目前的技术手段即可实现，但其防御措施也简单有效。具体来说，只需要更改系统的死时间设置，一旦某一个探测器探测到光子，所有探测器均进入死时间模式。这样，可以避免攻击者利用不同探测器状态差异漏洞来进行死时间攻击。

5.2.5 致盲攻击

第 3 章介绍了基于雪崩光电二极管的单光子探测器工作原理，由于偏置电阻的存在，雪崩二极管会在线性模式和盖格模式之间切换。当单光子探测器探测到光子后，雪崩二极管进入线性模式，此后待雪崩二极管中载流子复合后才再次进入盖格模式，并等待下一个光子的到来。偏置电阻对单光子探测器起到了较好的保护作用，防止过大光电流烧毁雪崩二极管。然而，攻击者却可以利用该保护机制来实施量子黑客攻击，这就是著名的“致盲攻击”[96]。

具体来说，攻击者可以向雪崩二极管注入较强功率的连续激光信号，从而使得雪崩二极管中持续产生较强光电流。由于偏置电阻与雪崩二极管串联，光电流同样将通过偏置电阻，使得偏置电阻两端的电压增大。此时，加载在雪崩二极管上的有效偏置电压将减小，这就使得雪崩二极管一直处于线性模式，而不会恢复到单光子敏感的盖格模式。此时，雪崩二极管不再对单光子敏感，即被致盲。因此，攻击者的连续激光也被称为“致盲光”。当单光子探测器被致盲后，雪崩二极管处于线性工作模式，此时雪崩二极管的输出光电流与入射光的强度成正比。因此，攻击者可以再注入一个脉冲光信号来控制 Bob 单光子探测器的响应。如图 5-17所示，攻击者首先截取并测量 Alice 发给 Bob 的单光子脉冲后；然后她根据探测结果，制备与探测结果相同的攻击态。不同于普通的截取–重发攻击，致盲攻击中攻击者所发送的攻击态不再是单光子态，而是具有一定光强的光脉冲，称为触发脉冲。当触发脉冲发送给 Bob 之后，若 Bob 选择的测量基与 Eve 相同，则所有光脉冲能量都将到达同一个探测器，该能量足以触发在线性区的探测器响应，如图 5-17(a) 所示。若 Bob 选择与 Eve 不同的测量基，光脉冲能量将平均注入到两个探测器，一半的光脉冲能量还不足以触发探测器响应，如图 5-17(b) 所示。因此，只有 Bob 选择了与攻击者同样的探测基时，单光子探测器才会发生响应。当初始密钥分发结束之后，Alice 和 Bob 会通过公开信道进行数据筛选，剔除所有探测器没有响应的数据，而攻击者得到这一信息后即可执行和通信双方相同的操作来获取密钥信息。由于在致盲攻击下，攻击者和接收方具有完全相同的信息，因此攻击者可以获取全部密钥。

攻击者能够基于现有技术条件来实施致盲攻击，并获取全部的密钥信息，因此受到研究者的高度重视，随后 Lydersen 等基于瑞士 ID Quantique 公司的商用系统验证了致盲攻击的可行性[96]。因此，对实际 QKD 系统而言，如何防御该攻击就显得十分重要。下面从 3 个方面来分析：①从安全性分析角度看，由于致盲攻击是一类特殊的截取–重发攻击，而且一旦攻击者成功实施该攻击即可获取全部的密钥；②从安全 QKD 协议设计的角度看，防御致盲攻击最有效的方案是前面所提到设备无关 QKD 和测量设备无关 QKD 等方案，这些方案不仅能够关闭致盲攻击，还能够完全关闭探测相关的漏洞，因此具有更好的应用前景，但这些方案目前仍处于实用化不断完善的阶段；③从防御监控的角度看，虽然通过增加防御监控来抵御致盲攻击较为实用，但防御的有效性却有待进一步分析。当前，研究者已提出多种防御措施，但其中的很多防御方案随后都被证明并不能有效抵御致盲攻击。下面对已提出的防御监控措施及其有效性进行讨论。

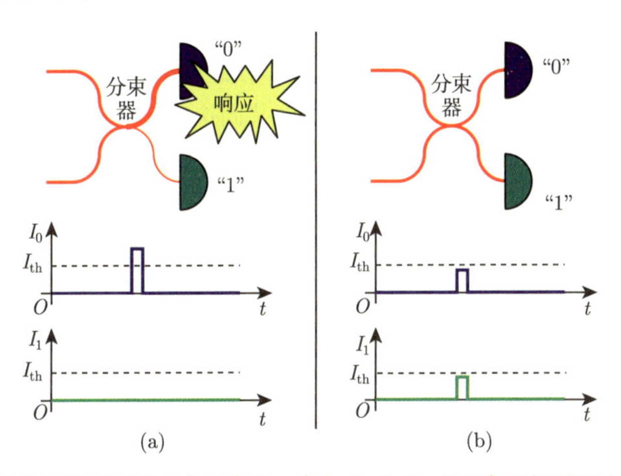

图 5-17　致盲攻击控制探测器响应示意图，其中 I_0 和 I_1 分别表示探测器 0 和探测器 1 的雪崩电流，I_{th} 表示探测器的甄别电流阈值（图片来自文献 [96]）

（1）**防御措施一：**去除与雪崩二极管串联的偏置大电阻。有研究者认为，上述致盲攻击之所以能成功，主要原因在于致盲光注入后雪崩二极管串联的偏置电阻将分压，进而导致雪崩二极管两端加载的有效偏压降低，达到“致盲”的效果。因此，如果移除偏置电阻就可以抵御致盲攻击。然而，实验研究表明，去除偏置电阻后的单光子探测器依然可能被致盲。此时，致盲的原理不再依赖于偏置大电阻拉低雪崩二极管的偏置电压，而是利用致盲光注入后产生的热效应，使得局部温度升高，升高的温度将使得击穿电压也增大，直至比雪崩二极管两端的偏置电压还高，此时雪崩二极管也将从盖格模式转换为线性模式，即达到致盲的目的 [206]。

（2）**防御措施二：**随机化探测器的探测效率。有研究者认为，可利用探测效率随机化的方法来造成攻击者与接收方之间的信息差异，从而使得攻击者不能完全控制探测器的响应。具体说来，当探测器的探测效率存在随机变化时，由于攻击者并不知道探测端内部的随机化机制，因此她只能采用恒定光功率的触发脉冲来实施探测器控制。此时，本应由探测效率变化而有所改变的探测响应概率，在恒定功率触发脉冲光的控制下，仍将得到与预设不一致的探测响应概率。改变探测效率的直观方法是改变加载在雪崩二极管上门信号的强弱。极端的情况下，探测器原本的探测效率可能变为 0，但是注入的触发光仍可在致盲的情况下触发计数。因此，合法用户将觉察到异常情况，即可防御致盲攻击[207]。

然而，进一步的实验研究证明，即使攻击者注入恒定触发光功率，仍可根据探测端探测效率变化导致不同的响应概率，使得合法用户无法察觉到致盲攻击。这是由于致盲攻击中，攻击者可将触发光注入的位置调整至与门信号相同。因为门信号的强度也将影响雪崩信号的强度，在此基础上叠加上触发光，这样就使得雪崩信号的强度由门信号强度与触发光功率同时决定，即探测器的响应概率也是由触发光功率与门信号强度共同决定的。利用此方法，便可将触发光与探测效率关联上，使得攻击者即使不知道随机化探测效率，仍可随着门信号的强弱得到与预设的探测效率一致的响应概率[208]。

（3）**防御措施三：**监控雪崩电流强度。由于在致盲攻击下，较强的光信号注入到雪崩二极管后将增大雪崩电流的强度。因此，研究者提出可通过监控雪崩二极管所产生的雪崩电流强度来判断是否存在致盲攻击。然而，实验测试表明，攻击者可通过脉冲致盲方式来规避雪崩电流监控。具体来说，由于监控电路采样率的限制，雪崩电流的监控并非完全实时，而是单位时间的积分。因此，攻击者可以采用脉冲致盲光来替代原先的连续致盲光。此时，雪崩二极管在单位时间内所产生的平均雪崩光电流强度将降低。同时，实验表明，由于光电流的延迟作用，采用一组脉冲致盲光来致盲单光子探测器后，即使关闭致盲光探测器仍将在一段时间内保持线性模式。这就增加了致盲攻击的灵活性，攻击者可通过调整致盲光脉冲的数量、密度和强度来灵活控制雪崩电流强度、致盲区间大小等，从而规避雪崩光电流的监控[209]。

5.2.6　门后攻击

上节所介绍的致盲攻击之所以能够成功，其关键在于攻击者能够首先将单光子探测器由雪崩模式转换为线性模式，然后再通过控制触发脉冲来控制探测器的响应。下面介绍另一种利用单光子探测器线性模式的攻击方式——“门后攻击”。

为了降低暗电流的影响，雪崩二极管一般处于门控模式下，即只有加载门信号时，探测器才处在盖格模式，其他时刻都处于对单光子不敏感的线性模式。因此，攻击者可利用探测器本身的线性模式来进行伪态攻击。在攻击时间上，需要控制好光脉冲到达探测器的时刻点，既要避开门信号内的单光子敏感区，又不能离门信号太远，以至于系统不能够记录有效的探测响应。因此，最佳的攻击脉冲光注入时刻为门信号前或者门信号后的某一段时间内，在这个时间段内，既要保证光脉冲触发的探测能够被记为有效计数，又要保证探测器是在线性区内被触发。图 5-18展示了攻击者利用门信号前后的线性工作区来控制 Bob 探测器的响应结果。

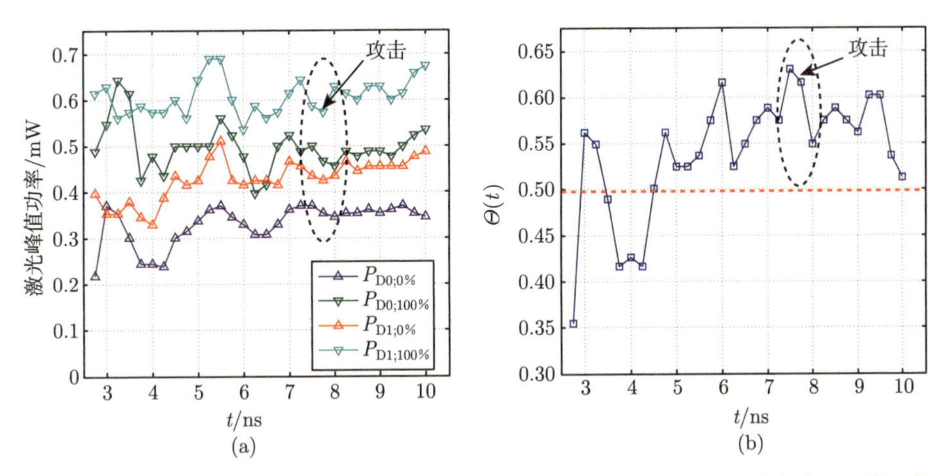

图 5-18 门后攻击测试结果，其中 Θ 是指最小/最大探测概率之比（图片来自文献 [210]）

门后攻击所利用的安全漏洞是探测器在门信号前后依然能够记录有效的探测计数。为了避免门后攻击，需要修改探测器的工作机制，使得探测器有效计数的记录范围被约束到门信号范围内，甚至比门信号更窄，以此来避免攻击者在线性区注入的光脉冲被 QKD 系统认为是有效计数。

5.2.7 超线性探测效率攻击

在门控型雪崩单光子探测器中，门信号的幅度决定了探测器对单光子的敏感程度。理想情况下，门信号形状应为矩形方波，能够瞬间从零电压跳变到某一个非零电压值。然而，实际所加载的电信号无法完成瞬间变化，一定存在有限时间的上升沿和下降沿。在门信号的上升沿和下降沿时刻，探测器的状态还没有完全切换到对单光子敏感的盖格模式，而是依然处在线性模式或者超线性模式。如图 5-19所示，在超线性模式下，探测器虽然对单光子不敏感，但是对具有一定光子数 N 的脉冲却仍然敏感，即当包含 N 个光子的光脉冲入射时，探测器仍具有非零的探测效率 P。然而，当光子数减半变为 $N/2$，则在这个超线性区域内，探测效率降为一个接近于零的值，这就是单光子探测器的超线性效应 [211-212]。

利用探测器在门信号上升沿和下降沿区域内对光子的超线性感应特性，可完成伪态攻击。攻击者首先截取 Alice 所发送的量子态，并随机选择测量基来测量该量子态；然后攻击者根据自己的测量结果制备同样的量子态发送给接收方。不同于传统的截取重发攻击：①攻击者所制备的量子态不是单光子脉冲，而是包含 N 个光子的弱光脉冲；②攻击者精确控制光子到达 Bob 的时间为门信号上升沿或下降沿时刻。此时，若 Bob 选择了和攻击者同样的测量基，则所有光子将到达某一探测器，使其以概率 P 响应。若 Bob 选择的测量基矢与攻击者不同，那么同一组基矢下的两个探测器将各接收到 $P/2$ 个光子，几乎不触发探测器响应。

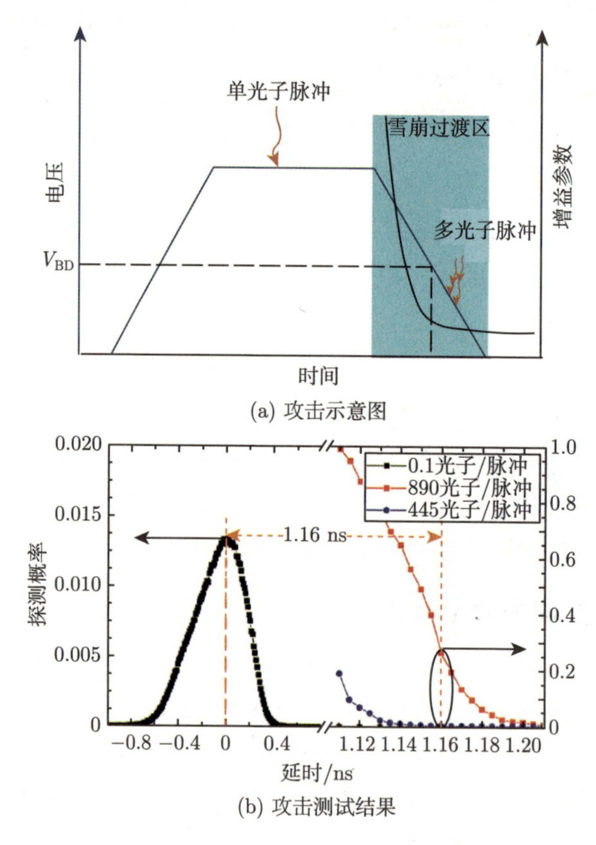

图 5-19　超线性探测效率攻击（图片来自文献 [212]）

超线性探测效率攻击的防御方法与门后攻击类似，系统制造者需要确定有效计数的时间窗口，该窗口比门信号本身要窄，以避开超线性区域。

5.2.8　波长攻击

BB84 协议中，Bob 随机选择测量基对来自量子信道的光信号进行测量。对不同实现方案而言，Bob 测量基的选择可以分为主动和被动两种模式。所谓主动模式是指，Bob 采用一个随机数主动地控制光脉冲路由（如光开关、相位调制等），从而实现测量基选择；所谓被动模式是指，Bob 采用一个被动光路由器件（如分束器）来实现测量基选择，然后根据探测器响应结果反推测量基选择情况。被动模式具有易高速、实现简单、成本低等优点，在高速 QKD 系统中具有较大优势。然而，由于被动选基器件的非理想性，Bob 的选基过程可能被窃听者控制，从而影响系统安全性。利用该漏洞的一个典型攻击方式就是“波长攻击”[103]。注意到，虽然下面的分析针对被动选基器件而言，但如果主动选基系统中 Bob 所使用的随机数被攻击者部分控制，则也可以采用下面类似的方法进行分析。

波长攻击的主要原理在于 Bob 被动选基所采用分束器的分束比具有波长相关性。假设分束器的分光比为 $R = P_1/(P_1 + P_2)$，其中 P_1 为分束器输出端口 1 的输出光功率，P_2 相应地为分束器输出端口 2 的输出光功率。在理想情况下，50:50 分束器的分光比应为 $R = 0.5$，并且分光比不依赖于波长等其他外部参数。然而，对于实际的分束器而言，分光比 $R(\lambda)$ 可能和输入光信号的波长 λ 相关。图 5-20(a) 展示了分束器分光比和波长的关系曲线。由图可以看出，在工作波段为 1550 nm 时，分束器能达到比较完美的分光比 $R = 0.5$，但是在 1290 nm/1470 nm 时，分光比变化为 0.003/0.986，这意味着，1290 nm/1470 nm 输入光条件下，光子几乎确定性地从输出端口 2/输出端口 1 通过。

因此，攻击者就可以利用分束器分光比的波长相关性来实施量子黑客攻击。如图 5-20(b) 所示，攻击者首先截取 Alice 发射出来的光子并随机选择基矢进行测量；然后她根据自己的测量结果重新制备量子态，但她根据自己所选择的基制备不同波长的光脉冲。例如，若攻击者选择的是“H/V”基矢进行测量，她将首先利用 1470 nm 的激光来重新制备量子态，然后重发给 Bob，保证光子在 Bob 端大概率通过分束器的输出端口 1 并到达“H/V”这一组测量基矢；同样，若攻击者选择的是“$+/-$”基矢进行测量，她将首先利用 1290 nm 的激光来重新制备量子态，然后重发给 Bob，保证光子在 Bob 端大概率通过分束器的输出端口 2 并到达“$+/-$”这一组测量基矢。换言之，攻击者可通过改变光脉冲的波长来控制 Bob 的基矢选择，从而使得 Bob 的探测结果和自己一样。

对于波长攻击的防御，通信双方可在 Bob 输入端口增加窄带滤波器，从而尽量约束窃听者可注入光脉冲的波长范围。该防御方法较为简单，但无法从理论上完全排除窃听者获取信息的可能性。因此，对于实际系统而言可以采用更严格的安全性分析来进行密钥率的修正。其基本思路如下：首先，假设 Eve

可以通过某个隐变量参数 λ 来控制 Bob 基选择随机数 r_{base}^{b} 的随机性，此时 Bob 选择 Z 基的概率需要重新写为 $P(b=0)=\sum_{\lambda}p(\lambda)p(b=0|\lambda)$；然后，根据与 4.2.2 节类似的方法，可以写出通信双方在给定隐变量参数 λ 下的纠缠态密度矩阵；最后，根据新的量子态密度矩阵来计算相位错误率和安全密钥率。对于具体的分析方法和推导过程本书不在此详细介绍，感兴趣的读者可以参见文献 [136, 213]。

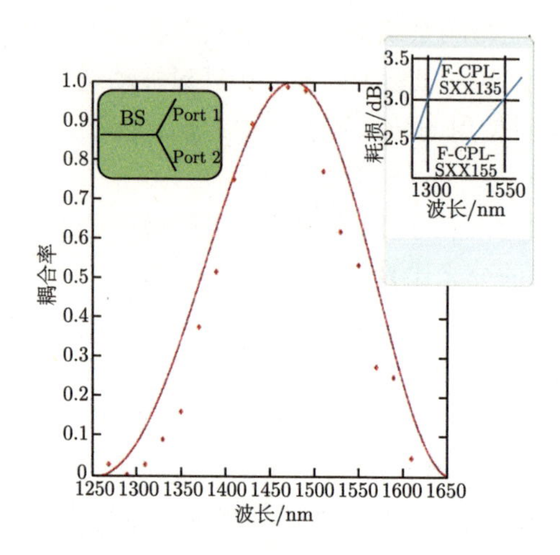

图 5-20　分束器分光比波长相关性测试结果（图片来自文献 [103]）

5.2.9　特洛伊木马攻击

前面介绍了针对源端的特洛伊木马攻击，其攻击的主要对象是编码量子态所用调制器的反射光。与源端类似，探测端也通常使用调制器进行测量基的主动选择，因此也有被特洛伊木马攻击的可能。然而，不同于源端，探测端的探测器可接收到注入的木马光。若攻击的木马光触发探测器响应，将引入错误计数，使得通信双方觉察到攻击者的存在。由此看来，探测端的特洛伊木马攻击比源端更具挑战。在实际的特洛伊木马攻击中，攻击者可以采用其它维度的工具来辅助实施木马攻击，进而规避探测器的响应。例如，攻击者可利用与系统工作波段不同的木马光注入至探测端。2017 年，S. Sajeed 等在 ID Quantique 公司的 Clavis2 系统中进行该攻击演示 [214]。如图 5-21所示，系统的工作波段为 1550 nm，而攻击者利用 1924 nm 的木马光注入探测端。探测器对 1550 nm 波段的光有较敏感响应，但是对 1924 nm 木马光感应较弱，因此可帮助攻击者不被接收端的探测器探测到。抵御这一攻击的方式也较简单，在探测端的输入口加上窄带滤波器即可，但需要评估滤波器在阻带的抑制作用是否足够抵御木马光的注入。

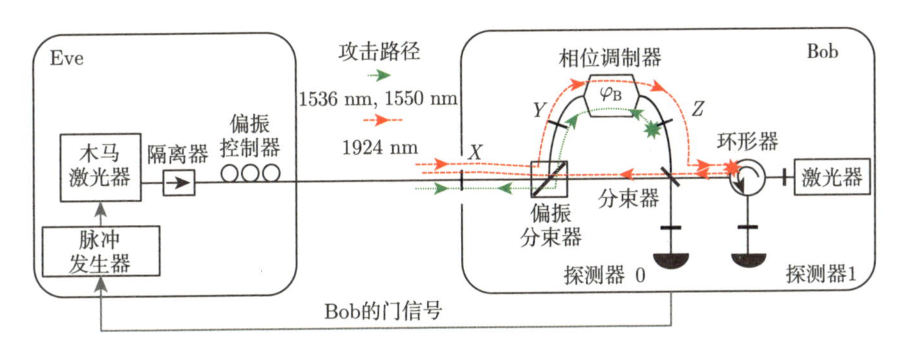

图 5-21 探测端特洛伊木马攻击实验结构图（图片来自文献 [214]）

5.2.10 激光摧毁攻击

与源端一样，探测端的器件也会遭受激光摧毁攻击的威胁。例如，研究表明在大约 1.5 W 光强注入下，单光子探测器将永久性工作在线性模式。此时，单光子探测器不再对单光子敏感，攻击者就可以利用伪态攻击来窃取密钥[111]。激光摧毁攻击后的雪崩二极管状态如图 5-22所示。同样，和源端的激光摧毁攻击一样，针对探测端的激光摧毁攻击也能够作为攻击探测端防御措施的手段。例如，前面介绍中已指出，自由空间 QKD 系统的探测器可能存在空间探测

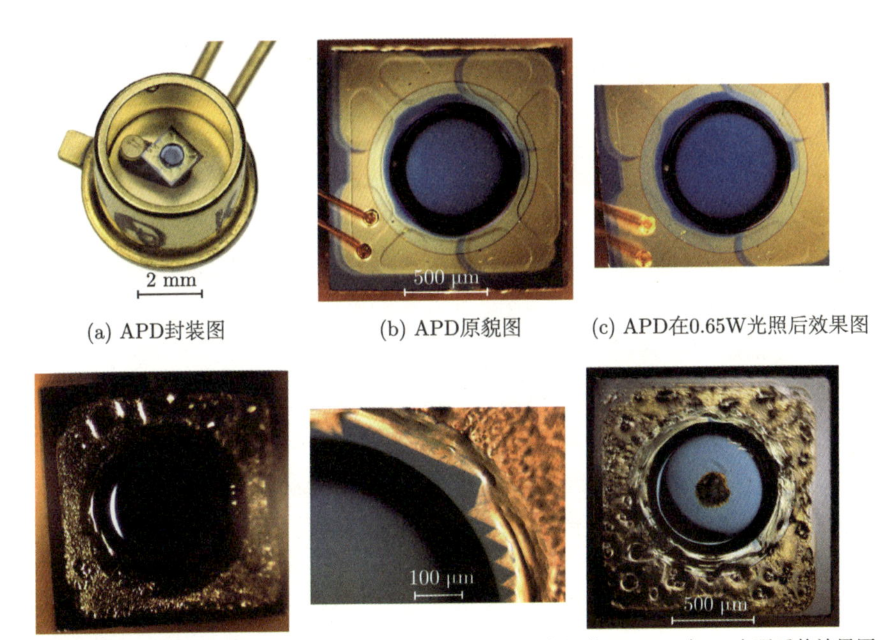

(a) APD封装图 (b) APD原貌图 (c) APD在0.65W光照后效果图

(d) APD在2W光照后的效果图 (e) APD在2W光照后的边缘细节 (f) APD在3W光照后的效果图

图 5-22 激光摧毁攻击对单光子探测器造成的摧毁测试结果图（图片来自文献 [111]）

效率不匹配漏洞，而该漏洞可以通过增加空间滤波器（如小孔等器件）来抵御，从而保持入射光的角度一致。但是，采用较强激光摧毁攻击就可以将这个小孔的孔径变大（图 5-23），这样也就无法达到限制入射光角度的目的，因此也就不能够有效防止空间探测器效率不匹配的攻击[112]。

由于接收端需要接收来自量子信道的单光子脉冲，因此无法采用光隔离器来防御激光摧毁攻击对探测端的威胁。理想的防御方式是在 Bob 的输入光纤上加入光纤熔断器，当注入光强大于某一个阈值时，该熔断器能够自动断开，保护探测端其他设备。

图 5-23 激光摧毁攻击对探测端小通孔造成的摧毁测试结果图（图片来自文献 [112]）

5.3 针对全量子密码系统的量子攻击

5.3.1 系统校准攻击

QKD 系统在分发密钥之前一般会进行时序标定等系统校准过程。系统标定步骤不仅在系统出厂时进行，而且在每次运行 QKD 协议前都会进行。如果攻击者可以访问校准过程，那么她就可以影响整个校准过程，并且引入新的安全漏洞，这就是“设备校准攻击”。

2011 年，N. Jain 等在 ID Quantique 公司的商用 QKD 系统 Clavis2 上验证了设备校准攻击的可行性[105]，原理如图 5-24(a) 所示。在 Clvis2 系统的运行中，Alice 周期性地发送脉冲，而 Bob 将在光脉冲上加载 $\pi/2$ 的固定相位，从而使得脉冲均匀分布到两个探测器，这样就可以分别校准探测器最大探测效率的位置。

在校准攻击中，攻击者在量子信道上对传输的光脉冲增加一级调制。其具体步骤如图 5-24(b) 所示，脉冲从 Alice 传输到 Bob 的过程中，首先将第二个脉冲的前一半调制 $-\pi/2$ 的相位，后一半调制 $\pi/2$ 的相位；然后传输给 Bob。

Bob 接收到脉冲后，再对整个脉冲调制 π/2 的相位。此时，对于前半个脉冲来说，相位差是 π，而后半个脉冲的相位差为 0。因此，只有一个探测器响应，另外一个不响应。所以系统将认为此位置只有一个探测器响应达到最大值，随后将调整门信号位置，让另一个探测器达到最大值。通过这种方式，攻击者可以主动引入两个探测器探测效率在时间上的不匹配，为随后的探测效率不匹配攻击奠定基础。

为了防御设备校准攻击，Bob 可将固定调制的 π/2 相位变为随机调制相位 0 或者 π/2，这样就可以避免攻击者利用系统校准的步骤来主动造成两个探测器效率的不匹配。目前，这一防御措施已经在 Clavis2 系统上实现。

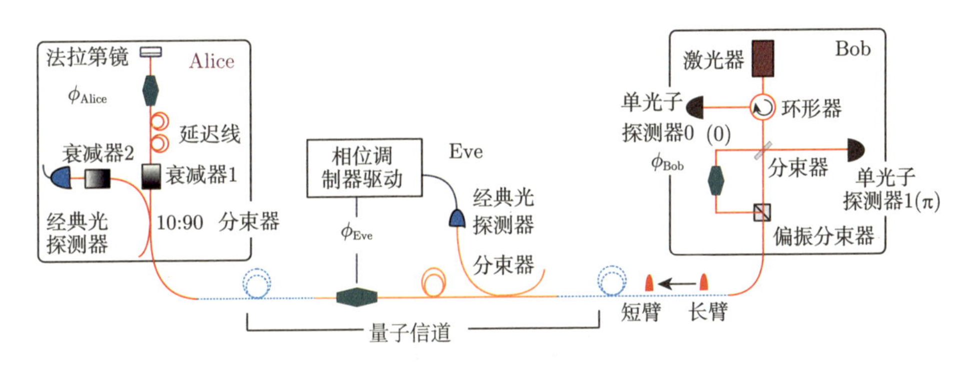

(a) 攻击策略示意图

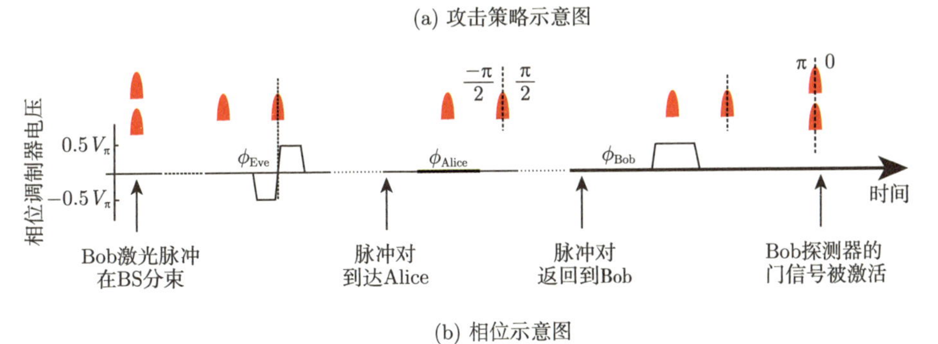

(b) 相位示意图

图 5-24 系统校准攻击 (a) 在 Clavis2 系统上的攻击策略及 (b) 相位示意图（图片来自文献 [105]）

5.3.2 散热孔激光注入攻击

在 QKD 的安全要求中，发射端和探测端的设备应该处于安全的空间中，而攻击者无法进入该空间并控制合法用户设备的性能参数。然而，很多实际的 QKD 系统为了系统散热的需要，都会在设备上设置里外相通的通风孔，利用风扇将设备内部的热量尽快散出至外部环境。这一设计符合实际系统的需要，但是同时也可能违背设备隔离的安全假设。换言之，这些散热孔给攻击者提供了进入 QKD 设备内部的通道，如攻击者可以从散热孔注入激光至 QKD 设备内，从而影响 QKD 系统的正常运行。

2019 年，研究者在 ID Quantique 公司的 Clavis2 系统上演示了这一攻击的可行性[215]，攻击原理如图 5-25所示。攻击者通过 Alice 端的散热孔，将光注入到距离散热孔最近的延时光纤盘，由于光纤盘上的光纤被弯曲了一定的角度，所以可以使得外部注入光耦合进入光纤。从光纤盘注入的外部光，可沿着两个方向传播：直接传输至 Alice 输出端口，或者反向通过相位调制器并通过法拉第镜反射回量子信道。反向经过相位调制器的注入光，便可如同特洛伊木马光一样获取相位调制的编码信息。

为了防御该攻击影响，设备生产商需要进行设备隔离防护，如光隔离、电磁屏蔽等，从而保证设备没有与外界直接连通的额外通道。

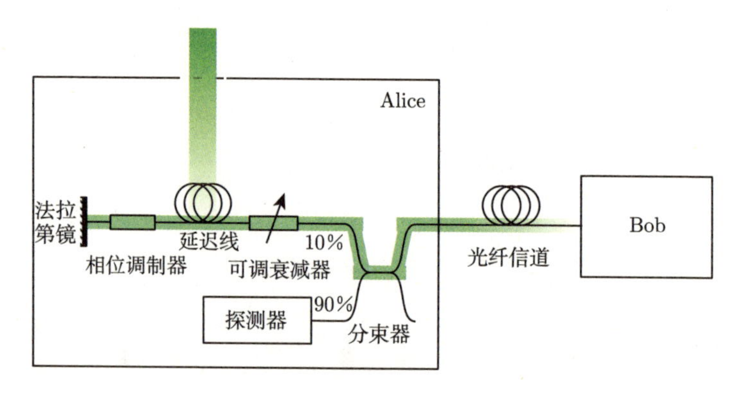

图 5-25 散热孔激光注入攻击在 Clavis2 系统上的攻击实验示意图（图片来自文献 [215]）

第 6 章

连续变量QKD的实际安全性

第 5 章介绍了离散变量 QKD 的实际安全性问题，与离散变量 QKD 一样，连续变量 QKD 在实际运行中也存在器件非理想性所导致的安全性漏洞。一旦通信双方忽略了这些实际因素的影响，也会影响连续变量 QKD 系统最终所产生密钥的安全性。因此，实际安全性问题同样也是连续变量 QKD 的一个重要研究课题。根据连续变量 QKD 系统的实际结构和攻击者的攻击作用点，也可以将窃听者的攻击手段分为针对源的量子攻击和针对探测的量子攻击两类。下面将依次对这两类攻击进行简要介绍。

6.1 针对源的量子攻击

在实际的连续变量 QKD 系统中，光源的安全性将直接影响系统编码的安全性，进而影响到实际系统的整体安全性。因此，本章首先介绍几类针对光源的典型攻击方案。

6.1.1 特洛伊木马攻击

与离散变量 QKD 系统一样，由于技术和实际器件的非理想性，连续变量 QKD 系统的光路中也存在众多反射点。这些反射点主要来源于光路中折射率的改变，如连接光器件的接口或者光器件内部密度的波动。因此，攻击者可以针对连续变量 QKD 系统实施特洛伊木马攻击 [124]，即通过量子信道向发送方发射强光脉冲；然后分析反射光脉冲信号以获取密钥信息。连续变量 QKD 的特洛伊木马攻击原理如图 6-1所示。此时， Eve 只需要几个反射光子，就能有高于 90% 的概率识别原始密钥，从而破坏整个连续变量系统的安全性。图 6-2展示了法国 SeQureNet 公司的实际连续变量 QKD 系统在二态调制和高斯调制两种调制方式下特洛伊木马攻击的性能。对于二态调制系统，可以实时识别初始调制的量子态，成功率达到 99%。这样使得窃听者可以准确地区分调制后的量子态，也就是窃听者可以掌握几乎所有的原始密钥的信息。对于高斯调制的商用系统，该攻击方法也展现了一定的可行性，具体结果在图 6-2(b) 中展现。

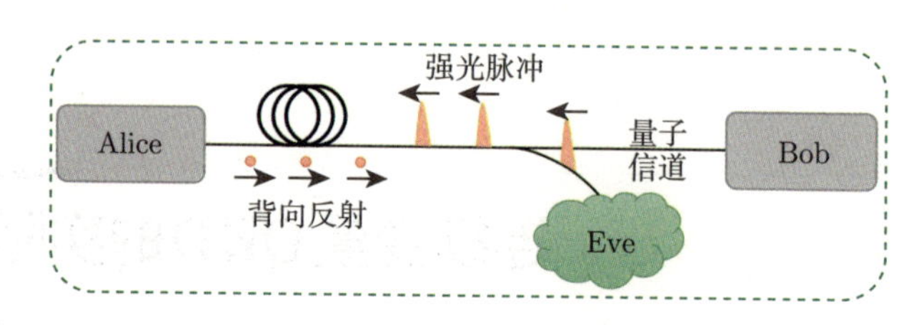

图 6-1　特洛伊木马攻击方案

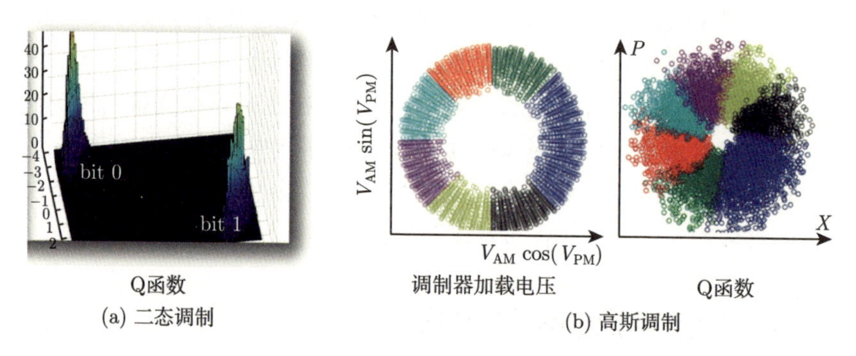

图 6-2　法国 SeQureNet 公司的连续变量 QKD 系统在二态调制和高斯调制两种调制方式下特洛伊木马攻击的性能

针对特洛伊木马攻击，通信双方需要采取一定的防御手段。对于连续变量 QKD 系统，光学隔离器能够有效降低窃听者反向注入激光进入 Alice 调制器的概率，因此是抵御特洛伊木马攻击的有效手段。除此之外，还可以通过减小 Alice 和 Bob 端的反射脉冲强度来提高系统安全性。

6.1.2　非理想光源攻击

对于实际连续变量 QKD 系统，相干光源在调制之前和调制中引入的噪声可能使输出光源变为非理想相干态。此时，可以将该非理想相干光源建模为相位非敏感放大器和理想相干光源的组合[116]，如图 6-3所示。图 6-4(a) 中 X_A 和 P_A 由随机数发生器产生，信号态由具有散粒噪声（δX_A, δP_A）的非理想光源产生，然后使用高斯调制器根据（X_A, P_A）将其进行位移。非理想相干光源被建模为增益为 g、输入为（X_I, P_I）的相位不敏感放大器和（$\delta X_A^{\mathrm{s}}, \delta P_A^{\mathrm{s}}$）表示的理想相干源。其中，$\delta X_A^{\mathrm{s}}$, δP_A^{s} 满足 $\langle\delta X_A^{\mathrm{s}}\rangle^2 = \langle\delta P_A^{\mathrm{s}}\rangle^2 = 1$，而且增益 g 和输入（X_I P_I）均由第三方 Charlie 独立产生。因此，$(\delta X_A, \delta P_A)$ 可以表示为

$$\begin{cases}\delta X_A = \sqrt{g}\delta X_A^{\mathrm{s}} + \sqrt{g-1}\delta X_I \\ \delta P_A = \sqrt{g}\delta P_A^{\mathrm{s}} + \sqrt{g-1}\delta P_I\end{cases} \tag{6.1}$$

此时，发送给 Bob 的信号态可以被表示为

$$\begin{cases}X = X_A + \delta X_A \\ P = P_A + \delta P_A\end{cases} \tag{6.2}$$

可得 $\langle X^2\rangle = \langle P^2\rangle = V + \varepsilon_{\mathrm{s}}$。其中，$V = V_A + 1$，$\varepsilon_{\mathrm{s}} = g - 1 + (g-1)V_I$。

条件方差 $V_{X|X_A} = V_{P|P_A}$ 可以表示为

$$V_{X|X_A} = V_{P|P_A} = \langle X^2\rangle - \frac{\langle XX_A^2\rangle}{\langle X_A^2\rangle} \tag{6.3}$$

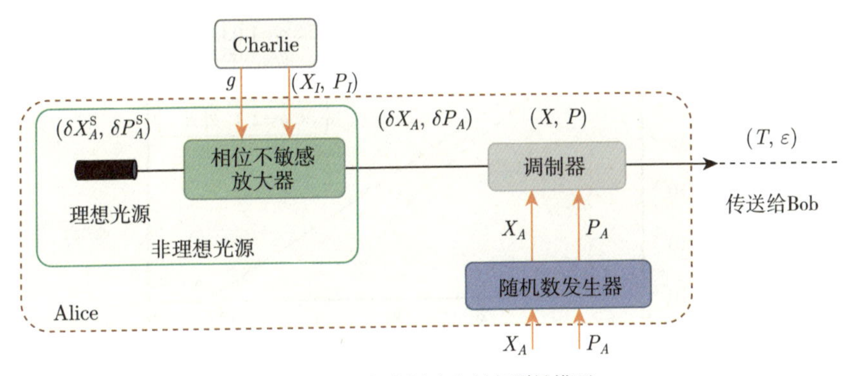

(a) 非理想光源攻击制备测量模型

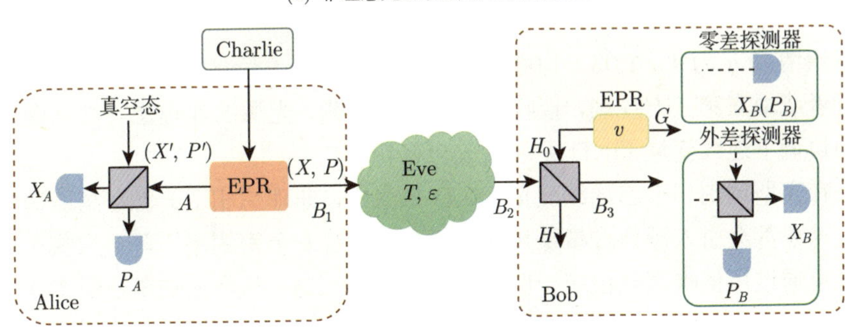

(b) 非理想光源攻击纠缠模型

图 6-3 非理想光源攻击模型

与制备–测量方案等效的纠缠方案如图 6-3(b) 所示。第三方 Charlie 制备一对 EPR 态 ρ_{AB} 并将其进行纯化，则 Alice、Bob 和 Charlie 共享的状态可以用 $|\Phi_{ABC}\rangle$ 表示。当 EPR 源和 Alice 的探测结果未知， Eve 只能得到态 (X,P) 和 ε_{s}、X_A、P_A 的值，从而难以辨别全部信息。当信道传输效率为 T 时，信道中的总噪声为 $\chi_{\text{line}}=1/T-1+\varepsilon+\varepsilon_{\mathrm{s}}$。因此，在 Bob 未进行探测之前，协方差矩阵可写为

$$\gamma'_{AB_2}=\begin{bmatrix} VI & \sqrt{T(V^2-1)}\sigma_z \\ \sqrt{T(V^2-1)}\sigma_z & T(V+\chi_{\text{line}})I \end{bmatrix} \tag{6.4}$$

非理想相干光源安全密钥率仿真结果如图 6-4所示。其中，红色的曲线表示使用零差探测，蓝色的曲线表示使用外差探测；4 条曲线从右至左分

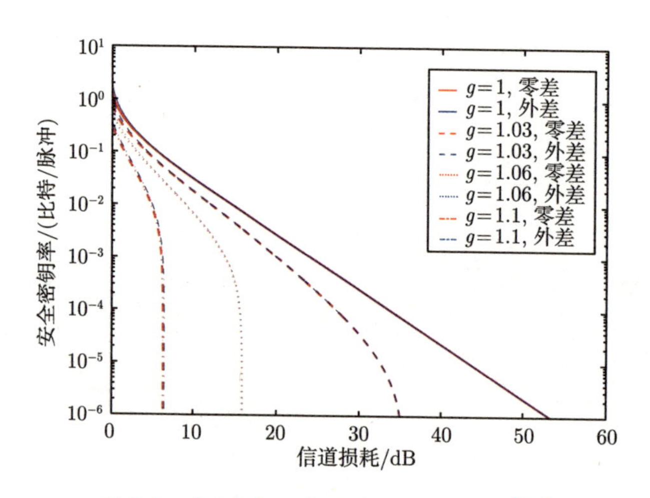

图 6-4　非理想相干光源模型安全密钥率[116]

别表明增益 g 为 1、1.03、1.06 和 1.1。结果表明，不论光源的非理想特性由窃听者或中立第三方控制，接收端使用何种探测，光源的非理想特性都会影响反向协调下连续变量 QKD 系统的安全密钥率。

在高斯调制相干态连续变量 QKD 系统中，非理想相干光源、高斯调制及相位补偿都会引入额外过量噪声，从而造成系统安全密钥率下降。这些非理想特性可通过可信噪声建模统一归结到中立的第三方，并修正安全密钥率计算公式，以降低非理想性对系统安全性的影响。同时，通过对相关模块的非理想性进行可信噪声建模也可以提升系统整体性能。

6.1.3　激光器种子攻击

光源作为 QKD 系统的关键组成部分，其重要性毋庸置疑。然而在实际系统中，Eve 可通过量子信道将具有适当波长的强光注入激光二极管，使得传输的高斯调制相干态强度增大，此时窃听者就可以使用简单的截取–重发攻击而不被 Alice 和 Bob 发觉，该攻击称作激光器种子攻击[129]。激光器种子攻击如图 6-5所示，图中：$P(t)$ 表示没有激光器种子攻击时的光信号功率；$P'(t)$ 表示存在激光器种子攻击时的光信号功率；A 表示没有攻击时生成的信号；A' 表示存在攻击时生成的信号。在激光器种子攻击下，合法通信双方会低估量子信道中的过量噪声，使得安全密钥率估计偏高。下面以 GG02 协议为例分析激光器种子攻击对系统的影响。

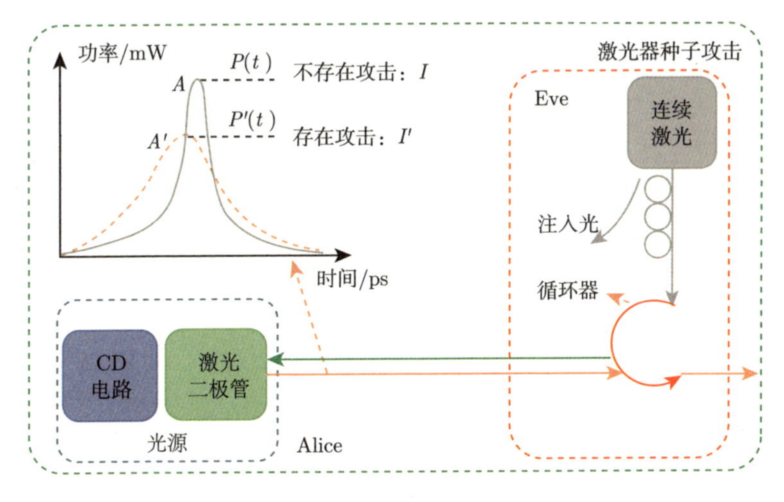

图 6-5　激光器种子攻击方案

在标准的高斯相干态连续变量 QKD 系统中，Alice 将随机密钥信息调制到脉冲信号 A 上，由此可以获得高斯调制相干状态 $|\alpha\rangle$。经过光衰减后，信号态变为 $|\alpha_{A_0}\rangle$，则可以写为

$$|\alpha_{A_0}\rangle = |\alpha_{A_0}|\mathrm{e}^{i\theta} = x_{A_0} + \mathrm{i}p_{A_0} \tag{6.5}$$

式中：$x_{A_0} = |\alpha_{A_0}|\cos\theta$，$p_{A_0} = |\alpha_{A_0}|\sin\theta$，$|\alpha_{A_0}|$ 和 θ 分别表示信号的幅度和相位，且 x_{A_0} 和 p_{A_0} 独立同分布，均满足均值为 0，方差为 V_{A_0}。

然而，在激光器种子攻击下，产生的光信号 A 将会变为信号 A'。因为 $I \propto |\alpha_{A_0}|^2$，所以 x_{A_0}、p_{A_0} 和 V_{A_0} 将会变为

$$
\begin{aligned}
x'_{A_0} &= \sqrt{g}x_{A_0} \\
p'_{A_0} &= \sqrt{g}p_{A_0} \\
V'_{A_0} &= gV_{A_0}
\end{aligned} \tag{6.6}
$$

采用 T 和 ε 表征 Alice 和 Bob 之间的信道后， Alice 和 Bob 之间的协方差矩阵为

$$
\gamma_{AB} = \begin{bmatrix} VI & \sqrt{T(V^2-1)}\sigma_z \\ \sqrt{T(V^2-1)}\sigma_z & (TV+(1-T)+T\varepsilon)I \end{bmatrix} \tag{6.7}
$$

式中

$$
V = V_A + 1 \tag{6.8}
$$

当系统存在激光器种子攻击 I 时，由式 (6.6)，协方差矩阵变为

$$
\gamma'_{AB} = \begin{bmatrix} (V'_A+1)I & \sqrt{T((V'_A+1)^2-1)}\sigma_z \\ \sqrt{T((V'_A+1)^2-1)}\sigma_z & (T(V'_A+1)+(1-T)+T\varepsilon')I \end{bmatrix} \tag{6.9}
$$

当 Alice 和 Bob 没有发现激光种子攻击，估计出的过量噪声为

$$
\varepsilon' = \varepsilon - (g-1)V_A \tag{6.10}
$$

由式 (6.10) 可知， Eve 可以通过选取合适的 g，使得 Alice 和 Bob 估计的过量噪声小于实际的过量噪声，从而掩盖攻击引入的过量噪声。安全密钥率仿真结果如图 6-6所示，它展示了当 ε 分别为 0.01 和 0.05 时，激光器种子攻击在不同 g 下的安全密钥率。K_{p} 代表实际的密钥率，K_{e} 代表通信双方估计的密钥率。光纤损耗为 0.2dB/km。由此可见，激光器种子攻击下，通信双方会高估系统的安全密钥率。

为了抵御激光器种子攻击，通信双方可以利用光隔离器来防止外部光注入。但是，如在离散变量 QKD 的实际安全性介绍中所讲的一样，窃听者同样可以通过攻击来降低隔离器的性能。因此，通信双方需要在衰减之前实时监测本振光信号的强度来发现激光器种子攻击，模型如图 6-7所示。实时监控方案可以使得合法通信双方正确估计量子信道参数，从而计算出实际的安全密钥率。

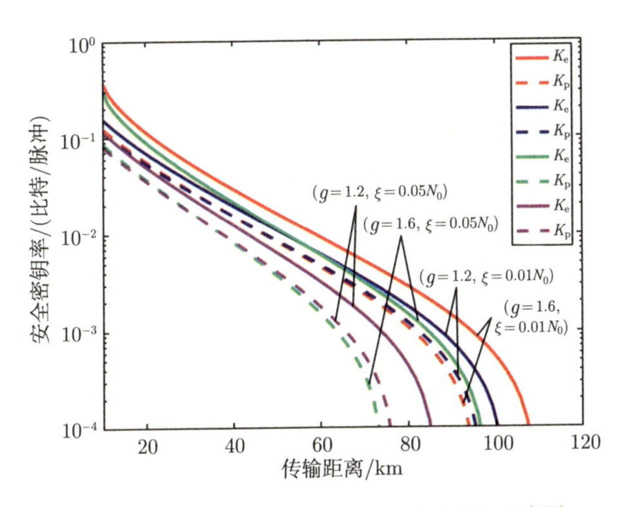

图 6-6 激光器种子攻击下系统的安全密钥率[129]

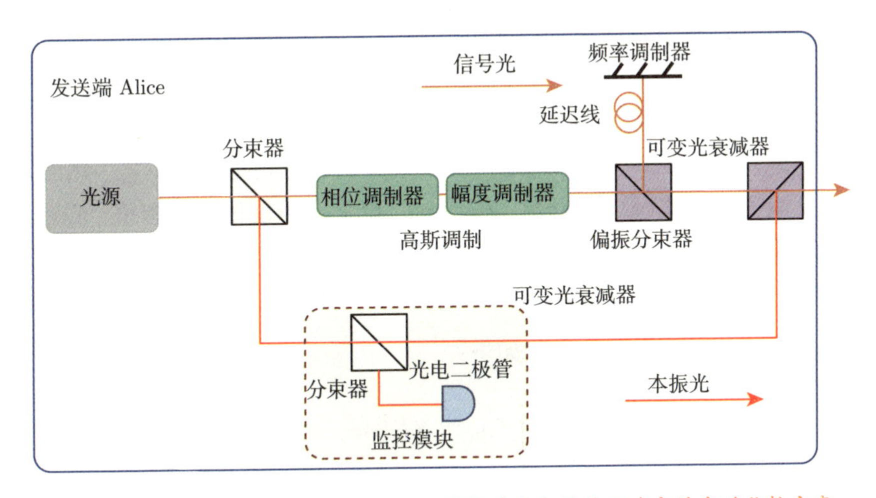

图 6-7 连续变量 QKD 系统的 Alice 端针对激光器种子攻击的实时监控方案

6.1.4 光衰减攻击

在连续变量 QKD 系统中，光衰减器可以将高斯调制相干态和本振光调整到最佳值，以保证系统安全性并优化系统性能。然而，光衰减器的性能可能由于器件损坏而恶化。在光衰减器衰减值减小的影响下，通信双方可能会高估系统的安全密钥率，这种攻击手段被称为光衰减攻击[130]。在实际系统中，Eve 可以通过光衰减攻击降低激光器的衰减水平，从而获得密钥信息。具体来说， Eve 通过量子信道向光衰减器注入合适的光信号，以降低衰减器的性能。在这种情况下，合法通信双方将低估信道中的过量噪声，导致最终安全密钥率估计偏高，系统的实际安全性则不能得到保证。下面以 GG02 协议为例分析激光器种子攻击对系统的影响。

在实际的连续变量 QKD 系统中， Alice 将随机密钥信息调制到脉冲信号 A 上，由此可以获得高斯调制相干态 $|\alpha_A\rangle$，表示为

$$|\alpha_A\rangle = |\alpha_A| \mathrm{e}^{\mathrm{i}\theta} = x_A + \mathrm{i}p_A \tag{6.11}$$

式中：$x_A = |\alpha_A| \cos\theta$，$p_A = |\alpha_A| \sin\theta$，$|\alpha_A|$ 和 θ 分别表示信号的幅度和相位，且 x_A 和 p_A 独立同分布，均满足均值为 0，方差为 V_A 的高斯分布。

信号 A 的强度 I_A 和幅度 $|\alpha_A|$ 遵循以下关系：

$$I_A \propto |\alpha_A|^2 \tag{6.12}$$

因此，Alice 可以通过可变光衰减器将 x_A 和 p_A 的值调整为合适的值 x_{A_0} 和 p_{A_0}。相应地，传输的高斯调制相干态就可以写为 $|\alpha_{A_0}\rangle = |x_{A_0} + \mathrm{i}p_{A_0}\rangle$。除此之外，根据信号 A 的平均光子数可以将 x_A 或 p_A 的方差 V_A 写为：

$$V_A = 2\langle n\rangle \tag{6.13}$$

同样地，方差 V_A 也可以通过可变光衰减器衰减到预设值 V_{A_0}。然而，由于光学衰减器衰减值减小的影响，x_{A_0}，p_{A_0} 和 V_{A_0} 可能偏离理想值。假设 I'_{out} 和 I_{out} 满足：

$$I'_{\mathrm{out}} = kI_{\mathrm{out}}(k > 1) \tag{6.14}$$

则 x_{A_0}，p_{A_0} 和 V_{A_0} 的相应变化如下：

$$\begin{cases} x'_{A_0} = \sqrt{k}x_{A_0} \\ p'_{A_0} = \sqrt{k}p_{A_0} \\ V'_{A_0} = kV_{A_0} \end{cases} \tag{6.15}$$

当不存在攻击时，x_{A_0} 和 x_B 满足

$$\begin{cases} \langle x_{A_0}^2\rangle = V_{X_{A_0}} \\ \langle x_{A_0}x_B\rangle = \sqrt{\eta T}V_{X_{A_0}} \\ \langle x_B^2\rangle = \eta TV_{X_{A_0}} + \eta T\xi + N_0 + V_{\mathrm{el}} \end{cases} \tag{6.16}$$

式中：η 为零差探测器的探测效率；V_{el} 为零差检测器的电噪声；N_0 为散粒噪声的方差。

将上述各参数进行散粒噪声归一化后，可得协方差矩阵为

$$\gamma_{AB}=\begin{bmatrix}(V_{A_0}+1)I & \sqrt{T\left(V_{A_0}^2+2V_{A_0}\right)}\sigma_z \\ \sqrt{T\left(V_{A_0}^2+2V_{A_0}\right)}\sigma_z & [T(V_{A_0}+\varepsilon)+1]I\end{bmatrix} \tag{6.17}$$

当系统存在光衰减攻击，如果 Alice 和 Bob 继续使用事先标定好的 V_A 值时，就会使得协方差矩阵变为

$$\gamma'_{AB}=\begin{bmatrix}(V_{A_0}+1)I & \sqrt{T'\left(V_{A_0}^2+2V_{A_0}\right)}\sigma_z \\ \sqrt{T'\left(V_{A_0}^2+2V_{A_0}\right)}\sigma_z & [T'(V_{A_0}+\varepsilon')+1]I\end{bmatrix} \tag{6.18}$$

式中：$T'=kT$；$\varepsilon'=\varepsilon/k$。这时，选择合适的 k 就能使得估计的过量噪声比实际过量噪声小，从而使得 Alice 和 Bob 高估信道中的安全码率，如图 6-8 所示，它展示了当 $\varepsilon=0.05$ 时，光衰减攻击下不同 k 的安全密钥率。

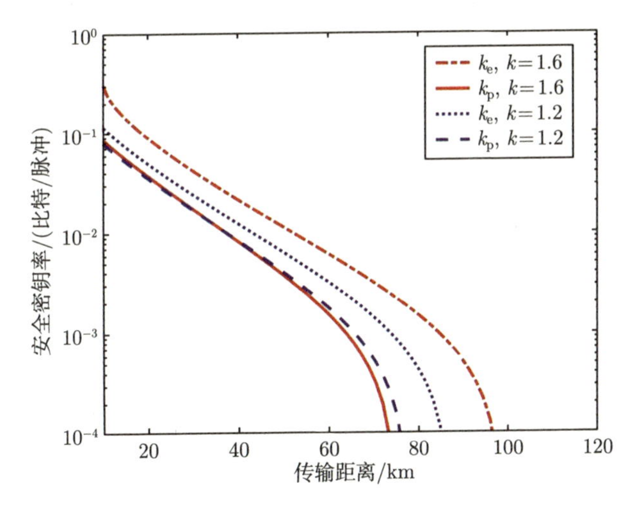

图 6-8 系统在光衰减攻击下的安全密钥率[130]，k_p 和 k_e 分别表示实际和估计的密钥率

为了弥补这个漏洞，可以在 Alice 的输出端添加光学保险丝，并对光衰减水平进行实时监控。如图 6-9所示，该方案可以在光衰减减小的情况下，精确评估信道参数，从而使得 Alice 和 Bob 精确评估系统的密钥率。

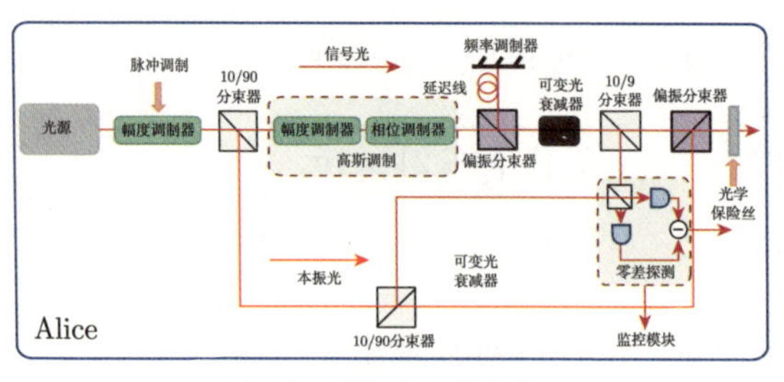

(a) Alice端设备内部结构

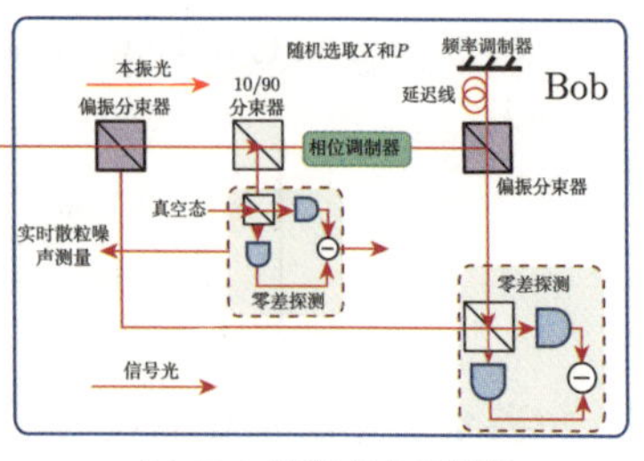

(b) Bob端设备内部结构

图 6-9　光衰减水平的实时监测方案的结构

6.2　针对探测的量子攻击

在连续变量 QKD 系统中，实际的平衡零拍探测器一般具有探测效率和电子学噪声等非理想性，而这些非理想性的标定依赖于本振光强度。本振光作为辅助光，主要用来定义信号状态的相位，并且为平衡零拍探测器有效探测信号光提供参考。但在很多连续变量 QKD 的理论安全性分析中，经常只对信号光束做分析，而不分析本地振荡器对系统安全性的影响。事实上，如果在实际检测过程中不对本振光进行实时监测，则会导致与测量相对应的散粒噪声和系统标定值不同，使得安全密钥率被高估，进而为 Eve 实施攻击打开安全漏洞。因此，研究针对探测端的量子黑客攻击及其防御对策对于保证连续变量 QKD 在实际条件下的安全性具有十分重要的意义。下面具体介绍几种针对探测的量子黑客攻击。

6.2.1　本振光波动攻击

连续变量 QKD 系统中，通信双方在使用分束器分割部分光以监视本地振荡器强度的同时，通常会丢弃本振光波动大的脉冲。理想情况下，对于强本振光，理想的平衡零拍探测器测量编码为 $X_{\mathrm{S}} \in \{Q_{\mathrm{S}}, P_{\mathrm{S}}\}$ 的弱信号，其输出结果为

$$x_\theta = k|\alpha_{\mathrm{LO}}|(Q_{\mathrm{in}}\cos\theta + P_{\mathrm{in}}\sin\theta) \tag{6.19}$$

式中：k 为平衡零拍探测器的比例系数；$|\alpha_{\mathrm{LO}}|$ 为本振光的幅度；θ 为除了信号的初始调制相位后信号光和本振光之间的相对相位。

当本振光强度发生波动时，可以引入比例系数 η 表示本振光强度的波动程度，即 $|\alpha'_{\mathrm{LO}}|^2 = \eta|\alpha_{\mathrm{LO}}|^2$。此时，接收端的测量结果就变为

$$x'_\theta = \sqrt{\eta}x_\theta \tag{6.20}$$

在安全性分析中一般认为本振光的强度不变，然而在实际系统中，Eve 不仅可以拦截信号光束，还可以拦截本振光，并用自己的量子通道取代 Alice 和 Bob 之间的信道。在不改变本振光相位的情况下， Eve 可以通过可变衰减器模拟波动以降低本振光的强度而不被通信双方发觉。这时，实际散粒噪声方差值将与标定的散粒噪声方差值不同，从而导致安全码率被高估。这种攻击称为本振光波动攻击[117]，其攻击原理图如图 6-10所示，其中 Eve 对信号部分使用纠缠克隆攻击，F 表示对本振光的强度进行缩放。

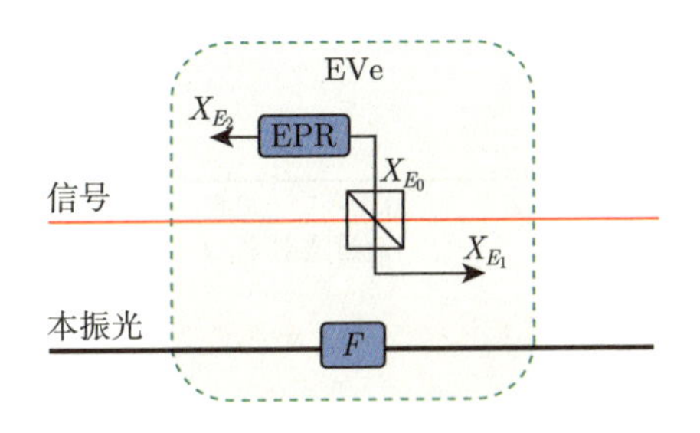

图 6-10 本振光波动攻击示意图

下面以 GG02 协议为例分析本振光波动攻击对系统安全性的影响。当系统中不存在攻击时，在 Bob 进行测量前， Alice 端和 Bob 端的协方差矩阵可以写为

$$\gamma_{AB}=\begin{bmatrix} VI & \sqrt{T(V^2-1)}\sigma_z \\ \sqrt{T(V^2-1)}\sigma_z & (TV+(1-T)\varepsilon_{\mathrm{e}})I \end{bmatrix} \tag{6.21}$$

式中：ε_{e} 为 Eve 实施截取–重发攻击引入的过量噪声。

当本振光强度波动为标定值的 k 倍，散粒噪声方差未重新标定时，协方差矩阵将会变为

$$\gamma'_{AB}=\begin{bmatrix} VI & \sqrt{kT(V^2-1)}\sigma_z \\ \sqrt{kT(V^2-1)}\sigma_z & k(TV+(1-T)\varepsilon_{\mathrm{e}})I \end{bmatrix} \tag{6.22}$$

从式 (6.22) 可知，当信道透射率为 T 且本振光强度不变时，过量噪声为 $\varepsilon=(1-T)(\varepsilon-1)/T$。当本振光强度变化时，信道透射率变为 kT，则过量噪声变为 $\varepsilon'=\varepsilon-(1/k-1)/T$。因此，选取合适的本振光波动强度就可使得估计出的过量噪声 ε' 小于实际信道的过量噪声 ε。图 6-11给出了本振光波动攻击下，反向协调时 Alice 和 Bob 估计的密钥率与实际密钥率。实线是不监控本振光强度时 Bob 估计的密钥率，虚线是实际密钥率。每条曲线对应的本振光透过率 η 如图标记所示，且 Alice 的信号调制方差为 $V_A=20$。

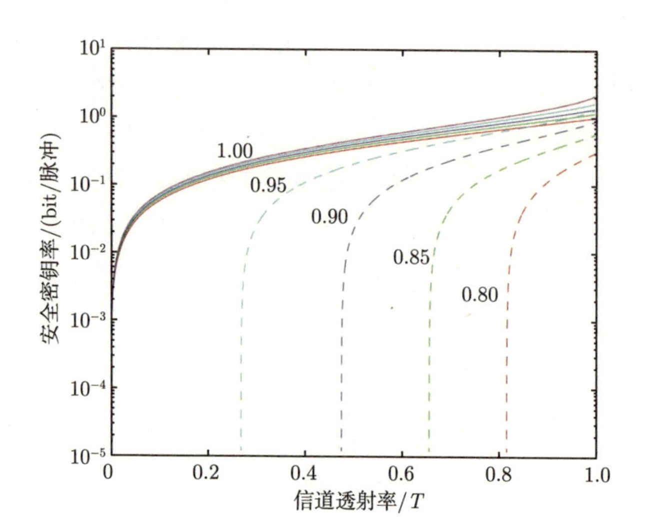

图 6-11　本振光波动攻击下系统的安全密钥率[117]

由图 6-11 可以看出，本振光波动在低信道传输率或远距离通信的情况下影响更加明显。因此，在实际连续变量 QKD 系统中，接收端必须仔细监控本振光的强度波动，用其监控的瞬时值对测量结果进行归一化。若波动很小，测量端则可以用最小的本振光强度值进行归一化，但这样可能会降低 QKD 的效率。然而，如果用本振光的平均值进行归一化，就意味着密钥率有一定的概率被高估，造成系统实际安全性无法保证。另外，对于远距离通信下的反向协调协议，很小的波动就可能严重恶化密钥率的安全性。因此，如何对本振光的强度实施高精度监控仍是一个重要的研究课题。

6.2.2　本振光校准攻击

和离散变量 QKD 系统一样，连续变量 QKD 的校准过程也可能存在潜在安全性威胁。校准攻击[118] 主要思想为：Eve 通过修改本振光脉冲强度来控制散粒噪声，从而使合法双方错误标定过量噪声，以掩盖截取–重发攻击引入的过量噪声，达到从系统中获得密钥的目的。在本振光校准攻击理论中，假设 Eve 能够完全控制本振光，也能够替换合法双方的有损信道为完美的无损信道；同时，假设合法双方是使用本振光脉冲作为时钟生成信号，且利用散粒噪声和本振光光子数的线性关系来估计散粒噪声；最后，假设平衡零差检测电路使用的是电子学积分电路。

校准攻击原理如图 6-12所示。当进入光电二极管的强度高于某个阈值时，时钟电路将会输出上升触发信号。随后将该触发延迟 Δ 时刻，使得零差探测的输出信号值最大化。Eve 实施校准攻击时，将对本振光的信号进行衰减，引起探测器的触发出现延迟，当延迟大于 Δ 时，探测器的电容就会放电，此时探测器输出的结果就会偏小，使探测器响应曲线的斜率降低，如图 6-13所示，绿线为延迟 10ns 后的结果。实际系统一般使用测量方差和本振光输入功率之间的线性关系来估计信道传输的散粒噪声。此时，如果依然利用这种线性关系去估计散粒噪声方差，所得到的估计值就会比实际散粒噪声方差结果大，这样就高估了散粒噪声方差，从而掩盖 Eve 的窃听操作引入的过量噪声。

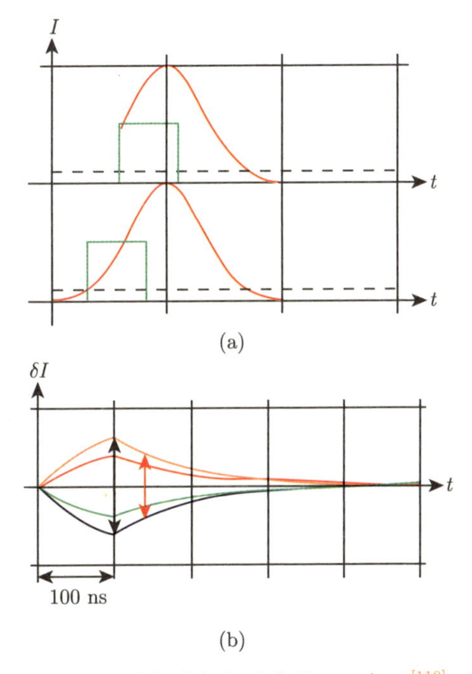

图 6-12　本振光校准攻击原理示意图[118]

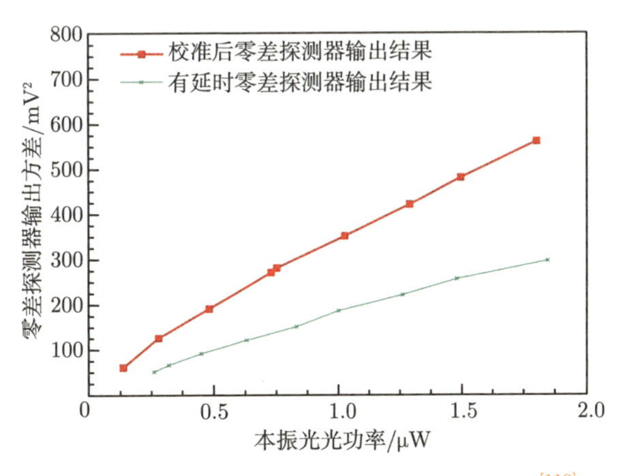

图 6-13　本振光功率与零差探测器方差的关系[118]

校准攻击中，攻击者可以利用和本振光波动攻击相似的方法，在量子信道中增加一个与相位噪声无关的衰减器和一个时间阀门，以达到控制部分本振光强度的目的。本振光光强的改变将会改变积分脉冲形状，相应地，时钟触发位置也会发生改变。此时， Eve 只要延迟触发的起始时间就可以控制散粒噪声的标定。此时，过量噪声的计算结果为

$$\varepsilon' = \varepsilon + \frac{N_0 - N_0'}{\eta T} \tag{6.23}$$

式中：ε 表示不存在攻击时的过量噪声；N_0 表示原始标定散粒噪声；N_0' 表示存在攻击时实际的散粒噪声；η 和 T 表示探测效率及信道透过率。

由式 (6.23) 可以看出，当 $N_0 < N_0'$ 时，合法通信双方将低估过量噪声的值，使得系统的实际安全性不能得到保证。

文献 [118] 提出了两种抵御本振光校准攻击的方案，如图 6-14所示。第一

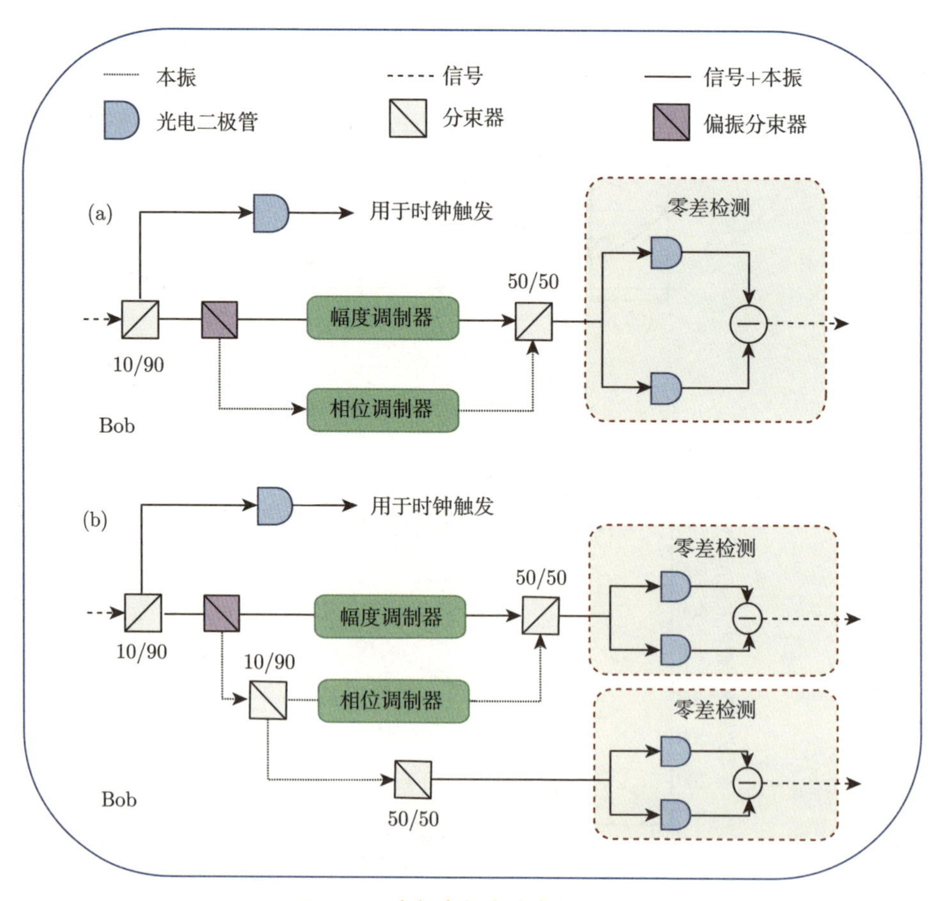

图 6-14 本振光校准攻击抵御方案

种方案是使用强度调制器近似实时测量散粒噪声，该方案避免了使用线性关系来估计散粒噪声；第二种方案是在 Bob 的本振光中引入分束器，并使用另一个零差探测器来测量两个探测器的相对灵敏度，从而实时测量散粒噪声。这两种方案都是为了实时测量散粒噪声的大小，从而达到防御校准攻击的目的。

6.2.3　参考脉冲攻击

本地本振连续变量 QKD 方案的提出，削弱了窃听者对本振光直接或间接攻击的范围。由于系统中使用的信号光强度相对较小，与参考脉冲相位相关的量子不确定性将会导致在 Bob 的正交测量中引起相位估计误差。研究者利用该漏洞提出了一种针对本地本振连续变量 QKD 系统的攻击，该攻击利用相位估计误差与相位参考脉冲强度之间的关系，则称为参考脉冲攻击[126]。参考脉冲攻击的重点是本地本振连续变量 QKD 系统，其相位噪声值是预先校准的。

参考脉冲攻击的基本方案是在不改变总体噪声的情况下操纵单个过量噪声的值，如图 6-15所示。在 Alice 的输出端， Eve 有选择地将参考脉冲切换到低损耗信道（黑色），并将信号脉冲切换到正常的 SMF 光纤信道（灰色）。Eve 在 Bob 的输入端重新将脉冲组合。这样， Eve 就能降低与参考脉冲振幅相关的相位估计误差噪声，并使得该噪声与攻击后的过量噪声之和保持不变，即总体过量噪声不变。由于相位噪声是校准且可信的，合法通信双方就会低估系统过量噪声， Eve 也就可以在不被察觉的情况下获得额外信息。为了成功实施攻击， Eve 必须保证攻击引起过量噪声增加的同时能够降低相位过量噪声。为此，需要估计 Eve 的噪声容限，降低与参考脉冲振幅相关的相位估计误差噪声。减少的相位估计误差噪声 $\xi_{\text{esti}}^{\text{attack}}$，即

$$\xi_{\text{esti}}^{\text{attack}} = V_A \frac{\chi_{\text{tot}} + 1}{\dfrac{\eta T_{\text{low}}}{\eta T_{\text{std}}} E_{\text{Ref}}^2} = \xi_{\text{esti}}^{\text{std}} \cdot \frac{T_{\text{std}}}{T_{\text{low}}} \tag{6.24}$$

式中：T_{std} 为单模光纤的透射率；衰减系数为 $\alpha_{\text{std}} = 0.2\text{dB/km}$；$T_{\text{low}}$ 为低损耗参考脉冲信道的透射率，衰减系数 $\alpha_{\text{low}} < \alpha_n$。

Eve 可以计算的可容忍相位过量噪声为

$$\xi_{\text{tole}} = \xi_{\text{esti}}^{\text{std}} - \xi_{\text{esti}}^{\text{attack}} = V_A \cdot \frac{\chi_{\text{tot}} + 1}{E_{\text{Ref}}^2} \cdot \left(1 - \frac{1}{10^{(\alpha_{\text{std}} - \alpha_{\text{low}}) \cdot L/10}}\right) \tag{6.25}$$

假设量子信道和参考信道的长度 L 相等。基于衰减 α 和信道长度 L，Eve 可以调整截取–重发攻击中的分裂因子，直到额外的过量噪声 $\xi_{\text{e}}^{\text{attack}} =$

ξ_{tole}。因此，在参考脉冲攻击的范围内， Alice 和 Bob 估计的包括校准相位噪声在内的总值不变，即

$$\xi_{tot} = \xi_e^{attack} - \xi_{phase} - \xi_{tole} + \xi_{drift} + \xi_{AM} + \xi_{ADC} \tag{6.26}$$

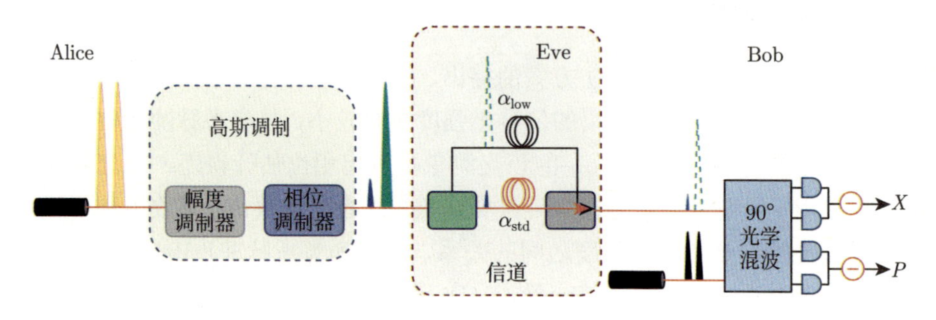

图 6-15 参考脉冲攻击方案

图 6-16显示了不同参考信道衰减系数下， Alice 和 Bob 的实际互信息值、估计互信息值以及 Eve 所能获得信息量之间的关系。I_{AB}（黑色虚线）与参考相位攻击无关，实际 Eve 获得的信息 χ_{BE}（蓝色虚线）和估计值 χ_{BE}^{esti}（红色虚线）之间的红色区域被称为攻击引起的不安全区域。χ_{BE}^{esti} 与 α_{low} 无关，蓝色区域为真正的安全区域。在这种情况下，对于衰减系数 0dB/km 的 20km 信道， Eve 可以提取 79% 的密钥而不被发现。对于衰减系数 0.14dB/km 的信道， Eve 可以提取 37% 的密钥而不被发现。

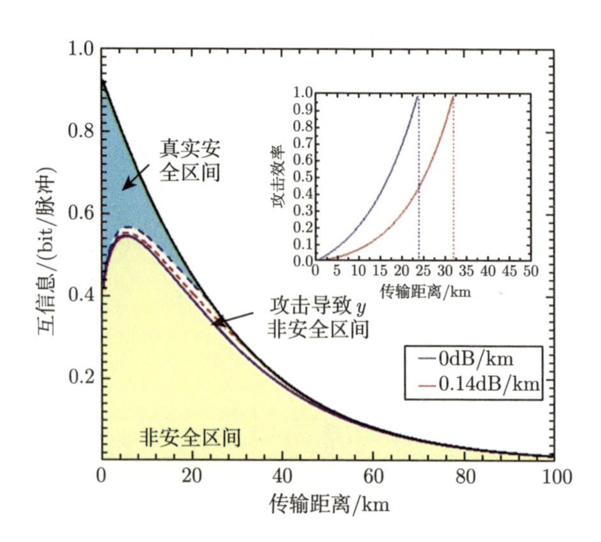

图 6-16 互信息与信道长度之间的关系[126]

文献 [116] 提出了可信噪声模型抵御参考脉冲攻击，该模型使得系统在参考脉冲攻击下可以获得更高的密钥速率，且传输更远距离。另外一种抵御方案为实时测量参考脉冲的瞬时幅度值，使得相位噪声能够被实时校准。这种方案使得 Alice 和 Bob 能够准确计算出 Eve 所能获取的信息量，从而在 χ_{BE} 大于 I_{AB} 时及时发现并终止通信，以保证系统安全性。

6.2.4　偏振攻击

在连续变量 QKD 的过程中， Bob 的测量结果需要用散粒噪声方差的标定值进行归一化处理，而散粒噪声方差是在密钥分发之前 Bob 通过真空态与本振光干涉后测定的统计值，因此保证散粒噪声方差标定值与实际值的一致性至关重要（因为 Bob 实际的测量结果与实际散粒噪声方差成正比）。前面已经提到，窃听者可以通过在系统运行过程中操纵本振光来改变散粒噪声方差的实际值，进而威胁系统安全性。除了上述攻击方法外，窃听者还可以通过操纵信道中本振光的偏振态来实现密钥分发过程中对实际散粒噪声方差的控制。这种攻击被称为偏振攻击[127]，其原理如图 6-17所示。其中，图 6-17(a) 为系统偏振复用以及解复用结构；图 6-17(b) 为偏振攻击的具体实例。在实际系统传输过程中，偏振漂移速率通常低于系统的重复频率，因此可以通过对一部分本振光脉冲的偏振态进行测量来补偿所有信号的偏振漂移。但是，其余没有被测量的本振脉冲可以被窃听者轻易操纵，从而控制实际的散粒噪声方差。这样，窃听者就可以利用散粒噪声方差标定值与实际值之间的误差来掩盖攻击过程中引入的过量噪声。

偏振攻击是本振光和信号光在一个光纤中进行偏振复用的方案。下面仍基于 GG02 协议来进行安全性分析。在不存在攻击的标准 GG02 系统中，归一化后的零差探测结果 X_B 可以写为

$$X_B = \frac{\left(\sqrt{T} X_A + Z\right)\sqrt{N_0}}{\sqrt{N_0}} \tag{6.27}$$

式中：T 为实际的信道透射率；N_0 为校准的散粒噪声方差；Z 为总噪声；分子表示归一化前的零差探测输出，分母表示用于归一化探测结果的校准散粒噪声方差。

集体攻击下的密钥率由以下协方差矩阵决定：

$$\gamma_{AB} = \begin{bmatrix} (V_A+1)\,I & \sqrt{T\left(V_A^2+2V_A\right)}\sigma_z \\ \sqrt{T\left(V_A^2+2V_A\right)}\sigma_z & (TV_A+1+T\varepsilon)\,I \end{bmatrix} \tag{6.28}$$

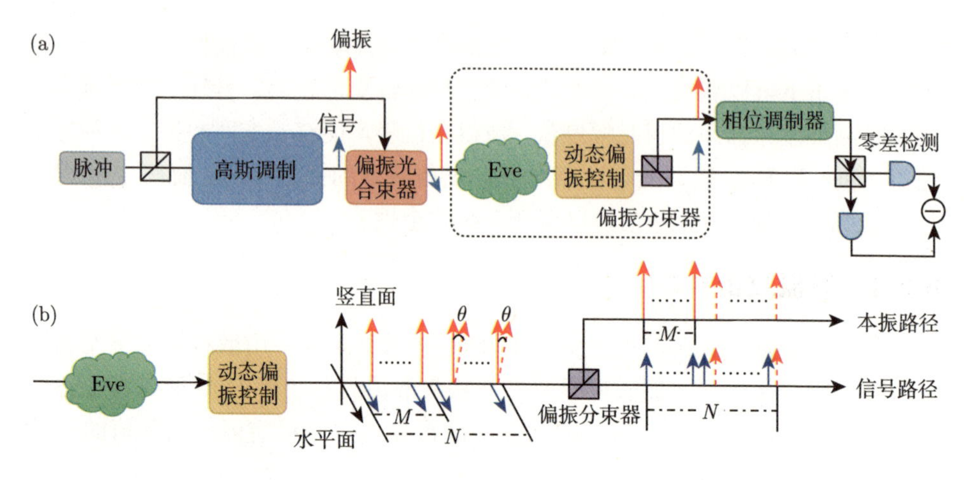

图 6-17　偏振攻击原理示意图

利用 Alice 的数据和 Bob 的零差探测结果可以得到信道的透射率 T 和过量噪声 ε 分别为

$$\begin{cases} T = \left(\dfrac{\langle X_A X_B \rangle}{\langle X_A^2 \rangle}\right)^2 \\ \varepsilon = \dfrac{\langle X_B^2 \rangle - 1 - TV_A}{T} \end{cases} \tag{6.29}$$

如果 Eve 对未测量的本振光脉冲应用正交角度调制，则归一化后相应脉冲的零差探测结果为

$$X_B' = \frac{\left(\sqrt{T}X_A + Z\right)\sqrt{N_0'}}{\sqrt{N_0}} = \sqrt{\cos\theta}\left(\sqrt{T}X_A + Z\right) \tag{6.30}$$

实际散粒噪声方差 N_0' 与校准的 N_0 不同，此时估计的透射率和受到攻击时的过量噪声为

$$\begin{aligned} T' &= \left(\frac{\langle X_A\left[(1-k)X_B' + kX_B\right]\rangle}{\langle X_A^2 \rangle}\right)^2 = [(1-k)\sqrt{\cos\theta} + k]^2 T \\ \varepsilon' &= \frac{\left\langle [(1-k)X_B' + kX_B]^2 \right\rangle - 1 - T'V_A}{T'} = \varepsilon - \frac{1}{T}\left(\frac{1}{[(1-k)\sqrt{\cos\theta} + k]^2} - 1\right) \end{aligned} \tag{6.31}$$

式中：k 为参考本振光脉冲与补偿周期之间的比率，称为偏振测量比；估计的过量噪声取决于 k 和方位角 θ。显然，$\varepsilon' < \varepsilon$，即估计的过量噪声小于实际的过量噪声。

由于偏振测量比在特定系统中为常数， Eve 可以通过调制未测量本振光脉冲上的相应方向角来降低估计的过量噪声。此时， Eve 就能隐藏她所引入的多余噪声以获得密钥信息。攻击后，协方差矩阵变为

$$\gamma'_{AB}=\begin{bmatrix}(V_A+1)\,I & \sqrt{T'\left(V_A^2+2V_A\right)}\sigma_z\\ \sqrt{T'\left(V_A^2+2V_A\right)}\sigma_z & \left(T'V_A+1+T'\varepsilon'\right)I\end{bmatrix}\tag{6.32}$$

图 6-18表明偏振攻击将略微降低估计的信道透射率，因此 Eve 可获得的密钥率 K' 将略微减小。K' 与 K 的比率表明，随着距离的增加， Eve 可获得的密钥率将逐渐接近理想的密钥率。此时，由于需要隐藏的过量噪声随着信道损耗的增加而变得相当小，所以由攻击引起的透射率估计值下降也不容易被发现。换言之，低传输效率或长距离（10 km）传输时，偏振攻击更有效，难以察觉。

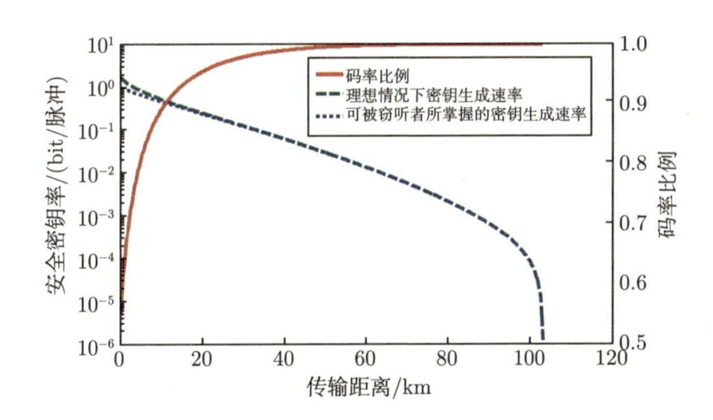

图 6-18　理想密钥率、 Eve 可获得的密钥率以及它们的比率和传输距离之间的关系

由于攻击是基于有限的偏振测量速率，因此最简单的防御对策是将偏振测量比提高到 100%，这将有效填补实际系统的漏洞。偏振攻击的核心是利用标定的散粒噪声方差与实际散粒噪声方差之间的差异，另一个对策是在传输过程中实时对散粒噪声进行监控。这种对策对所有针对散粒噪声的攻击都是有效的。除此之外，为了完全关闭检测漏洞，最安全的方式是实施连续变量 MDI-QKD 协议 [60,62]，可以去除测量过程中的所有已知和未知的安全性漏洞。

6.2.5　饱和攻击

连续变量 QKD 协议的安全性证明中假设零差检测的响应相对于输入光强是线性的，因为参数估计隐含了 Bob 的测量结果相对于 Alice 发送的值是

线性的这一假设条件。然而，当 Bob 的零差检测器达到饱和时，这种线性假设条件就无法得到满足。事实上，零差检测器具有有限的正常工作范围，当输入超过阈值时，零差探测器通常会发生饱和。当输出信号进入饱和区时，再大的输入信号其输出结果都基本一样。因此， Eve 可以利用探测器输出饱和区放大系数与线性区的不同来实施攻击，这就是探测器饱和攻击[216]，其原理如图 6-19所示。具体来说， Eve 利用截取–重发攻击，但在重发制备量子态时对测量结果进行一个平移操作，使得探测器输出进入饱和区。采用这种攻击方式后， Eve 可以不被察觉地间接控制 Bob 端的测量结果从而获得部分密钥信息。虽然，实际系统为了抵御本振光波动攻击，一般会对本振光的强度进行监测，Eve 不能采用增强本振光的方法来使探测器饱和，但是，她可以通过增加信号光正则分量的调制均值，使探测器工作在饱和区域。由于参数估计模型中只使用协方差矩阵，而 Bob 端测量结果的均值在参数估计模型中没有实际贡献，而且实际系统中一般不会对其进行监控。因此通信双方很难发现窃听者的存在。当探测器进入饱和区后， Bob 端测量结果的放大系数将小于线性区时的放大系数。如果此时 Bob 仍使用事先在线性区所标定的散粒噪声单位来量化输出结果，将会导致最终参数估计中的过量噪声小于真实值，进而造成严重的安全漏洞。

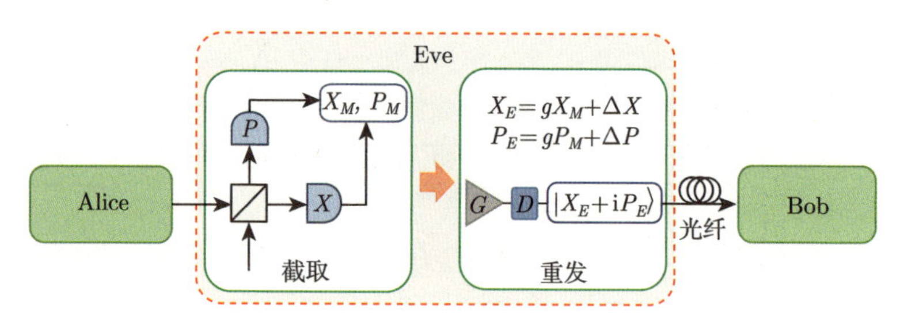

图 6-19 饱和攻击原理示意图

为了防止这种饱和攻击， Bob 应该避免零差检测工作在饱和区域。因此，可以在数据采集后随机选择一小部分数据，测试输入量子态的正则分量值是否大于平衡零差检测器的线性工作阈值。另一种防御方法是 Bob 实时监测测量方向的位移值，以此确认探测器工作于线性区域，从而防御饱和攻击。

6.2.6 致盲攻击

除了饱和攻击以外，还有另外一种策略可以使探测器件饱和，那就是在信号端上发送明亮光脉冲使得探测器饱和。这种攻击称为零差探测器致盲攻击[128]，致盲攻击方案如图 6-20所示。与饱和攻击相比，零差探测器致盲攻击策略具有不需要窃听器与零差探测器锁相的额外优点。在某些条件下，窃听者可以使用与零差探测器不相干的简单激光器来产生明亮的光脉冲，并将过量噪声偏置到任意小值。具体来说，窃听者利用平衡零拍探测器两端的损耗不平衡，在信号端发送明亮光脉冲，以引起探测器饱和。因为在实际连续变量 QKD 系统中，不能保证信号端的良好平衡，所以任何照射在信号端上的较强光信号将在其中一个光电探测器上产生相对较强的光电流，这将进一步导致零差探测器达到饱和。由 6.2.5 节可知，零差探测器达到饱和将使系统的实际安全性遭到破坏。

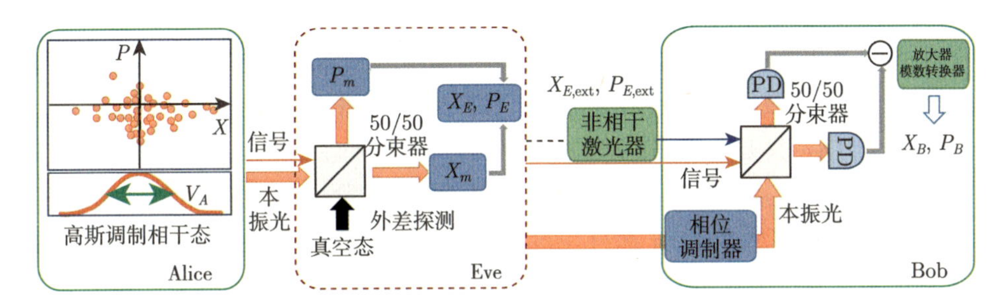

图 6-20　连续变量 QKD 系统中零差探测器致盲攻击方案

为了防止零差探测器致盲攻击，文献 [128] 提出了几种可能的方案。第一种方案是直接监视进入零差探测器信号端的光强度。该方案中， Bob 可以使用灵敏光电二极管来检测照射在信号端上的光强。然而，在实际系统中，Bob 并不能每次都成功检测到照射在信号端上的强光。第二种方案是设计高增益、高带宽、高效率、低噪声的零差探测器。但由于添加额外的电子元件会增加电子噪声并降低探测器性能，因此这种方案在技术上具有挑战性。文献 [217] 提出了第三种方案， Alice 和 Bob 通过在 Bob 端使用幅度调制器来测试噪声和测量结果之间的线性度。这种方法在原则上可以防止零差探测器致盲攻击。然而，实际的幅度调制器具有波长敏感性，当波长超出光谱范围时，其效果将受到影响。第四种方案是将数据后处理与校准的零差检测相结合： Alice 和 Bob 可以记录超过阈值部分探测器测量值，如果超过阈值的数据较多，那么 Alice 和 Bob 就将密钥丢弃，重新进行密钥分发。另外，由于零差探测器致盲攻击是基于探测器的攻击，因此连续变量 MDI-QKD 系统是抵御这种攻击的最终解决方案。

6.2.7　波长攻击

在实际连续变量 QKD 系统中，窃听者可以利用分束器分束比对波长的敏感性来进行攻击，即波长攻击[119]。具体来说，攻击者 Eve 通过伪造量子信道中的传输波长来控制信号到达接收端分束器的反射和透射比例，从而达到控制系统噪声的目的，此时合法双方将错误地认为系统仍旧处于“安全”状态。其中，针对平衡零差检测的波长攻击可攻破一般散粒噪声校准攻击防御方案[118]，即对散粒噪声进行实时监测的方案。若 Eve 对系统实施波长攻击，无论 Bob 实时监测散粒噪声与否，系统都会被 Eve 攻克，因为即使 Bob 对本振光强度进行监测， Eve 仍可以结合波长攻击和校准攻击来对系统进行攻击。针对平衡零差检测连续变量 QKD 系统的波长攻击原理如图 6-21所示，数字 1、2、3、4 分别表示伪信号态、伪本振光、信号脉冲和本振光脉冲。其中，伪信号态、伪本振光用来实施校准攻击，信号脉冲、本振光脉冲用来在加入衰减时使 Bob 测量结果增加至正常值。按照校准攻击方法，当假设信道效率为 0.25 时， Eve 只要使输出的响应强度下降到原本的 2/3，就能使 Bob 估算出来的过量噪声值接近于零。这为 Eve 实现截取–重发攻击、并获取安全密钥打开了安全漏洞。类似地，平衡外差检测波长攻击也是利用分束器的分束比对波长的敏感性来实施攻击。针对平衡外差检测连续变量 QKD 系统攻击时，攻击者 Eve 同样通过伪造量子信道中传输的本振光和量子态来控制合法方接收端的探测结果，从而达到控制系统噪声[120]，欺骗合法双方的目的。

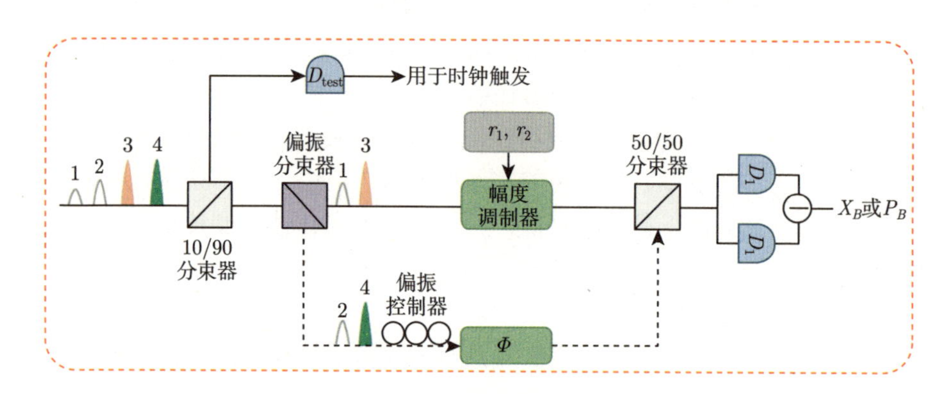

图 6-21　针对平衡零差检测连续变量 QKD 系统波长攻击原理

波长攻击的根本原理是利用检测器中分束器分束比对光的波长敏感性，通过引入其他波长光信号同时实现校准攻击与波长攻击，从而隐藏截取–重发引入的过量噪声。因此，该攻击本质上是引入了其他波长信号对系统进行攻击，所以防御该攻击的一个最简单的方法是避免使用分束比波长敏感的分束器；另一个防御方法是对连续变量 QKD 系统探测端信号进行波长监控，将额外的波长信号视为可能存在波长攻击。最后，针对平衡零差检测器波长攻击方案，文

献 [119] 还提出了一个防御方案，即在 Bob 端信号路上增加一个强度调制器的衰减器因子，通过设置 3 个不同的衰减值，计算探测器输出噪声与衰减值的关系。如果它们满足线性关系，那证明没有波长攻击，反之说明存在波长攻击。需要指出的是，由于利用部分脉冲来检测攻击，所以系统密钥率会有所下降，且强度调制器的固定衰减也会使得系统密钥率进一步降低。

综上所述，针对不同的量子黑客攻击需要制定不同的防御策略，表 6-1列出了主要攻击的典型防御策略认供参考。总的来说，应对量子黑客攻击要从器件、监控、理论 3 个方面共同入手，既需要提升器件性能、改进非理想特性以使器件尽可能符合安全性分析假设，又需要增加必要的监控手段以确保系统尽可能满足协议所需的假设条件，还需要修改协议并提出更为普适的安全性分析理论以降低对器件的要求。

表 6-1　实际连续变量 QKD 系统中的量子黑客攻击及应对方案

序号	黑客攻击方案	攻击目标	防御手段
1	特洛伊木马攻击 [124]	源端	增加隔离器
2	非理想光源攻击 [116]	源端	监控高斯调制
3	激光器种子攻击 [129]	源端	实时监控输出光信号强度
4	光衰减攻击 [130]	源端	实时监控光衰减水平
5	本振光波动攻击 [117]	本振光	监控本振光光强
6	本振光校准攻击 [118]	本振光	监控本振光光强
7	参考脉冲攻击 [126]	本振光	监控散粒噪声校准
8	偏振攻击 [127]	本振光	实时散粒噪声测量
9	探测器饱和攻击 [216]	探测器	监控探测器状态
10	零差探测器致盲攻击 [128]	探测器	利用测量设备无关系统
11	波长攻击 [119-123]	探测器	监控本振光波长

第7章

QKD安全标准和测评

7.1 QKD 系统安全测评标准概述

7.1.1 QKD 系统标准化安全测评的必要性分析

随着 QKD 在理论和实验上的逐步成熟，QKD 技术已经从实验室研究步入实用化阶段。全球多个国家已经构建了城际或跨城际的 QKD 网络，比较典型的有，2005 年美国在波士顿大学和哈佛大学构建了第一个城域 QKD 网络[218]，2009 年在维也纳构建了 6 节点 QKD 网络[219]，2010 年在东京构建了 6 节点 QKD 网络[30]，2014 年我国构建了合肥–芜湖–巢湖跨城际 9 节点 QKD 网络[29]，2021 年初实现了跨度 4600km 的星地一体化量子通信网络[28]。与此同时，全球范围内出现了 QKD 商业化的趋势，已有多家 QKD 产品生产商，如瑞士的 ID Quantique 公司（目前由韩国移动通信运营商 SK Telecom 控股）、美国 Bennet 公司、中国国盾量子技术股份有限公司、中国问天量子科技股份有限公司、俄罗斯 QRate 公司等。

QKD 网络的构建和运行为国家政府部门、金融机构、新闻行业、民生和公众等提供多类型的信息安全服务，其中应用较为成熟的领域有：金融和政务。

7.1.1.1 QKD 在金融行业的应用

2011 年上半年，针对金融信息安全要求，新华社和中国科学技术大学合作开展了量子通信技术在金融信息传输方面的研究。2011 年 9 月底，双方合作建成了连接新华社新闻大厦和新华社信息交易所的“金融信息量子保密通信技术验证专线”，当年 11 月底，将该“专线”扩展成为 4 节点、3 用户的“金融信息量子通信验证网”。2012 年 2 月 21 日，“金融信息量子通信验证网”在新华社金融信息交易所开通，标志着量子通信技术首次在金融信息传输领域的应用。“金融信息量子通信验证网”使用北京联通提供的商用光纤，线路最长超过 20km，在此网络上的量子密钥成码率达到 10kb/s 以上，该验证网支持高保密性视频语音通信、实时文字交互和数据传输。高速数据传输速率达 300Mb/s 以上，能够满足大多数加密通信应用的需求。

2015 年 2 月 1 日，中国工商银行成功应用量子通信技术实现了工行北京分行电子档案信息在同城间的加密传输，标志着量子通信在国内银行业首次成功应用。为了进一步提升信息安全水平，工行与中国科学技术大学合作实施了“量子保密通信京沪干线技术验证及应用示范项目”，目前的应用主要是柜面业务客户信息凭证、信贷审批凭证、信用证等的加密传输。

7.1.1.2 QKD 在政务行业的应用

2009 年 5 月 18 日，世界首个量子政务网在安徽芜湖市试运行，标志着量子通信技术在政务行业的成功应用。芜湖量子政务网由郭光灿院士和韩正甫教授团队与芜湖市政府合作完成，其所使用的核心器件（包括光电调制芯片）全由国内自主研制。芜湖量子政务网也标志着我国量子保密通信产业化迈出关键一步。

合肥城域量子通信试验示范网于 2010 年 7 月开工建设，2012 年 3 月 30 日成功开通，由中国科学技术大学和安徽量子通信技术有限公司（国盾量子的前身）承建，是世界首个规模化城域量子通信网。合肥城域量子通信试验示范网成功搭建了 46 个节点、40 组用户，覆盖合肥市主城区，用户涵盖省市政府机关单位、金融机构、研究院所等。这 46 个节点内的用户可以通过独立的保密通信网络互相通话。合肥城域量子通信试验示范网具有网络扩容能力，能够提供量子安全下的实时语音通信、文本通信及文件传输等功能。

2014 年 3 月 26 日，经过两年多的努力，由山东量子科学技术研究院承建的“济南量子通信试验网”正式投入使用。“济南量子通信试验网”的顺利运行，标志着量子通信城域网技术已经发展成熟。“济南量子通信试验网”总投资 1.22 亿元人民币，包括 3 个集控站，50 个用户节点，28 个节点单位，可以为省内含省直机关事业单位、高校、银行等提供超过 90 部量子加密的语音电话、传真、文本通信和文件传输业务，业务接通率达到 99% 以上。

7.1.1.3 QKD 广域网

量子保密通信“京沪干线”总体目标是建成连接北京、上海，贯穿济南、合肥等地的量子保密通信骨干线路，连接各地城域接入网络，打造广域光纤量子通信网络，建成大尺度量子通信技术验证、应用研究和应用示范平台。2017 年 9 月，正式开通的“京沪干线”已在金融、电力等领域初步开展了应用示范并为量子通信的标准制定积累了宝贵经验。另外，随着“墨子号”量子科学实验卫星发射成功，量子卫星在国际上率先实现了千公里级星地双向量子纠缠分发、星地高速量子密钥分发、星地量子隐形传态三大科学目标。结合“京沪干线”与“墨子号”的天地链路，2017 年，中国科学院与奥地利科学院进行了世界首次洲际量子保密通信视频通话。未来与加拿大、意大利、德国、俄罗斯等国之间的合作也提上日程。

伴随着 QKD 网络构建技术的逐步成熟，以及 QKD 产业化和 QKD 商用产品的出现，接下来需要解决的重要问题是 QKD 产品的实际可用性及可靠性。为达到商用 QKD 产品实际可用且可靠的目的，需要通过独立的第三方来进一步验证测试 QKD 产品的实际安全性能，准确获知其在实际使用中能够达到的安全特性。因此，目前已有必要开展 QKD 系统的安全测试。为了构建统一的测试体系、明确不依赖于测试者经验的测试方法，形成标准化测试流程将有利于安全测试的展开。同时在更广的范围内（甚至全球范围内）推广 QKD 系统安全性测试，能够使得不同公司、不同国家的 QKD 产品都能够进行标准化安全评估测试，检测实际系统的安全性能。

因此，基于前面几章关于 QKD 系统实际安全性的分析，构建针对真实 QKD 系统的安全测试标准，从而提供标准化的测试过程，将带来以下几方面的益处。第一，通过标准规范研究和测试认证体系建设，为工业界提供安全测评标准的依据，准确客观地得知 QKD 系统的安全性能，保证 QKD 设备系统的实际功能可靠性，以及与设计目标的一致性。第二，通过构建安全测评标准，能够助力产业界进一步规范化 QKD 系统的研发和商品化，为 QKD 厂商提供设备安全性所需达到的标准，这将推动 QKD 商品的研制，有利于 QKD 商用产品在全球范围内的使用和推广，促进量子保密通信产业健康发展。第三，通过标准化安全测评的产品能够增强用户的使用信心，通过标准化测评的 QKD 产品可让用户放心使用，为用户提供安全可靠的 QKD 保密通信解决方案。

7.1.2 QKD 系统测评标准的基本要求

在构建 QKD 系统测评标准时，需要遵循标准通常具有的框架。例如，遵循安全保密产品标准的内容框架，或者通信产品标准的内容框架。并且在标准框架中，根据 QKD 系统的独有特点（如信息理论安全性、光学器件部分特有的安全脆弱性等）来考虑具体的标准内容。因此，结合这两部分的要求，QKD 系统测评标准通常需要满足以下基本要求。

7.1.2.1 测评标准需适用于不同协议的 QKD 系统

由于目前成熟可用的 QKD 系统，特别是商用系统，采用了不同的 QKD

协议，并基于不同协议具有不同的实现方案。因此，作为测评标准，应具有普适性，能够利用测试标准对各种 QKD 系统进行测试评估，这样有利于标准在更广范围内使用和推广。在标准制定当中，除了需要明确 QKD 系统一般所具有的工作步骤（如经典信道认证、初始密钥分发、信息协商、隐私放大等），也应该相应地定义不同协议下的 QKD 系统及其基本组成。例如，按照 QKD 系统结构，可分为制备–测量 QKD 协议、测量设备无关 QKD 协议、基于纠缠的 QKD 协议等，或者按 QKD 系统中量子态实现方式可以分为离散变量量子 QKD 和连续变量 QKD 协议。

需要指出的是，由于在整个 QKD 领域中，诱骗态 BB84 协议在安全性分析及证明上相对完备，其实现的技术手段也经过多年的发展较为成熟。因此，有些标准化组织倾向于先对 BB84 协议的 QKD 系统进行标准化测评。例如，我国密码行业标准化技术委员会（CSTC）目前就先将关注点集中在《诱骗态 BB84 量子密钥分配技术规范》和《诱骗态 BB84 量子密钥分配检测规范》。这一方式能够将标准构建的工作具体化、明确化也能够在短期内有效地解决 QKD 产业急需的标准测评方式问题。长期看来，仍需要对标准的包容性进行扩展，使得运行不同协议的产品都能够在标准的框架下得到测评认证。

7.1.2.2 从理论上阐述 QKD 协议的安全性分析方法

为了指导 QKD 具体测评工作的展开，需要对 QKD 理论方面的安全性分析进行阐述和说明。例如，QKD 系统安全性分析所立足的安全假设、密钥率计算的基本思路、考虑的基本攻击方式等。严格来说，由于 QKD 系统的安全性不依赖于任何数学假设，而是可严格证明的信息论安全，因此，基于信息论定义了“ϵ-安全”，即 QKD 系统在满足各种假设的条件下，可被证明以极小的概率 ϵ 生成不安全的密钥。QKD 协议安全性证明的目标是证明攻击者 Eve 单独对量子信道的攻击是可被发现的，其通过攻击所窃取的密钥信息上界是可评估的。在考虑攻击者的攻击能力时，一般将 Eve 对量子信道所有可能的窃听方式分为三类：个体窃听、集体窃听和相干窃听。因此，任意 QKD 协议的安全性分析，需要考虑到这 3 种窃听，并将相干窃听下的密钥率下限作为安全密钥率。

另外，实际的 QKD 系统只可能在发送和测量有限数量的量子态后就开始纠错和保密增强的处理，这称为有限码长条件。此时，对误码率等参数的统计结果就只能是对有限数量样本的抽样统计，必然存在统计误差。若安全性证明中考虑了有限码长条件后，仍然可以在相干窃听下得到安全成码率的下界值，就认为该协议的信息理论安全性已经得到充分证明，严格实现该协议的 QKD

设备和系统就具有信息理论安全性。

依据上述安全性分析的方法，在 QKD 系统测评标准中，可根据包含的 QKD 协议类型，阐述相应的 QKD 协议安全性分析方法，构建安全分析模型，以量化安全密钥率。在随后的测评中，某些测试结果也可作为安全分析的参数，在安全模型中一并考虑，并量化该测评结果对具体 QKD 系统密钥率的影响。

7.1.2.3　清楚描述 QKD 系统的结构以及测评标准所针对的具体对象

基于不同的 QKD 协议，QKD 系统的实现结构也有所不同。例如，制备–测量类 QKD 协议中，包含一个 QKD 发送端和一个 QKD 接收端，利用量子信道和经典信道进行连接，为一对一的结构，双方之间在完成 QKD 过程之后，将得到共享的密钥。而在测量设备无关 QKD 协议中，包含两个发送端，和一个中间第三方作为接收探测端，每一个发送方与接收方之间都通过量子信道和经典信道相连接，两个发送方之间通过经典信道连接，整体形成二对一的结构。测量设备无关 QKD 协议完成后，两个发送端将共享密钥，而在安全模型中，接收端可以是完全不可信任的第三方。因此，不用对第三方接收端进行安全性评估，只有两个发送端才是标准安全测评的对象。此外，还存在基于纠缠的 QKD 协议的通信架构。在该协议中，包含一个中间方作为 QKD 的发送端，两个 QKD 接收端，发送端通过量子信道向两个接收端发送纠缠态，两个接收端之间通过经典信道相连接。根据基于纠缠的 QKD 协议安全模型，中间方作为 QKD 发送端可以是不可信的第三方。因此，安全测评过程中无须对该协议中的发送端进行安全性评估，测评对象为两个接收端。

由此可见，根据被测试的 QKD 系统具体使用的 QKD 协议和架构，测评标准中应包含多种不同的 QKD 协议类型及其系统组成方式。在标准中，简要介绍该协议下系统的组成部件并指出需要进行安全性测试评估的对象，将有利于明确标准所包含的不同协议及其实现，为标准发布后的具体使用提供指导性建议，推动标准的广泛使用和普及。具体来说，根据被测系统使用的 QKD 协议，可以通过标准的描述，确定其测试对象及其本身所应该具有的功能属性。以制备–测量 QKD 协议为例，其 QKD 系统的测试对象可分为源端、探测端及整体系统。这也是最全面的 QKD 系统安全测评所包含的测试对象范围。

7.1.2.4　各安全测试项需要明确测试步骤，且具有可操作性

作为测评标准，安全测试项是最主要的部分。通过各个安全测试项的测试，可明确获知 QKD 系统的各方面安全性能。安全测试项的制定一般从 QKD 系统需满足的安全假设出发，并结合在科学研究中已发现的安全漏洞、攻击方法及防御措施来制定。另外，安全测试项中测试设备的准备与被测对象的连接及

测试步骤，需要具有可行性和可操作性，使得测试者可以根据安全测试项测试过程的书面描述，来开展测评活动。因此，在制定各安全测试项时，应该详细地阐述被测对象所需提供的基本接口和信号、测试设备所需满足的基本条件、被测对象和测试设备之间的连接关系、测试步骤每一步如何操作、在每一步骤中应获取的信号等。

下面，以测试评估探测器效率匹配性为例，进一步说明如何开展标准化测试。此项测试是为了评估各探测器的探测效率是否相匹配，不匹配的程度将表明被测试 QKD 系统探测端能够被时移攻击、探测器效率不匹配攻击所影响的可能性。

① 对 QKD 系统开发者的要求：提供一整套被测 QKD 系统，并可设置发送端制备的量子态保持固定不变；提供连接量子信道的接口，以及各探测器响应输出的数字信号。

② 测试者需准备的设备：一个具有延时范围 (min delay, max delay) 的可调光信号延时控制器，延时范围可覆盖整个门信号时间；将延时控制器连接在量子信道上。

③ 测试步骤如下：

步骤 1：开启 QKD 系统，设置 QKD 发射端发送固定的量子态，QKD 接收端工作在初始密钥交换状态。

步骤 2：调节延时控制器，扫描整个延时范围 (min delay, max delay)，记录在每一个延时点上，量子态对应的探测器响应输出，计算该延时时刻的探测效率，并且探测效率曲线归一化。

步骤 3：设置 QKD 发射端发送另一量子态，重复步骤 2，直到所有量子态及其相应的探测效率均被记录。

步骤 4：两两比较归一化探测器效率曲线，计算每个时刻下的差值。

④ 评判标准：若探测器效率的所有差值低于阈值，则测试通过；否则测试不通过。

可以看出，遵循本测试项描述的设备要求、测试步骤以及评判标准，测试人员便可完成对探测器效率匹配程度的测试。需要说明的是，其中一些参数，如延时范围、评判阈值等，在实际测试中，由测试者给出具体数值。

7.1.2.5　测试结果评估需有量化的指标和可行的评判措施

如上述例子中已经给出的，各安全测试项除了需要有明确可执行的测试步骤外，还应该对测试的结果有方便可执行的判别方法。判别方法一般而言，可以分为两种。

第一种，将安全测试的结果量化为某些指标或者参数，然后在评判过程中设置合理的阈值来对测试结果进行比较，可作为得出安全与否结论的方式之一，即上述案例中所示。

第二种，也可以将测试结果得到的参数带入安全模型中计算，进一步审核该项测试结果对系统密钥率的影响，当计算得到的密钥率在可接受范围内，则可认为此项测试项通过。该方法是将系统不完美性归纳至安全性分析中，量化其对密钥率的影响。密钥率的减少量在什么范围内为可接受的，该指标也应由测试者在测试前明确。例如，东芝研究团队在制定特洛伊木马攻击的防御测试标准中，认为当特洛伊木马反射光弱于每脉冲 10^{-6} 个光子角，将对密钥率产生可忽略的影响，因此，在可允许的最大注入光强下，可反推出 QKD 系统抵御特洛伊木马攻击所需的隔离度。测试者可根据隔离度的测试，来评估系统是否能够抵御特洛伊木马攻击。

以上几个方面是规范化标准应达到的基本要求，标准的设立一般也按此思路进行。值得一提的是，目前很多标准化组织对 QKD 系统安全测评标准仍处在全方面探讨阶段，不一定直接进行标准的确立。因此，作为标准的准备性工作，通常会进行前期调研及现状分析，并公布对于整个 QKD 产业调研的白皮书。例如，欧洲电信标准化协会（ETSI）在 2015 年发布了《量子安全的密码及安全性白皮书》。文中详细阐明了量子计算对密码及安全的影响、“量子安全”–可抵御量子计算机攻击–密码机制的重要性，并对目前已有的具有量子安全性的密码技术（包括 QKD 技术）进行了总结。报告中针对性地说明了量子安全的密码的应用案例，分析了量子安全的密码的优势及挑战。这一白皮书虽然没有直接制定可推广执行的 QKD 安全测评标准，但是帮助业界和研究者明晰了当前形势，确定了 QKD 测评标准的必要性，为后续标准制定工作提供了指导。

7.1.3　QKD 系统测评标准的主要方法

QKD 系统的组成可划分为经典部分和量子部分，因此，从 QKD 系统组成出发，可将 QKD 系统测试评估的方法分为经典部分和量子部分。

经典部分测试评估可沿用目前已有的成熟标准化方法。例如：从网络的角度来评估系统是否符合网络功能要求、经典信道的认证过程安全性测试、信息存储的安全性评估、信息后处理环节的准确性和安全性，以及生成密钥的随机性测试等。由于 QKD 系统经典部分的安全性测试评估与一般密码系统无异，经过多年的研究和提炼，已经具有比较成熟的技术手段，并且在各标准中已设立其测试方法和判定原则。因此，在 QKD 标准中，一般不重复对经典部分的测试项进行逐一罗列，只是引用已有的安全测试标准来作为支撑。因此，在本书中也不再赘述经典部分的安全测评。QKD 标准制定的主体部分，还是侧重于对 QKD 系统中量子部分进行安全测试评估项的标准化。

QKD 系统量子部分测试评估的主要方法可分为以下 3 个部分。

(1) QKD 系统发射端量子部分的脆弱性测试。QKD 系统的发射端，即源端，主要完成量子态的随机制备并传输至量子信道。其中最重要的信息便是量子态的态制备信息，若攻击者能够通过攻击来获取该信息，将破坏整个 QKD 系统的安全性。

一方面，对 QKD 发射端进行被动测试。首先需要在测试中验证 QKD 系统本身是否满足基本的态制备安全假设，如平均光子数、量子态在编码自由度上的准确性、在非编码自由度上的不可区分性、诱骗态和信号态的不可区分性等。这些测试均为被动测试，测试评估者不需要向发射端注入额外辅助光，只需测试 QKD 发射端的固有输出，在各个自由度上检验态制备情况，并与 QKD 系统的安全假设相对比，获知是否存在与安全假设不符的脆弱性。

另一方面，对 QKD 发射端进行主动光注入测试。但是，QKD 系统的发射端具有对量子信道反向注入的隔离优势。在目前常见的 QKD 系统中，源端都是通过衰减相干光源来制备最终的量子态。光衰减器作为必需的组件，同时也可衰减从量子信道注入的辅助测试光。因此，在主动测试中，需尝试测试光是否能够通过光衰减器或是其他系统固有的隔离器件，并注入至发射端内部。然后评估注入进去的光是否能够产生某种攻击效果，如特洛伊木马攻击（攻击目标为调制器件）、注入锁定攻击（攻击目标为激光器）、激光摧毁攻击（攻击目标可为源端任意光学器件）等，其中需要值得注意的是，隔离器件是否能够抵御激光摧毁攻击应是第一步要测试评估的内容。

(2) QKD 系统接收端量子部分的脆弱性测试。

QKD 系统的接收端主要完成量子态的探测和识别，随后通过公布测量基来与发射端获得一致的密钥（理想情况下）。实际情况中，由于攻击者和信道噪声的干扰，通信双方还需经过信息协调及隐私放大来获得完全一致的密钥。无论在理想情况还是实际情况下，接收端首先完成的任务是对量子态的识别和探测响应。为满足 QKD 系统的安全性要求，该探测结果不能被攻击者所知道或者控制。和发射端的脆弱性测试一样，接收端的测试也可分为被动测试和主动测试。

QKD 系统接收端的被动测试。被动测试中主要测试探测设备本身有无泄漏探测结果的侧信道，如是否存在探测器响应先后差异的时间侧信道、是否存在探测器响应后荧光反射入量子信道等。测试时，触发探测器响应的输入信号可由 QKD 系统发射端给出，即正常的探测输入，测试评估方只需被动地监控探测响应发生后探测器各方面是否存在侧信道来区分探测器的响应情况，即获知量子态探测的信息。

QKD 系统接收端的主动测试。由于接收端需接收来自信道的量子态，因此探测端很难像发射端一样通过隔离来避免攻击光注入，同时由于单光子探测器的构成复杂，容易存在多种不同工作模式或者工作状态。这就造成了探测端成为 QKD 系统中最脆弱的部分。在测试评估中，应结合科学研究文献中已发现的多种探测器攻击方式来进行主动测试，如探测器致盲攻击、探测器门后攻击、探测器超线性攻击、探测器死时间攻击、探测效率不匹配攻击等。具体来说，测试方可模仿攻击者向被测 QKD 系统接收端注入精心设计的光信号（如光强度、光脉冲注入时间、光脉冲的偏振态等），以此观测该攻击光是否引起探测器的异常响应或是否能够控制探测器的响应。

(3) QKD 系统整体运行状态下量子部分的脆弱性测试。

QKD 系统的安全脆弱性，除了应将发射端和接收端拆分独立测试之外，还应考虑 QKD 系统整体运行时，可能存在的安全脆弱性。例如，在系统进行校准时，通常需要校准各探测器门信号加载的准确位置，保证 QKD 过程中每个探测器的探测效率达到最大值。然而，该校准过程若被攻击者所干扰，则有可能导致门信号找到的加载位置并非探测器的探测效率最大处。因此，攻击者可利用该过程对探测器的实际探测效率进行干扰和篡改，导致各探测器探测效率的不一致，这将有利于攻击者进行探测器效率不匹配攻击或者时移攻击。作为测试评估方，需要模拟攻击者，对 QKD 系统进行类似的干扰测试，观测在该干扰下，QKD 系统的正常工作状态是否有改变，是否依然能够满足系统运行的各方面假设。测试中，通常包括运行的 QKD 发射端和接收端，以及通过量子信道接入的测试方。测试过程中，保证整个 QKD 系统运行在工作状态，可为校准阶段或者初始密钥交换阶段，然后依据已有科学研究文献的方法进行干扰测试。

7.2 国内外 QKD 系统安全标准构建实例简介

目前，已经有不少国内外标准化组织开展 QKD 相关标准工作，包括国内的中国通信标准化协会（CCSA）、中国密码行业标准化技术委员会（CSTC）等；国际上有国际标准化组织（ISO）、国际电信联盟（ITU）、欧洲电信标准化协会（ETSI）、电气电子工程师学会（IEEE）等。

7.2.1 中国通信标准化协会 QKD 标准化工作概况

中国通信标准化协会于 2017 年 6 月成立了量子通信与信息技术特设任务组，集中了量子保密通信产业链和相关技术领域的 44 家成员单位，基本涵盖了我国量子保密通信技术研究和产业应用的主要力量。任务组围绕量子保密通信标准体系的术语、应用场景、网络架构、技术要求、测试方法、应用接口等内容编制有关国家标准和行业标准展开标准化工作，目标是建立我国自主知识产权的量子保密通信标准体系，支撑 QKD 网络的建设及应用，推动 QKD 相关国际标准化进展。任务组下设量子通信工作组和量子信息处理工作组两个子工作组，已制定了完整的量子保密通信标准体系框架，包括名词术语标准以及业务和系统类、网络技术类、量子通用器件类、量子安全类、量子信息处理类这五大类标准。并且，在 2018 年发布了《量子保密通信白皮书》，旨在为我国量子保密通信产业的发展和标准化建言献策，将为政府决策、行业标准制定、企业技术研发以及社会公众知识科普等提供指导性范本，引导我国量子通信产业健康发展。同时，中国通信标准化协会也在传送网与接入网领域的传送网工作组、光器件工作组，以及网络与信息安全领域的安全基础工作组等立项多个标准研究课题，通过 QKD 技术在不同领域和多个技术方向的共同研究和标准化努力，有望形成技术研究与标准规范的发展合力，进一步加快量子保密通信技术与产业标准化发展进程。

7.2.2 中国密码行业标准化技术委员会 QKD 标准化工作概况

自 2016 年以来，中国密码行业标准化技术委员会围绕量子通信网络组网和基于量子密钥分发的加密通信技术体系框架组织开展 5 项量子密钥分发标准研制工作，包括 3 项研究课题《基于量子密钥分配的网络密码机技术规范研究》、《基于量子密钥分发的加密通信技术体系框架研究》、《量子保密通信测试技术体系框架研究》，以及 2 项行业标准《诱骗态 BB84 量子密钥分配技术规范》、《诱骗态 BB84 量子密钥分配检测规范》。

7.2.3 欧洲电信标准组织 QKD 标准化工作概况

欧洲电信标准组织在 2008 年成立了 QKD 工作组。目标是讨论 QKD 的未来发展并构建必需的 QKD 技术标准，从而使得 QKD 设备生产商能够构建可靠、可信、多样化且共通的 QKD 产品。在工作组成立后的十年间，针对 QKD 系统的技术规范、测试方法、安全认证和网络应用等方面开展标准化，发布了 QKD 应用场景、QKD 组件和内部接口、QKD 应用服务接口、QKD 系统光学模块的特性、QKD 安全证明、QKD 模块安全规范等文件。

基于欧洲电信标准化组织的工作框架，该组织主要以讨论并发表与标准构建相关的各项技术文档及白皮书等 15 余项，其中包括：测试标定 QKD 系统各光学部分的工作特性的方法、QKD 安全证明文档、特洛伊木马攻击的防御措施文档、基于软件定义的网络中 QKD 控制接口文档、应用接口文档等，具体列表如 7-1所示。下面，列举一些典型工作。2018 年，GS QKD 003 V2.1.1 修订和发布，其中在协议技术部分增加了相干单向协议和连续变量 QKD 协议技术描述，在光源和探测器部分增加了自由运转模式和超导纳米线单光子探测器描述，增加了对相位相干弱相干光源和纠缠光子源的描述，去除了和其他标准中重叠的测试参数和测评方法的描述。2018 年 12 月，ETSI-QKD/ISG 批准

表 7-1 ETSI 中与 QKD 的相关工作

文档编号	文档名称	发布时间
GS QKD 002	量子密钥分配 (QKD); 用例	2010 年 06 月
GS QKD 003	量子密钥分配 (QKD); 组件及互联网接口	2018 年 03 月
GS QKD 004	量子密钥分配 (QKD); 应用接口	2010 年 12 月
GS QKD 005	量子密钥分配 (QKD); 安全性证明	2010 年 12 月
GR QKD 007	量子密钥分配 (QKD); 语法	2018 年 12 月
GS QKD 008	量子密钥分配 (QKD); QKD 模型安全规范	2010 年 12 月
GS QKD 010	量子密钥分配 (QKD); 系统实现安全性: 在单向 QKD 系统中抵御 特洛伊木马攻击	起草中
GS QKD 011	量子密钥分配 (QKD); 器件特性描述: QKD 系统中刻画光学器件性能	2016 年 05 月
GS QKD 012	量子密钥分配 (QKD); QKD 系统部署中 设备与通信信道参数	2019 年 02 月
GS QKD 013	量子密钥分配 (QKD); QKD 发送端模型光学 输出的特性描述	起草中
GS QKD 014	量子密钥分配 (QKD); 从 API 到应用的协议和 数据格式	2019 年 02 月
GS QKD 015	量子密钥分配 (QKD); 软件定义的网络中 QKD 控制接口	2022 年 04 月

了 ETSI GS QKD 007 V0.0.3 的发布，其中结合量子物理学和经典加密理论的定义和描述，给出了 QKD 技术涉及的术语、定义和缩略语的参考规范，可以对 QKD 技术描述的相关用语进行统一，同时为不熟悉 QKD 技术的标准阅读者提供相关技术参考。此外，对 QKD-004 的 QKD 设备应用接口定义、QKD-012 的 QKD 应用部署器件和通信信道参数、QKD-013 的发射机模块光输出接口特性和测试、QKD-014 的加密应用 API 密钥传输协议与数据格式定义以及 QKD-015 的软件定义网络 QKD 应用接口方案 5 项标准草案文稿也进行了进一步的讨论和更新。

除此之外，在所发布的一系列标准化成果中，比较有影响力和代表性的是《量子安全白皮书》[220]，以及《量子密码实际安全白皮书》[221]。这两部白皮书为业界呈现了 QKD 目前的总体发展现状，以及在实际中所面临的安全性问题。具体来说，如在上文中所提到的，《量子安全白皮书》阐述了为什么目前需要量子安全的密码技术，以及如何应用这些密码技术，并且阐明了量子安全的密码技术所带来的益处和挑战。《量子密码实际安全性白皮书》阐明了理论上 QKD 系统的安全性和实际中 QKD 系统的安全性，并表明其中存在差异，导致实际 QKD 系统中将面临多种可能的攻击。这一系列技术文档和白皮书发布的目的是整体分析把握 QKD 系统的安全组件，但还并未构建统一框架下的技术标准。

7.2.4 国际标准化组织 QKD 标准化工作概况

国际标准化组织从 2017 年起开始研究评估 QKD 标准设立的需求及可行性。国际标准组织以国家的身份进行参与，对某项标准化工作有兴趣的成员国及相关专家可以在相应的工作组内发起或者参与标准化工作。与欧洲电信标准化组织主要关注技术性的讨论不同，国际标准化组织中对于标准设立的工作流程和相应的工作时间段有明确规定，每半年举行的工作组会议都会对标准化工作目前所处阶段进行讨论，并按照计划推进标准化工作，最终在目标年限内完成标准设立，形成正式公布的国际标准。

《量子密钥分发的安全要求、测试和评估方法》国际标准项目，由我国在 2017 年 11 月于柏林举办的 ISO/IECJTC 1/SC 27 工作组会议上发起，该项目进展较为顺利，经过一年的研究阶段后，于 2018 年 10 月通过会议讨论，中国代表团发起了新工作项目立项申请。2019 年 4 月，经过工作组会议投票，该项目的申请通过，正式进入工作草案阶段。历时 3 年多时间的制定，目前该项目已顺利投票通过，在 2023 年将正式发布。该标准主要分为两个标准文档：ISO/IEC 23837-1《量子密钥分发的安全要求、测试和评估方法——第一部分：安全要求》和 ISO/IEC 23837-2《量子密钥分发的安全要求、测试和评估方法——第二部分：测试和评估方法》。在标准的第一部分中，标准草案从 QKD 安全性的定义出发，明确安全的概念，并介绍 QKD 系统的基本原理和工作流程，阐述目前已有的多种 QKD 协议及其实际系统基本构成。在此基础上，定义了 QKD 系统的安全问题并且明确了 QKD 系统的安全功能要求。在标准的第二部分中，安全评估分为经典部分和量子部分两个模块，分别设立安全测试项。经典部分的安全测试项沿用已有的成熟标准中给出的相应条目；量子部分为该标准中着重需要确定的测试项，测试项的设立根据 QKD 系统所需满足的基本安全假设进行检验，并结合科学研究文献中已发现的多种 QKD 系统安全脆弱性来模拟攻击方式进行测试。在每个测试项中，明确被测部分所需提供的设备接口、测试者所需具备的测试条件，并给出具体的测试流程及测试结果评判方法。

7.2.5 其他国际组织的 QKD 标准化工作情况

7.2.5.1 国际电信联盟标准化进展

国际电信联盟十分重视量子信息领域标准化，在 2018 年 7 月的 ITU-T SG13（未来网络组）会议中，韩国提出的《支持量子密钥分发的网络框架》标准立项通过；同年 9 月 ITU-T SG17（安全组）会议中，韩国进一步提出的《QKD 网络的安全性框架》研究和《量子随机数发生器的安全框架》标准立项成功。SG13 设立了 Y.QKDN_Arch:《QKD 网络功能架构》、Y.QKDN_KM:《QKD 网络密钥管理》、Y.QKDN_SDNC:《QKD 网络的软件定义网络控制》和 Y.QKDN_CM:《QKD 网络的控制和管理》等标准项目研究。SG17 设立了 X.sec_QKDN_ov:《QKD 网络的安全要求-概述》、X.sec_QKDN_km:《QKD 网络的安全要求-密钥管理》、X.cf_QKDN:《关于在 QKD 生成的密钥上使用加密函数的建议》，以及 TR.sec_QKD:《电信网中的 QKD 安全架构》等项目研究。2019 年 9 月，国际电信联盟在标准化顾问组会议中讨论并决定设立“面向网络的量子信息技术焦点组”（FG–QIT4N），由来自中国方面的专家担任主席，来自美国、俄罗斯的专家担任联合主席。

7.2.5.2 电气电子工程师学会进展

2016 年 3 月，由 GE 公司发起成立软件定义量子通信（SDQC）工作组，目标是定义量子通信设备的可编程接口，使量子通信设备可实现灵活的重配置，以支持多种类型的通信协议及测量手段。

第8章

结论与展望

随着信息时代的飞速发展，信息安全已经成为人们重点关注的问题。现有经典密码学技术虽然能够实现在经典计算框架下的安全通信，但它们在实际应用中尚存在一定的不足：私钥体制中的“一次一密”算法虽然能够保证信息的无条件安全，但其要求通信双方共享大量无条件安全密钥，而在经典密码体系内这一问题很难通过技术手段得到有效解决，因此该加密算法一般只用于一些保密性非常高，但信息交换量较小的特殊场景，无法大规模应用。而私钥体制中的其他加密算法（如 AES，DES 等）能够满足日常加密的需求，但其安全性仍然是基于算法复杂度，无法保证信息的无条件安全；公钥体制虽然可以大规模应用，但其安全性是基于某些数学问题的复杂度，虽然目前的经典计算机无法在有效的时间内破译该密码，但随着计算机计算能力提高，特别是量子计算机的发展，该密码体制的安全性将受到严重威胁。

量子密码学是量子力学在密码学中的应用，其安全性由量子物理基本理论保证，而非数学问题的复杂度，因此为信息的无条件安全传输提供了一种可信的解决方案。QKD 作为量子密码学中发展最为成熟的技术之一，是量子力学在信息技术领域中最成功应用的典范之一。利用 QKD 技术，合法通信双方可以实时、高速地建立无条件安全的密钥，进而结合私钥体制中的“一次一密”加密算法就可以保证信息的无条件安全。经过近四十年发展，QKD 在理论和实验上都得到了快速发展，当前中国和奥地利之间的千公里级量子通信和视频会议已经实现，而且各国都已逐步建成了可实用的量子保密通信网络。

QKD 的安全性由量子力学的基本原理所保证，理论上讲任何窃听者的任何窃听行为都能够被合法通信双方所发现。因此，对于理想 QKD 系统而言，其所产生的密钥具有无条件安全的特性，这一点已经在理论上得到了充分证明。然而，受生产工艺水平的限制，实际 QKD 系统中所采用的光学和电学设备总是存在各种非理想性，而这些非理想性有可能被窃听者所利用，从而使得窃听者可以窃取部分或者全部的密钥信息。研究表明，对于非完美的 QKD 系统，通过设定一些假设条件，合法通信双方仍然可以通过经典纠错和保密放大的方法来提取出无条件安全的密钥。所以，对于实际 QKD 系统而言，密钥的无条件安全性取决于两类条件：第一类为基本假设，如量子力学的正确性、合法通信双方拥有真随机数等；第二类为针对实际系统所提出的假设（或者说是要求，即要求合法通信双方在通信中必须通过一些外部条件来保证这些假设的成立），如公平样本假设、相位随机化假设等。显然，这些假设条件的成立与否直接关系着实际系统中密钥的安全性。对于第一类假设而言，其涉及物理学中的一些基本问题，对这些假设的讨论并不属于量子密码学的范畴，因此在量子密码学中认为它们是成立的。不过第二类假设则是针对实际系统而言的，在实际的应用中，它们有时并不一定能够成立，这就会影响 QKD 系统的安全性，这正是本书所讨论的内容。

通过本书前面几章的介绍可以知道，任何一个实际 QKD 系统只有同时满足理论安全和实际安全后，才能够保证信息在实际应用中不会被窃听者所截取。QKD 虽然天然满足理论安全（这一点由量子力学的基本原理所保证），但其在实际应用中的安全性却仍待提高。因此，只有排除实际系统中可能存在的各种安全隐患后，QKD 才能实现真正意义上的实用化。换言之，研究 QKD 系统的实际安全性问题，对于改善实际 QKD 系统的安全性，进而促进 QKD 的实用化具有十分重要的意义。

一般来说，当合法通信双方发现某种缺陷后，他们总是希望通过某些措施来防御窃听者的攻击行为，从而保证 QKD 在实际运行条件下的安全性。这主要可以通过两个途径来实现，一是安全性补丁，二是设备无关 QKD。

（1）**安全性补丁：**当发现 QKD 系统中的缺陷后，通信双方可以通过改进实验系统方案，或者增加监控设备等来监控窃听者的存在，从而压缩窃听者的攻击空间。该方法具有成本低、实现简单的优点，因此在工程上得到较为广泛使用。但必须注意的是，该方法虽然能够有效增强 QKD 在实际运行环境下的安全性，但是其可能无法保证密钥的无条件安全。①通信双方用于监控窃听者的新设备可能会引入新的安全性漏洞，如为了防止光子数分离攻击需要采用诱骗态方法，但是诱骗态产生时却可能存在侧信道信息泄露，从而导致诱骗态的可区分性，进而破坏诱骗态方案的有效性。②监控的有效性需要仔细地评估。合法通信双方所采用的监控防御策略一般是针对 Eve 的攻击策略而言，而针对某种漏洞所设计的攻击策略具有明显的主观性。通信双方所采取的监控防御措施是否能够抵御基于该漏洞的所有攻击行为尚是一个需要仔细评估的问题。

例如，在单光子探测器致盲攻击中，对于原始的连续光致盲，通信双方可以通过光电流监控来发现窃听者的存在，但是窃听者可以通过脉冲致盲等措施来降低致盲光所产生光电流的功率，从而隐藏自己。

（2）**设备无关协议：**为了从根本上解决 QKD 的实际安全性问题，研究者提出了设备无关 QKD 的概念，包括全设备无关、测量设备无关、半设备无关等。全设备无关 QKD 基于贝尔不等式来保证所产出的密钥仅来自非局域的量子纠缠，因此可以在不知道设备具体运行参数的条件下获得无条件安全的密钥。实现最低的安全假设要求。但是，与贝尔不等式的检验一样，全设备无关 QKD 对系统的效率提出了较高要求，而这在现有技术条件下很难实现。同时，全设备无关 QKD 的安全码率较低，尚无法满足实际应用需求。为了平衡安全性和实验难度的关系，研究者提出了测量设备无关和半设备无关 QKD 等概念。这些协议能够在实际安全性和工程实现间得到很好的平衡，因此具有更好的实际应用前景。

本书讨论了 QKD 系统的实际安全性问题。理论上讲实际系统中任何漏洞都可能被窃听者所利用以获取密钥信息，并且现在的很多攻击研究中也都假设窃听者具有量子力学所允许的全部能力。实际上，在现有的技术条件下（或者说在可预期的技术条件下）窃听者可能并不具备实现某种攻击的技术条件。例如，光子数分离攻击中最重要的一点就是光子数非破坏测量，然而在现有技术条件下（或者说在可预见的近期内）窃听者似乎并不具备非破坏的准确的光子数区分能力。所以，在实际 QKD 系统的安全性问题研究中，应该区分“理论攻击”和“实际攻击”。从系统设计方面来讲，分清这一点是具有现实应用意义的。可以想象一个可以防止所有理论攻击策略的 QKD 系统必然是非常复杂的，而这种复杂性可能会导致两个方面的问题：一是不可控性，一个非常复杂的系统很有可能会存在一些设计者意想不到的漏洞；二是技术的现实性，为了防御理论的攻击，可能就需要一些理论上的设备，而这些设备是目前所不具备的，但实际中并不可能等到所有这些设备都具备后才来搭建 QKD 系统。所以，对于一个系统设计者而言，他似乎更关心“实际攻击”所带来的安全性漏洞，如果一个系统可以防御所有的实际攻击，那么就认为该系统是具有“现实安全性”的。随着技术的发展，窃听者的能力逐步提高，QKD 系统设计者的能力也在逐步提高，此时系统的安全性也必然会逐步提高，从而逼近“理论安全性”。所以，正如没有完全理想的 QKD 系统一样，也没有无穷能力的窃听者！他们的能力都会受到一个时代技术水平的限制，窃听者的能力可能远超过合法通信双方的能力，但绝非无穷。因此，作为终极目标的“理论安全性”只能步步逼近，而“现实安全性”更具实际意义。

此外，在经典密码中存在私钥体制和公钥体制两种，而目前的 QKD 仅是基于私钥体制的，一个直观的问题就是能否找到基于公钥体制的量子密码体制。这个问题可以从两方面来理解。一是设计公钥体制的量子保密通信协议，这些协议将在身份认证等方面表现出较好的优势，但这些协议的设计目前还是比较开放的问题，需要进一步的研究；二是设计基于量子计算机的公钥体制，也就是寻找在量子计算机框架下的数学难题，并基于这些难题来设计公钥密码，这就是所谓的“抗量子密码学”。虽然抗量子密码的安全性仍然是基于数学算法的复杂度，而非物理的无条件安全，但是其具有实现简单、和现有密码兼容等优点，因此在当前条件下仍然具有较好的实际应用价值。感兴趣的读者可以阅读相关的文献以做参考。

综上所述，QKD 虽然在目前已经得到了快速发展，并开始出现了实用化的商用系统，但是由于实际系统中仍然存在很多尚未考虑的非完美因素，而这些非完美性可能会给系统留下一定的安全性隐患，所以当通信双方实际使用 QKD 系统时，他们必需仔细考虑其中可能存在的安全性漏洞。不过，随着对实际 QKD 系统攻防问题的深入研究，这些实际的安全性漏洞都必将被逐步克服，进而逐步趋向无条件安全的保密通信。

参考文献

[1] SHANNON C E. Communication theory of secrecy systems[J]. Bell Syst. Tech. J., 1949, 28: 656-715.

[2] SHOR P W. Algorithms for quantum commuptation: discrete logarithms and factoring[C]//1994 in Proc. 35th Annu. Symp. on the Foundations of Computer Science. Los Alamitos: IEEE, 1994. DOI: 10.1109/SFCS.1994.365700.

[3] LO H K. Insecurity of quantum secure computations[J/OL]. Phys. Rev. A, 1997, 56: 1154-1162. https://link.aps.org/doi/10.1103/PhysRevA.56.1154. DOI: 10.1103/PhysR evA.56.1154.

[4] BENNETT C H, BRASSARD G. Quantum cryptography: Public key distribution and coin tossing[C]//Proc. IEEE International Conference on Computers, Systems, and Signal Processing (Bangalore, India). New York: IEEE Press, 1984: 175-179.

[5] EKERT A K. Quantum cryptography based on Bell' s theorem[J]. Phys. Rev. Lett., 1991, 67(6): 661-663. DOI: 10.1103/PhysRevLett.67.661.

[6] GROSSHANS F, GRANGIER P. Continuous variable quantum cryptography using coherent states[J/OL]. Phys. Rev. Lett., 2002, 88: 057902. https://link.aps.org/doi/10 .1103/PhysRevLett.88.057902. DOI: 10.1103/PhysRevLett.88.057902.

[7] GISIN N, RIBORDY G, TITTEL W, ZBINDEN H. Quantum cryptography[J]. Rev. Mod. Phys., 2002, 74(1): 145-195. DOI: 10.1103/RevModPhys.74.145.

[8] BENNETT C H, BRASSARD G, MERMINND. Quantum cryptography without Bell' s theorem[J]. Phys. Rev. Lett., 1992, 68: 557-559. DOI: 10.1103/PhysRevLett.68.557.

[9] BENNETT C H, BESSETTE F, SALVAIL L, et al. Experimental quantum cryptography [J]. J. Cryptology, 1992, 5: 3-28. DOI: 10.1007/bf00191318.

[10] BENNETT C H. Quantum cryptography using any 2 nonorthogonal states[J]. Phys. Rev. Lett., 1992, 68(21): 3121-3124. DOI: 10.1103/PhysRevLett.68.3121.

[11] INOUE K, WAKS E, YAMAMOTO Y. Differential phase shift quantum key distribution [J]. Phys. Rev. Lett., 2002, 89(3): 037902. DOI: 10.1103/PhysRevLett.89.037902.

[12] HWANG W Y. Quantum key distribution with high loss: Toward global secure communication[J]. Phys. Rev. Lett., 2003, 91(5): 057901. DOI: 10.1103/PhysRevLett.91.0 57901.

[13] WANG X B. Beating the photon-number-splitting attack in practical quantum cryptography[J]. Phys. Rev. Lett., 2005, 94(23): 230503. DOI: 10.1103/PhysRevL ett.94.230503.

[14] LO H K, MA X, CHEN K. Decoy state quantum key distribution[J]. Phys. Rev. Lett., 2005, 94(23): 230504. DOI: 10.1103/PhysRevLett.94.230504.

[15] STUCKI D, BRUNNER N, GISIN N, et al. Fast and simple one-way quantum key distribution[J]. Appl. Phys. Lett., 2005, 87(19): 194108. DOI: 10.1063/1.2126 792.

[16] ACIN A, GISIN N, MASANES L. From Bell' s theorem to secure quantum key distribution[J]. Phys. Rev. Lett., 2006, 97: 120405. DOI: 10.1103/PhysRevLett.97.120405.

[17] LO H K, CURTY M, QI B. Measurement-device-independent quantum key distribution[J]. Phys. Rev. Lett., 2012, 108: 130503. DOI: 10.1103/PhysRevLett.108.130503.

[18] SASAKI T, YAMAMOTO Y, KOASHI M. Practical quantum key distribution protocol without monitoring signal disturbance[J]. Nature, 2014, 509: 475. DOI: 10.1038/nature13303.

[19] LUCAMARINI M, YUAN Z L, DYNES J F, SHIELDS A J. Overcoming the ratedistance limit of quantum distribution without quantum repeaters[J]. Nature, 2018, 557: 400. DOI: 10.1038/s41586-018-0066-6.

[20] MAYERS D. Advances in cryptology[C]//KOBLITZ N. Proceedings of Crypto' 96: vol. 1109. [S.l.]: Springer, New York, 1996: 343-357.

[21] LO H K, CHAU H F. Unconditional security of quantum key distribution over arbitrarily long distances[J]. Science, 1999, 283(5410): 2050-2056. DOI: 10.1126/science.283.54 10.2050.

[22] SHOR P W, PRESKILL J. Simple proof of security of the BB84 quantum key distribution protocol[J]. Phys. Rev. Lett., 2000, 85(2): 441-444. DOI: 10.1103/PhysRevLett.85 .441.

[23] BRASSARD G, LÜTKENHAUS N, MOR T, et al. Limitations on practical quantum cryptography[J]. Phys. Rev. Lett., 2000, 85(6): 1330-1333. DOI: 10.1103/Phy sRevLett.85.1330.

[24] LÜTKENHAUS N. Security against individual attacks for realistic quantum key distribution[J]. Phys. Rev. A, 2000, 61(5): 052304. DOI: 10.1103/PhysRevA.61.052304.

[25] GOTTESMAN D, LO H K, LÜTKENHAUS N, PRESKILL J. Security of quantum key distribution with imperfect devices[J]. Quantum Inf. Comput., 2004, 4(5): 325-360.

[26] INAMORI H, LÜTKENHAUS N, MAYERS D. Unconditional security of practical quantum key distribution[J]. Eur. Phys. J. D, 2007, 41: 599-627. DOI: 10.1140/epjd/e2 007-00010-4.

[27] Wang S, Yin Z Q, He D Y, Chen W, et al. Twin field quantum key distribution over 830 km fiber [J]. Nut. phot., 2022, 16, 154-161. DoI: 10.1038/S41566-021-00928-2.

[28] CHEN Y A, ZHANG Q, CHEN T Y, et al. An integrated space-to-ground quantum communication network over 4,600 kilometres[J/OL]. Nature, 2021, 589(7841): 214-219. https://doi.org/10.1038/s41586-020-03093-8. DOI: 10.1038/s41586-020-03093- 8.

[29] WANG S, CHEN W, YIN Z Q, et al. Field and long-term demonstration of a wide area quantum key distribution newtork[J]. Opt. Express, 2014, 22: 21739-21756. DOI: 10.1364/OE.22.021739.

[30] SASAKI M, FUJIWARA M, ISHIZUKA H, et al. Field test of quantum key distribution in the Tokyo QKD Network[J]. Opt. Express, 2011, 19(11): 10387-10409. DOI: 10.13 64/OE.19.010387.

[31] STUCKI D, LEGRÉ M, BUNTSCHU F, et al. Long-term performance of the Swiss quantum quantum key distribution network in a field environment[J]. New J. Phys., 2011, 13: 123001. DOI: 10.1088/1367-2630/13/12/123001.

[32] ZHAO Y, QI B, MA X, et al. Experimental quantum key distribution with decoy states[J]. Phys. Rev. Lett., 2006, 96: 070502. DOI: 10.1103/PhysRevLett.96.070502.

[33] PENG C Z, ZHANG J, YANG D, et al. Experimental long-distance decoy-states quantum key distribution based on polarization encoding[J/OL]. Phys. Rev. Lett., 2007, 98: 010505. https://link. aps.org/doi/10.1103/PhysRevLett.98.010505. DOI: 10.1103/PhysRevLett.98.010505.

[34] ROSENBERG D, HARRINGTON J W, RICE P R, et al. Long-distance decoy-state quantum key distribution in optical fiber[J]. Phys. Rev. Lett., 2007, 98(1): 010503. DOI: 10.1103/PhysRevLett.98.010503.

[35] SCHMITT-MANDERBACH T, WEIER H, FÜRST M, et al. Experimental demonstration of free-space decoy-state quantum key distribution over 144 km[J]. Phys. Rev. Lett., 2007, 98(1): 010504. DOI: 10.1103/PhysRevLett.98.010504.

[36] DIXON A R, YUAN Z L, DYNES J F, et al. Gigahertz decoy quantum key distribution with 1 Mbit/s secure key rate[J]. Opt. Express, 2008, 16(23): 18790-18979. DOI: 10.13 64/OE.16.018790.

[37] ZHANG Q, TAKESUE H, HONJO T, et al. Megabits secure key rate quantum key distribution[J]. New J. Phys., 2009, 11: 045010. DOI: 10.1088/1367-2630/11/4/04501 0.

[38] STUCKI D, WALENTA N, VANNEL F, et al. High rate, long-distance quantum key distribution over 250 km of ultra low loss fibres[J]. New J. Phys., 2009, 11(7): 075003. DOI: 10.1088/1367-2630/11/7/075003.

[39] LIU Y, CHEN T Y,WANG J, et al. Decoy-state quantum key distribution with polarized photons over 200 km[J]. Opt. Express, 2010, 18(8): 8587-8594. DOI: 10.1364/OE.18.0 08587.

[40] LUCAMARINI M, PATEL K A, DYNES J F, et al. Efficient decoy state quantum key distribution with quantified security[J]. Opt. Express, 2013, 21: 24550-24565. DOI: 10.1364/OE.21.024550.

[41] RUBENOK A, SLATER J A, CHAN P, et al. Real-world two-photon interference and proof-of-principle quantum key distribution immune to detector attacks[J]. Phys. Rev. Lett., 2013, 111: 130501. DOI: 10.1103/PhysRevLett.111.130501.

[42] TANG Y, YIN H, CHEN S, et al. Measurement-device-independent quantum key distribution over 200 km[J]. Phys. Rev. Lett., 2014, 113: 190501. DOI: 10.1103/PhysRev Lett.113.190501.

[43] COMANDAR L C, LUCAMARINI M, FRÖHLICH B, et al. Quantum cryptography without detector vulnerabilities using optically-seeded lasers[J]. Nat. Photonics, 2016, 10: 312-315. DOI: 10.1038/nphoton.2016.50.

[44] LIAO S K, CAI W Q, LIU W Y, et al. Satellite-to-ground quantum key distribution[J]. Nature, 2017, 549: 43. DOI: 10.1038/nature23655.

[45] BOARON A, BOSO G, RUSCA D, et al. Secure quantum key distribution over 421 km of optical fiber[J]. Phys. Rev. Lett., 2018, 121: 190502. DOI: 10.1103/PhysRevLe tt.121.190502.

[46] LIU H W, WANG J P, MA H Q, SUN S H. Polarization-multiplexing-based measurement-device-independent quantum key distribution without phase reference calibration[J]. Optica, 2018, 5: 902-909. DOI: 10.1364/OPTICA.5.000902.

[47] CHEN J P, ZHANG C, LIU Y, et al. Sending-or-not-sending with independent lasers: Secure twin-field quantum key distribution over 509 km[J/OL]. Phys. Rev. Lett., 2020, 124: 070501. https://link.aps.org/doi/ 10.1103/PhysRevLett.124.070501. DOI: 10.1103/PhysRevLett.124.070501.

[48] GROSSHANS F, GRANGIER P. Continuous variable quantum cryptography using coherent states[J/OL]. Phys. Rev. Lett., 2002, 88: 057902. https://link.aps.org/doi/10.1103/PhysRevLett.88.057902. DOI: 10.1103/PhysRevLett.88.057902.

[49] WEEDBROOK C, LANCE A M, BOWENWP, et al. Quantum cryptography without switching[J/OL]. Phys. Rev. Lett., 2004, 93: 170504. https://link.aps.org/doi/10.1103 /PhysRevLett.93.170504. DOI: 10.1103/PhysRevLett.93.170504.

[50] GROSSHANS F, GRANGIER P. Reverse reconciliation protocols for quantum cryptography with continuous variables[J]. ArXiv preprint, 2002, quant-ph/: 0204127.

[51] NAVASCUÉS M, GROSSHANS F, ACIN A. Optimality of Gaussian attacks in continuous-variable quantum cryptography[J/OL]. Phys. Rev. Lett., 2006, 97: 190502. https://link.aps.org/doi/10.1103/PhysRevLett.97.190502. DOI: 10.1103 /PhysRevLett.97.190502.

[52] GARCIA-PATRÓNR, CERFNJ.Unconditional optimality of Gaussian attacks against continuous-variable quantum key distribution[J/OL]. Phys. Rev. Lett., 2006, 97: 190503. https://link.aps.org/doi/10.1103/PhysRevLett.97.190503. DOI: 10.1103/Phys RevLett.97.190503.

[53] RENNER R, CIRAC J I. De Finetti representation theorem for infinite-dimensional quantum systems and applications to quantum Cryptography [J/OL]. Phys. Rev. Lett., 2009, 102: 110504. https://link.aps.org/doi/10.1103/PhysRevLett.102.110504. DOI: 10.1103/PhysRevLett.102.110504.

[54] CERF N J, LÉVY M, ASSCHE G V. Quantum distribution of Gaussian keys using squeezed states[J/OL]. Phys. Rev. A, 2001, 63: 052311. https://link.aps.org/doi/10.11 03/PhysRevA.63.052311. DOI: 10.1103/PhysRevA.63.052311.

[55] PIRANDOLA S, MANCINI S, LLOYD S, BRAUNSTEIN S L. Continuous-variable quantum cryptography using two-way quantum communication[J/OL]. Nature Physics, 2008, 4(9): 726-730. https://doi.org/10.1038/nphys1018. DOI: 10.1038/nphys1018.

[56] GARCIA-PATRÓN R, CERF N J. Continuous-variable quantum key distribution protocols over noisy channels[J/OL]. Phys. Rev. Lett., 2009, 102: 130501. https://lin k.aps.org/doi/10.1103/PhysRevLett.102.130501. DOI: 10.1103/PhysRevLett.102.130 501.

[57] LEVERRIER A, GRANGIER P. Unconditional security proof of long-distance continuous-variable quantum key distribution with discrete modulation[J/OL]. Phys. Rev. Lett., 2009, 102: 180504. https://link.aps. org/-doi/10.1103/PhysRevLett.102.1805 04. DOI: 10.1103/PhysRevLett.102.180504.

[58] SUN M, PENG X, GUO H. An improved two-way continuous-variable quantum key distribution protocol with added noise in homodyne detection[J/OL]. Journal of Physics B: Atomic, Molecular and Optical Physics, 2013, 46(8): 085501. https://doi.org/10.108 8/0953-4075/46/8/085501. DOI: 10.1088/0953-4075/46/8/085501.

[59] WEEDBROOK C. Continuous-variable quantum key distribution with entanglement in the middle[J/OL]. Phys. Rev. A, 2013, 87: 022308.

https://link.aps.org/doi/10.1103/Ph ysRevA.87.022308. DOI: 10.1103/PhysRevA.87.022308.

[60] LI Z, ZHANG Y C, XU F, et al. Continuous-variable measurement-device-independent quantum key distribution[J/OL]. Phys. Rev. A, 2014, 89: 052301. https://link.aps.org /doi/10.1103/PhysRevA.89.052301. DOI: 10.1103/PhysRevA.89.052301.

[61] PIRANDOLA S, OTTAVIANI C, SPEDALIERI G, et al. High-rate measurementdevice-independent quantum cryptography[J]. Nature Photonics, 2015, 9(6): 397-402.

[62] ZHANG Y C, LI Z, YU S, et al. Continuous-variable measurement-device-independent quantum key distribution using squeezed states[J/OL]. Phys. Rev. A, 2014, 90: 052325. https://link.aps.org/doi/10.1103/PhysRevA.90.052325. DOI: 10.1103/PhysRevA.90.0 52325.

[63] USENKO V C, GROSSHANS F. Unidimensional continuous-variable quantum key distribution[J/OL]. Phys. Rev. A, 2015, 92: 062337. https://link.aps.org/doi/10.1103/P hysRevA.92.062337. DOI: 10.1103/PhysRevA.92.062337.

[64] USENKO V C. Unidimensional continuous-variable quantum key distribution using squeezed states[J/OL]. Phys. Rev. A, 2018, 98: 032321. https://link.aps.org/doi/10.11 03/PhysRevA.98.032321. DOI: 10.1103/PhysRevA.98.032321.

[65] LI Z, ZHANG Y, GUO H. User-defined quantum key distribution[EB/OL]. 2018. https://arxiv.org/abs/1805.04249.

[66] ZHANG Y, CHEN Z, WEEDBROOK C, et al. Continuous-variable source-deviceindependent quantum key distribution against general attacks[J]. Scientific Reports, 2020, 10(1): 1-10.

[67] GROSSHANS F, VAN ASSCHE G, WENGER J, et al. Quantum key distribution using gaussian-modulated coherent states[J/OL]. Nature, 2003, 421(6920): 238-241. https://doi.org/10.1038/nature01289. DOI: 10.1038/nature01289.

[68] JOUGUET P, KUNZ-JACQUES S, LEVERRIER A, et al. Experimental demonstration of long-distance continuous-variable quantum key distribution [J/OL]. Nature Photonics, 2013, 7(5): 378-381. https://doi.org/10.1038/nphoton.2013.63. DOI: 10.1038/npho ton.2013.63.

[69] HUANG D, HUANG P, LI H, et al. Field demonstration of a continuous-variable quantum key distribution network[J/OL]. Opt. Lett., 2016, 41(15): 3511-3514. http://o l.osa.org/abstract.cfm?URI=ol-41-15-3511. DOI: 10.1364/OL.41.003511.

[70] ZHANG Y, LI Z, CHEN Z, et al. Continuous-variable QKD over 50 km commercial fiber[J/OL]. Quantum Science and Technology, 2019, 4(3): 035006. https://doi.org/10 .1088/2058-9565/ab19d1. DOI: 10.1088/2058-9565/ab19d1.

[71] ZHANGY,CHENZ, PIRANDOLA S, et al. Long-distance continuous-variable quantum key distribution over 202.81 km of Fiber[J/OL]. Phys. Rev. Lett., 2020, 125: 010502. https://link.aps.org/doi/10.1103/PhysRevLett.125.010502. DOI: 10.1103/Phy sRevLett.125.010502.

[72] LANCE A M, SYMUL T, SHARMA V, et al. No-switching quantum key distribution using broadband modulated coherent light[J/OL]. Phys. Rev. Lett., 2005, 95: 180503. https://link.aps.org/doi/10.1103/PhysRevLett.95.180503. DOI: 10.1103/PhysRevLett .95.180503.

[73] LODEWYCK J, DEBUISSCHERT T, TUALLE-BROURI R, et al. Controlling excess noise in fiber-optics continuous-variable quantum key distribution[J/OL]. Phys. Rev. A, 2005, 72: 050303. https://link.aps.org/doi/10.1103/PhysRevA.72.050303. DOI: 10.1103/PhysRevA.72.050303.

[74] LODEWYCK J, BLOCH M, GARCIA-PATRÓN R, et al. Quantum key distribution over 25 km with an all-fiber continuous-variable system[J/OL]. Phys. Rev. A, 2007, 76: 042305. https://link.aps.org/doi/10.1103/PhysRevA.76.042305. DOI: 10.1103/Phy sRevA.76.042305.

[75] FOSSIER S, DIAMANTI E, DEBUISSCHERT T, et al. Field test of a continuousvariable quantum key distribution prototype[J/OL]. New Journal of Physics, 2009, 11(4): 045023. https://doi.org/10.1088/1367-2630/11/4/045023. DOI: 10.1088/1367-2 630/11/4/045023.

[76] JOUGUET P, KUNZ-JACQUES S, DEBUISSCHERT T, et al. Field test of classical symmetric encryption with continuous variables quantum key distribution[J/OL]. Opt. Express, 2012, 20(13): 14030-14041. http://www. opticsexpress.org/abstract.cfm?URI =oe-20-13-14030. DOI: 10.1364/OE.20.014030.

[77] JACOBSEN C S, GEHRING T, ANDERSEN U L. Continuous variable quantum key distribution with a noisy laser[J/OL]. Entropy, 2015, 17(7): 4654-4663. https://www .mdpi.com/1099-4300/17/7/4654. DOI: 10.3390/e17074654.

[78] HUANG D, LIN D,WANG C, et al. Continuous-variable quantum key distribution with 1 Mbps secure key rate[J/OL]. Opt. Express, 2015, 23(13): 17511-17519. http://www .opticsexpress.org/abstract.cfm?URI=oe-23-13-17511. DOI: 10.1364/OE.23.017511.

[79] WANG C, HUANG D, HUANG P, et al. 25MHz clock continuous-variable quantum key distribution system over 50km fiber channel[J/OL]. Scientific Reports, 2015, 5(1): 14607. https://doi.org/10.1038/srep14607. DOI: 10.1038/srep14607.

[80] QI B, LOUGOVSKI P, POOSER R, et al. Generating the local oscillator “Locally” in continuous-variable quantum key distribution based on coherent detection[J/OL]. Phys. Rev. X, 2015, 5: 041009. https://link.aps.org/doi/10.1103/PhysRevX.5.041009. DOI: 10.1103/PhysRevX.5.041009.

[81] HUANG D, HUANG P, LIN D, et al. High-speed continuous-variable quantum key distribution without sending a local oscillator[J/OL]. Opt. Lett., 2015, 40(16): 3695- 3698. http://ol.osa.org/abstract.cfm?URI=ol-40-16-3695. DOI: 10.1364/OL.40.00369 5.

[82] SOH D B S, BRIF C, COLES P J, et al. Self-referenced continuous-variable quantum key distribution protocol[J/OL]. Phys. Rev. X, 2015, 5: 041010. https://link.aps.org/d oi/10.1103/PhysRevX.5.041010. DOI: 10.1103/PhysRevX.5.041010.

[83] HUANG D, HUANG P, LIN D, ZENG G. Long-distance continuous-variable quantum key distribution by controlling excess noise[J/OL]. Scientific Reports, 2016, 6(1): 19201. https://doi.org/10.1038/srep19201. DOI: 10.1038/srep19201.

[84] WANG X, LIU W, WANG P, LI Y. Experimental study on all-fiber-based unidimensional continuous-variable quantum key distribution[J/OL]. Phys. Rev. A, 2017, 95: 062330. https://link.aps.org/doi/10.1103/PhysRevA.95.062330. DOI: 10.1103/PhysRe vA.95.062330.

[85] SHEN S Y, DAIMW, ZHENG X T, et al. Free-space continuous-variable quantum key distribution of unidimensional Gaussian modulation using polarized coherent states in an urban environment[J/OL]. Phys. Rev. A, 2019, 100: 012325. https://link.aps.org/do i/10.1103/PhysRevA.100.012325. DOI: 10.1103/PhysRevA.100.012325.

[86] KURTSIEFER C, ZARDA P, MAYER S, WEINFURTER H. The breakdown flash of silicon avalanche photodiodes—back door for eavesdropper attacks?[J]. J. Mod. Opt., 2001, 48: 2039-2047. DOI: 10.1080/09500340108240905.

[87] MAKAROV V, HJELME D R. Faked states attack on quantum cryptosystems[J]. J. Mod. Opt., 2005, 52: 691-705. DOI: 10.1080/09500340410001730986.

[88] MAKAROV V, ANISIMOV A, SKAAR J. Effects of detector efficiency mismatch on security of quantum cryptosystems[J]. Phys. Rev. A, 2006, 74(2): 022313. DOI: 10.1103/PhysRevA.74.022313.

[89] GISIN N, FASEL S, KRAUS B, et al. Trojan-horse attacks on quantum-key-distribution systems[J]. Phys. Rev. A, 2006, 73(2): 022320. DOI: 10.1103/PhysRevA.73.022320.

[90] VAKHITOV A, MAKAROV V, HJELME D R. Large pulse attack as a method of conventional optical eavesdropping in quantum cryptography[J]. J. Mod. Opt., 2001, 48(13): 2023-2038. DOI: 10.1080/09500340108240904.

[91] LAMAS-LINARES A, KURTSIEFER C. Breaking a quantum key distribution system through a timing side channel[J]. Opt. Express, 2007, 15: 9388-9393. DOI: 10.1364/oe .15.009388.

[92] QI B, FUNG C H F, LO H K, MA X. Time-shift attack in practical quantum cryptosystems[J]. Quantum Inf. Comput., 2007, 7(1-2): 73-82.

[93] ZHAO Y, FUNG C H F, QI B, et al. Quantum hacking: Experimental demonstration of time-shift attack against practical quantum-key-distribution systems[J]. Phys. Rev. A, 2008, 78(4): 042333. DOI: 10.1103/PhysRevA.78.042333.

[94] FUNGCHF, QI B, TAMAKIK,LOHK. Phase-remapping attack in practical quantumkey- distribution systems[J]. Phys. Rev. A, 2007, 75(3): 032314. DOI: 10.1103/PhysRe vA.75.032314.

[95] XU F, QI B, LO H K. Experimental demonstration of phase-remapping attack in a practical quantum key distribution system[J]. New J. Phys., 2010, 12: 113026. DOI: 10.1088/1367-2630/12/11/113026.

[96] LYDERSEN L, WIECHERS C, WITTMANN C, et al. Hacking commercial quantum cryptography systems by tailored bright illumination[J]. Nat. Photonics, 2010, 4: 686-689. DOI: 10.1038/nphoton.2010.214.

[97] MAKAROV V. Controlling passively quenched single photon detectors by bright light[J]. New J. Phys., 2009, 11(6): 065003. DOI: 10.1088/1367-2630/11/6/065003.

[98] GERHARDT I, LIU Q, LAMAS-LINARES A, et al. Full-field implementation of a perfect eavesdropper on a quantum cryptography system[J]. Nat. Commun., 2011, 2: 349. DOI: 10.1038/ncomms1348.

[99] GERHARDT I, LIU Q, LAMAS-LINARES A, et al. Experimentally faking the violation of Bell’ s inequalities[J]. Phys. Rev. Lett., 2011, 107: 170404. DOI: 10.1103/PhysR evLett.107.170404.

[100] LYDERSEN L, AKHLAGHI M K, MAJEDI A H, et al. Controlling a superconducting nanowire single-photon detector using tailored bright illumination[J]. New J. Phys., 2011, 13: 113042. DOI: 10.1088/1367-2630/13/11/113042.

[101] SUN S H, JIANG M S, LIANG L M. Passive Faraday-mirror attack in a practical two-way quantum-key-distribution system[J]. Phys. Rev. A, 2011, 83(6): 062331. DOI: 10.1103/PhysRevA.83.062331.

[102] HUANG J Z, WEEDBROOK C, YIN Z Q, et al. Quantum hacking of a continuousvariable quantum-key-distribution system using a wavelength attack[J]. Phys. Rev. A, 2013, 87: 062329. DOI: 10.1103/PhysRevA.87.062329.

[103] LI H W, WANG S, HUANG J Z, et al. Attacking a practical quantum-key-distribution system with wavelength-dependent beam-splitter and multi-wavelength sources[J]. Phys. Rev. A, 2011, 84: 062308. DOI: 10.1103/PhysRevA.84.062308.

[104] HENNING W, HARALD K, MARKUS R, et al. Quantum eavesdropping without interception: an attack exploiting the dead time of single-photon detectors[J]. New J. Phys., 2011, 13: 073024.

[105] JAIN N, WITTMANN C, LYDERSEN L, et al. Device calibration impacts security of quantum key distribution[J]. Phys. Rev. Lett., 2011, 107: 110501. DOI: 10.1103/PhysR evLett.107.110501.

[106] JIANG M S, SUN S H, LI C Y, LIANG L M. Wavelength-selected photon-numbersplitting attack against plug-and-play quantum key distribution systems with decoy states[J]. Phys. Rev. A, 2012, 86: 032310. DOI: 10.1103/PhysRevA.86.032310.

[107] SAJEED S, RADCHENKO I, KAISER S, et al. Attacks exploiting deviation of mean photon number in quantum key distribution and coin tossing[J]. Phys. Rev. A, 2015, 91: 032326. DOI: 10.1103/PhysRevA.91.032326.

[108] SUN S H, GAO M, JIANG M S, et al. Partially random phase attack to the practical two-way quantum-key-distribution system[J]. Phys. Rev. A, 2012, 85: 032304. DOI: 10.1103/PhysRevA.85.032304.

[109] TANGY L, YINHL,MAX, et al. Source attack of decoy-state quantum key distribution using phase information[J]. Phys. Rev. A, 2013, 88: 022308. DOI: 10.1103/PhysRevA.88.022308.

[110] BARRETT J, COLBECK R, KENT A. Memory attacks on device-independent quantum cryptography[J]. Phys. Rev. Lett., 2013, 110: 010503.

[111] BUGGE A N, SAUGE S, GHAZALIA M M, et al. Laser damage helps the eavesdropper in quantum cryptography[J]. Phys. Rev. Lett., 2014, 112: 070503. DOI: 10.1103/PhysR evLett.112.070503.

[112] MAKAROV V, BOURGOIN J P, CHAIWONGKHOT P, et al. Creation of backdoors in quantum communications via laser damage[J]. Phys. Rev. A, 2016, 94: 030302. DOI: 10.1103/PhysRevA.94.030302.

[113] SUN S H,XUF, JIANGMS, et al. Effect of source tampering in the security of quantum cryptography[J]. Phys. Rev. A, 2015, 92: 022304. DOI: 10.1103/PhysRevA.92.022304.

[114] CURTY M, LO H K. Foiling covert channels and malicious classical post-processing units in quantum key distribution[J]. Npj Quantum Inf., 2019, 5: 14.

[115] YOSHINO K I, FUJIWARA M, NAKATA K, et al. Quantum key distribution with an efficient countermeasure against correlated intensity fluctuations in optical pulses[J]. Npj Quantum Inf., 2018, 4: 8.

[116] HUANG P, HE G Q, ZENG G H. Bound on noise of coherent source for secure continuous-variable quantum key distribution[J/OL]. International Journal of Theoretical Physics, 2013, 52(5): 1572-1582. https://doi.org/10.1007/s10773-012-1475-1. DOI: 10.1007/s10773-012-1475-1.

[117] MAX C, SUN S H, JIANGMS, LIANG L M. Local oscillator fluctuation opens a loophole for Eve in practical continuous-variable quantum-key-distribution systems[J/OL]. Phys. Rev. A, 2013, 88: 022339. https:link.aps.org/doi/10.1103/PhysRevA.88.022339. DOI: 10.1103/PhysRevA.88.022339.

[118] JOUGUET P, KUNZ-JACQUES S, DIAMANTI E. Preventing calibration attacks on the local oscillator in continuous-variable quantum key distribution[J/OL]. Phys. Rev. A, 2013, 87: 062313. https://link.aps.org/doi/10.1103/PhysRevA.87.062313. DOI: 10.1103/PhysRevA.87.062313.

[119] JOUGUET P, KUNZ-JACQUES S, DIAMANTI E. Preventing calibration attacks on the local oscillator in continuous-variable quantum key distribution[J/OL]. Phys. Rev. A, 2013, 87: 062313. https://link.aps.org/doi/10.1103/PhysRevA.87.062313. DOI: 10.1103/PhysRevA.87.062313.

[120] HUANG P, HUANG J, WANG T, et al. Robust continuous-variable quantum key distribution against practical attacks[J/OL]. Phys. Rev. A, 2017, 95: 052302. https://link.a ps.org/doi/10.1103/PhysRevA.95.052302. DOI: 10.1103/PhysRevA.95.052302.

[121] MA X C, SUN S H, JIANG M S, et al. Wavelength attack on practical continuous-variable quantum-key-distribution system with a heterodyne protocol[J/OL]. Phys. Rev. A, 2013, 87: 052309. https://link.aps.org/doi/10.1103/Phys RevA. 87.052309. DOI: 10.1103/PhysRevA. 87.052309.

[122] MA X C, SUN S H, JIANG M S, et al. Wavelength attack on practical continuous-variable quantum-key-distribution system with a heterodyne protocol[J/OL]. Phys. Rev. A, 2013, 87: 052309. https://link.aps.org/doi/10.1103/Phys RevA.87.052309. DOI: 10.1103/PhysRevA.87.052309.

[123] HUANG J Z, KUNZ-JACQUES S, JOUGUET P, et al. Quantum hacking on quantum key distribution using homodyne detection[J/OL]. Phys. Rev. A, 2014, 89: 032304. https://link.aps.org/doi/10.1103/PhysRevA.89.032304. DOI: 10.1103/PhysRevA.89.0 32304.

[124] Stiller B, khan I, Jain N, et al. Quantum hacking of countinous variable quantum key distribution system: realtime Trojan-horse attack[J]. CLEO: 2015.doi: 10 · 1364/ cleo-qels. 2015.

[125] QIN H, KUMAR R, ALLÉAUME R. Quantum hacking: Saturation attack on practical continuous-variable quantum key distribution[J]. Phys. Rev. A, 2016, 94: 012325. DOI: 10.1103/PhysRevA.94.012325.

[126] REN S, KUMAR R, WONFOR A, et al. Reference pulse attack on continuous variable quantum key distribution with local local oscillator under trusted phase noise[J/OL]. J. Opt. Soc. Am. B, 2019, 36(3): B7-B15. http://josab.osa.org/abstract.cfm?URI=josab-3 6-3-B7. DOI: 10.1364/JOSAB.36.0000B7.

[127] ZHAO Y, ZHANG Y, HUANG Y, et al. Polarization attack on continuous-variable quantum key distribution[J/OL]. Journal of Physics B: Atomic, Molecular and Optical Physics, 2018, 52(1): 015501. https: // doi. org / 10 . 1088 / 1361 - 6455 / aaf0b7. DOI: 10.1088/1361-6455/aaf0b7.

[128] QIN H, KUMAR R, MAKAROV V, ALLÉAUME R. Homodyne-detector-blinding attack in continuous-variable quantum key distribution[J/OL]. Phys. Rev. A, 2018, 98: 012312. https://link.aps.org/doi/10.1103/PhysRevA.98.012312. DOI: 10.1103/PhysRe vA.98.012312.

[129] ZHENG Y, HUANG P, HUANG A, et al. Security analysis of practical continuousvariable quantum key distribution systems under laser seeding attack[J/OL]. Opt. Express, 2019, 27(19): 27369-27384. http://www. opticsexpress.org/abstract.cfm?URI=o e-27-19-27369. DOI: 10.1364/OE.27.027369.

[130] ZHENG Y, HUANG P, HUANG A, et al. Practical security of continuous-variable quantum key distribution with reduced optical attenuation[J/OL]. Phys. Rev. A, 2019, 100: 012313. https://link.aps.org/doi/ 10.1103/PhysRevA.100.012313. DOI: 10.1103/P hysRevA.100.012313.

[131] CAO Z, ZHANG Z, LO H, MA X. Discrete-phase-randomized coherent state source and its application in quantum key distribution[J]. New J. Phys., 2015, 17: 053014.

[132] LEIFGEN M, SCHRDER T, GDEKE F, et al. Evaluation of nitrogen- and siliconvacancy defect centres as single photon sources in quantum key distribution[J]. New J. Phys., 2014, 16: 023021.

[133] DUŠEK M, HADERKA O, HENDRYCH M. Generalized beam-splitting attack in quantum cryptography with dim coherent states[J]. Optics Communications, 1999, 169: 103-108.

[134] DUŠEK M, JAHMA M, LÜTKENHAUS N. Unambiguous state discrimination in quantum cryptography with weak coherent states[J]. Phys. Rev. A, 2000, 62(2): 022306. DOI: 10.1103/PhysRevA.62.022306.

[135] CALSAMIGLIA J, BARNETT S M, LÜTKENHAUS N. Conditional beam-splitting attack on quantum key distribution[J]. Phys. Rev. A, 2001, 65: 012312.

[136] LI H W, YIN Z Q, WANG S, et al. Randomness determines practical security of BB84 quantum key distribution[J]. Sci. Rep., 2015, 5: 16200. DOI: 10.1038/srep16200.

[137] MA X C, SUN S H, JIANG M S, LIANG L M. Wavelength attack on practical continuous-variable quantum key distribution system with a heterodyne protocol[J]. Phys. Rev. A, 2013, 87: 052309. DOI: 10.1103/PhysRevA.87.052309.

[138] MAKAROV V, SKAAR J. Faked states attack using detector efficiency mismatch on SARG04, phase-time, DPSK, and Ekert protocols[J]. Quantum Inf. Comput., 2008, 8: 622-635.

[139] TSURUMARU T, TAMAKI K. Security proof for quantum-key-distribution systems with threshold detectors[J]. Phys. Rev. A, 2008, 78(3): 032302. DOI: 10.1103 /PhysRevA.78.032302.

[140] KOBAYASHI T, TOMITA A, OKAMOTO A. Evaluation of the phase randomness of a light source in quantum-key-distribution systems with an attenuated laser[J]. Phys. Rev. A, 2014, 90: 032320. DOI: 10.1103/PhysRevA.90.032320.

[141] NAUERTH S, FÜRST M, SCHMITT-MANDERBACH T, et al. Information leakage via side channels in freespace BB84 quantum cryptography[J]. New J. Phys., 2009, 11(6): 065001. DOI: 10.1088/1367-2630/11/6/065001.

[142] HUANGA, SUN S H, LIU Z,MAKAROVV. Decoy state quantum key distribution with distinguishable source[J]. Phys. Rev. A, 2018, 98. DOI: 10.1103/PhysRevA.98.012330.

[143] ACIN A, BRUNNER N, GISIN N, et al. Device-independent security of quantum cryptography against collective attacks[J]. Phys. Rev. Lett., 2007, 98: 230501. DOI: 10.1103/PhysRevLett.98.230501.

[144] PIRONIO S, ACIN A, BRUNNER N, et al. Device-independent quantum key distribution secure against collective attacks[J]. New J. of Phys., 2009, 11: 045021.

[145] CURTY M, MORODER T. Heralded-qubit amplifiers for practical device-independent quantum key distirbution[J]. Phys. Rev. A, 2011, 84: 010304(R).

[146] NIELSEN M A, CHUANG I L. Quantum computation and quantum information[M]. Cambridge: Cambridge University Press, 2000.

[147] DUAN L M, GUO G C. Probabilistic cloning and identification of linearly independent quantum state[J]. Phys. Rev. Lett., 1998, 80: 4999. DOI: 10.1103/PhysRevLett.80.4999.

[148] BARNETT S M. Minimum-error discrimination between multiply symmetric states[J]. Phys. Rev. A, 2001, 64: 030303(R). DOI: 10.1103/PhysRevA.64.030303.

[149] MA X F, RAZAVI M. Alternative schemes for measurement-device-independent quantum key distribution[J]. Phys. Rev. A, 2012, 86: 062319. DOI: 10.1103/PhysRevA.86.062319.

[150] SCARANI V, ACÍN A, RIBORDY G, et al. Quantum cryptography protocols robust against photon number splitting attacks for weak laser pulse implementations[J]. Phys. Rev. Lett., 2004, 92(5): 057901. DOI: 10.1103/PhysRevLett.92.057901.

[151] LAING A, SCARANI V, RARITY J G, et al. Reference-frame-independent quantum key distribution[J]. Phys. Rev. A, 2010, 82: 012304. DOI: 10.1103/PhysRevA .82.012304.

[152] LUCAMARINI M, CHOI I, WARD M B, et al. Practical security bounds against the Trojan-horse attack in quantum key distribution[J]. Phys. Rev. X, 2015, 5: 031030. DOI: 10.1103/PhysRevX.5.031030.

[153] WANG J, SCIARRINO F, LAING A, THOMPSONMG. Integrated photonic quantum technologies[J]. Nat. Physics, 2019, 10: 1038. DOI: 10.1038/s41566-019-0532-1.

[154] HADFIELD R H. Single-photon detectors for optical quantum information applications[J]. Nature Photonics, 2009, 3(12): 696-705. DOI: 10.1038/nphoton.2009.230.

[155] 吴青林, 刘云, 陈巍, 等. 单光子探测技术 [J]. 物理学进展, 2010, 30(3): 296-306.

[156] YUAN Z L, KARDYNAL B E, SHARPE A W, et al. High speed single photon detection in the near infrared[J]. Appl. Phys. Lett., 2007, 91(4): 041114. DOI: 10.1063/1.2760135.

[157] WU G, ZHOU C, CHEN X, et al. High performance of gated-mode single-photon detector at 1.55m[J/OL]. Optics Communications, 2006, 265(1): 126-131. http://www .sciencedirect.com/science/article/pii/S0030401806002987. DOI: https://doi.org/10.10 16/j.optcom.2006.03.053.

[158] CHEN H, JIANG M, SUN S, et al. Room temperature continuous frequency tuning InGaAs/InP single-photon detector[J/OL]. AIP Advances, 2018, 8(7): 075106. https : // doi . org / 10 . 1063 / 1 .5030141. DOI: 10.1063/1.5030141.

[159] PATEL K A, DYNES J F, CHOI I, et al. Coexistence of high-bit-rate quantum key distribution and data on optical fiber[J]. Phy. Rev. X, 2012, 2: 041010. DOI: 10.1103/PhysRevX.2.041010.

[160] MO X F, ZHU B, HAN Z F, et al. Faraday-Michelson system for quantum cryptography[J]. Opt. Lett., 2005, 30(19): 2632-2634. DOI: 10.1364/ol.30.002632.

[161] ZHAO Y, QI B, LO H K. Quantum key distribution with an unknown and untrusted source[J]. Phys. Rev. A, 2008, 77(5): 052327. DOI: 10.1103/PhysRevA.77.05 2327.

[162] XU B J, PENG X, GUO H. Passive scheme with a photon-number-resolving detector for monitoring the untrusted source in a plug-and-play quantum-key-distribution system[J]. Phys. Rev. A, 2010, 82: 042301. DOI: 10.1103/PhysRevA.82.042301.

[163] MULLER A, HERZOG T, HUTTNER B, et al. “Plug and play” systems for quantum cryptography[J]. Appl. Phys. Lett., 1997, 70(7): 793-795. DOI: 10.1063/1.118224.

[164] GUO H, LI Z, YU S, ZHANG Y. Toward practical quantum key distribution using telecom components[J/OL]. Fundamental Research, 2021, 1(1): 96-98. http://www.sci encedirect.com/science/article/pii/S2667325820300108. DOI: https://doi.org/10.1016 /j.fmre.2020.12.002.

[165] SHANNON C E. A mathematical theory of communication[J]. Bell Syst. Tech. J., 1948, 27: 623-656.

[166] RENNER R, CIRAC J I. De Finetti representation theorem for infinite-dimensional quantum systems and applications to quantum cryptography[J]. Phys. Rev. Lett., 2009, 102(11): 110504. DOI: 10.1103/PhysRevLett.102.110504.

[167] RENNER R. Symmetry of large physical systems implies independence of subsystems[J]. Nat. Phys., 2007, 3(9): 645-649. DOI: 10.1038/nphys684.

[168] FUCHS C A, GISIN N, GRIFFITHS R B, et al. Optimal eavesdropping in quantum cryptography 1: Information bound and optimal strategy[J]. Phys. Rev. A, 1997, 56(2): 1163-1172. DOI: 10.1103/PhysRevA.56.1163.

[169] SCARANI V, BECHMANN-PASQUINUCCI H, CERF N J, et al. The security of practical quantum key distribution[J]. Rev. Mod. Phys., 2009, 81(3): 1301-1350. DOI: 10.1103/RevModPhys.81.1301.

[170] WATANABE S, MATSUMOTO R, UYEMATSU T. Tomography increases key rates of quantum-key-distribution protocols[J/OL]. Phys. Rev. A, 2008, 78: 042316. https://l ink.aps.org/doi/10.1103/PhysRevA.78.042316. DOI: 10.1103/PhysRevA.78.042316.

[171] HUTTNER B, IMOTO N, GISIN N, et al. Quantum cryptography with coherent states[J]. Phys. Rev. A, 1995, 51: 1863-1869.

[172] LÜTKENHAUS N. Quantum key distribution with realistic states: photon-number statistics in the photon-number splitting attack[J]. New J. Phys., 2002, 4(5): 44. DOI: doi:10.1088/1367-2630/4/1/344.

[173] MA X, QI B, ZHAO Y, LO H K. Practical decoy state for quantum key distribution[J]. Phys. Rev. A, 2005, 72: 012326. DOI: 10.1103/PhysRevA.72.012326.

[174] GOBBY C, YUAN Z L, SHIELDS A J. Quantum key distribution over 122 km of standard telecom fiber[J]. Appl. Phys. Lett., 2004, 84(19): 3762-3764. DOI: 10.1063/1 .1738173.

[175] WANG X B. Decoy-state protocol for quantum cryptography with four different intensities of coherent light[J]. Phys. Rev. A, 2005, 72(1): 012322. DOI: 10.1103/P hysRevA.72.012322.

[176] ZHOU Y H, YU Z W, WANG X B. Making the decoy-state measurement-deviceindependent quantum key distribution practically useful[J]. Phys. Rev. A, 2016, 93: 042324. DOI: 10.1103/PhysRevA.93.042324.

[177] RENNER R, CIRAC J I. De Finetti representation theorem for infinite-dimensional quantum systems and applications to quantum cryptography[J/OL]. Phys. Rev. Lett., 2009, 102: 110504. https://link.aps. org/-doi/10.1103/PhysRevLett.102.110504. DOI: 10.1103/PhysRevLett.102.110504.

[178] GROSSHANS F, CERF N J. Continuous-variable quantum cryptography is secure against Non-Gaussian attacks[J/OL]. Phys. Rev. Lett., 2004, 92: 047905.

https://link.a ps.org/doi/10.1103/PhysRevLett.92.047905. DOI: 10.1103/PhysRevLett.92.047905.

[179] GARCIA-PATRÓNR, CERFNJ.Unconditional optimality of Gaussian attacks against continuous-variable quantum key distribution[J/OL]. Phys. Rev. Lett., 2006, 97: 190503. https://link.aps.org/doi/10.1103/PhysRevLett.97.190503. DOI: 10.1103/Phys RevLett.97.190503.

[180] NAVASCUÉS M, GROSSHANS F, ACIN A. Optimality of Gaussian attacks in continuous-variable quantum cryptography[J/OL]. Phys. Rev. Lett., 2006, 97: 190502. https://link.aps.org/doi/10.1103/PhysRevLett.97.190502. DOI: 10.1103 /PhysRevLett.97.190502.

[181] LEVERRIER A, GRANGIER P. Simple proof that Gaussian attacks are optimal among collective attacks against continuous-variable quantum key distribution with a Gaussian modulation[J/OL]. Phys. Rev. A, 2010, 81: 062314. https://link.aps.org/doi/10.1103/P hysRevA.81.062314. DOI: 10.1103/PhysRevA.81.062314.

[182] CHRISTANDL M, KÖNIG R, RENNER R. Postselection technique for quantum channels with applications to quantum cryptography[J/OL]. Phys. Rev. Lett., 2009, 102: 020504. https : / / link . aps . org / doi / 10 . 1103 / PhysRevLett . 102 . 020504. DOI: 10.1103/PhysRevLett.102.020504.

[183] LO H K, PRESKILL J. Security of quantum key distribution using weak coherent states with nonrandom phases[J]. Quantum Inf. Comput., 2007, 7: 431-458.

[184] TAMAKI K, CURTY M, KATO G, et al. Loss-tolerant quantum cryptography with imperfect sources[J]. Phys. Rev. A, 2014, 90: 052314. DOI: 10.1103/PhysRevA.90.05 2314.

[185] XU F, WEI K, SAJEED S, et al. Experimental quantum key distribution with source flaws[J]. Phys. Rev. A, 2015, 92: 032305. DOI: 10.1103/PhysRevA.92.032305.

[186] WANG C, SUN S H, MA X C, et al. Reference-frame-independent quantum key distribution with source flaws[J]. Phys. Rev. A, 2015, 92: 042319. DOI: 10.1103/PhysRevA .92.042319.

[187] WANG J P, LIU H W, MA H Q, SUN S H. Experimental study of four-state referenceframe- independent quantum key distribution with source flaws[J]. Phys. Rev. A, 2019, 99: 032309h. DOI: 10.1103/PhysRevA.99.032309.

[188] TAMAKI K, CURTY M, LUCAMARINI M. Decoy-state quantum key distribution with a leaky source[J]. New J. Phys., 2016, 18: 065008. DOI: 10.1088/1367-2630/18/6 /065008.

[189] HIRANO T, YAMANAKA H, ASHIKAGA M, et al. Quantum cryptography using pulsed homodyne detection[J]. Phys. Rev. A, 2003, 68: 042331. DOI: 10.1103/PhysRe vA.68.04233.

[190] BRAUNSTEIN S L, van LOOCK P. Quantum information with continuous variables[J]. Rev. Mod. Phys., 2005, 77(2): 513-577. DOI: 10.1103/RevModPhys.77.513.

[191] ZHAO Y, QI B, LO H K. Experimental quantum key distribution with active phase randomization[J]. Appl. Phys. Lett., 2007, 90(4): 044106. DOI: 10.1063/1.24 32296.

[192] SUN S H, LIANG L M. Experimental demonstration of an active phase randomization and monitor module for quantum key distribution[J]. Appl. Phys. Lett., 2012, 101: 071107. DOI: 10.1063/1.4746402.

[193] HUANG A, NAVARRETE A, SUN S H, et al. Laser-sedding attack in quantum key distribution[J]. Phys. Rev. Applied, 2019, 12: 064043. DOI: 10.1103/PhysRevApplied .12.064043.

[194] PANG X L, YANG A L, ZHANG C N, et al. Hacking quantum key distribution via injection locking[J/OL]. Phys. Rev. Applied, 2020, 13: 034008. https://link.aps.org/doi/10.1103/PhysRevApplied.13.034008. DOI: 10.1103/PhysRevApplied.13.034008.

[195] HUANG A, LI R, EGOROV V, et al. Laser-damage attack against optical attenuators in quantum key distribution[J/OL]. Phys. Rev. Applied, 2020, 13: 034017. https://lin k.aps.org/doi/10.1103/PhysRevApplied.13.034017. DOI: 10.1103/PhysRevApplied.1 3.034017.

[196] JIANG M S, SUN S H, LI C Y, et al. Frequency shift attack on plug-and-play quantum key distribution systems[J]. J. Mod. Opt., 2014, 61: 147-153. DOI: 10.1080/0 9500340.2013.872309.

[197] ZHAO Y, QI B, LO H K, QIAN L. Security analysis of an untrusted source for quantum key distribution: passive approach[J]. New J. Phys., 2010, 12(2): 023024. DOI: 10.108 8/1367-2630/12/2/023024.

[198] Thorlabs. CThe datashett of FM from Thorlabs[R/OL]. (2016-1-1). https://www.thorlabschina.cn/drawing s/545c562df2865770-ACC206C4-E068-1D55-47BC2C5D364FDF13/MFI-1550-AP C-SpecSheet.pdf.

[199] General Photonics. CThe datashett of FM from genearal photonics[R/OL]. (2015-1-1). http://www.genera lphotonics.com/wp-content/uploads/2015/04/FRM.pdf.

[200] PENG X, JIANG H, XU B, et al. Experimental quantum-key distribution with an untrusted source[J]. Opt. Lett., 2008, 33(18): 2077-2079. DOI: 10.1364/ol.33.002077.

[201] PINHEIRO P V P, CHAIWONGKHOT P, SAJEED S, et al. Eavesdropping and countermeasures for backflash side channel in quantum cryptography[J]. Opt. Express, 2018, 26(16): 21020-21032. DOI: 10.1364/OE.26.021020.

[202] SAJEED S, CHAIWONGKHOT P, BOURGOIN J P, et al. Security loophole in freespace quantum key distribution due to spatial-mode detector-efficiency mismatch[J]. Phys. Rev. A, 2015, 91: 062301. DOI: 10.1103/PhysRevA.91.062301.

[203] FUNG C H F, TAMAKI K, QI B, et al. Security proof of quantum key distribution with detection efficiency mismatch[J]. Quantum Inf. Comput., 2009, 9(1 & 2): 131-165.

[204] ZHANG Y, COLES P J, WINICK A, et al. Security proof of practical quantum key distribution with detection-efficiency mismatch[J/OL]. Phys. Rev. Research, 2021, 3: 013076. https://link.aps.org/doi/10.1103/PhysRevResearch.3.013076. DOI: 10.1103/P hysRevResearch.3.013076.

[205] WEIER H, KRAUSS H, RAU M, et al. Quantum eavesdropping without interception: an attack exploiting the dead time of single-photon detectors[J]. New J. Phys., 2011, 13: 073024. DOI: 10.1088/1367-2630/13/7/073024.

[206] LYDERSEN L, WIECHERS C, WITTMANN C, et al. Thermal blinding of gated detectors in quantum cryptography[J]. Opt. Express, 2010, 18: 27938-27954. DOI: 10 .1364/oe.18.027938.

[207] LIM C C W,WALENTA N, LEGRE M, et al. Random variation of detector efficiency: A countermeasure against detector blinding attacks for quantum key distribution[J]. IEEE Journal of Selected Topics in Quantum Electronics, 2015, 21(3): 192-196. DOI: 10.1109/jstqe.2015.2389528.

[208] HUANG A, SAJEED S, CHAIWONGKHOT P, et al. Testing random-detectorefficiency countermeasure in a commercial system reveals a breakable unrealistic assumption [J]. IEEE J. Quantum Electron., 2016, 52(11): 8000211. DOI: 10.1109/JQE.2 016.2611443.

[209] WU Z, HUANG A, CHEN H, et al. Hacking single-photon avalanche detectors in quantum key distribution via pulse illumination[J/OL]. Opt. Express, 2020, 28(17): 25574-25590. http://www.opticsexpress.org/abstract.cfm?URI=oe- 28-17- 25574. DOI: 10.1364/OE.397962.

[210] WIECHERS C, LYDERSEN L, WITTMANN C, et al. After-gate attack on a quantum cryptosystem[J]. New J. Phys., 2011, 13: 013043. DOI: 10.1088/1367-2630/13/1/0130 43.

[211] LYDERSEN L, JAIN N, WITTMANN C, et al. Superlinear threshold detectors in quantum cryptography[J]. Phys. Rev. A, 2011, 84: 032320. DOI: 10.1103/PhysRevA.8 4.032320.

[212] QIAN Y J, HE D Y,WANG S, et al. Hacking the quantum key distribution system by exploiting the avalanche-transition region of single-photon detectors[J]. Phys. Rev. Applied, 2018, 10: 064062. DOI: 10.1103/PhysRevApplied.10.064062.

[213] SUN S H, TIAN Z Y, ZHAO M S, et al. Security evaluation of quantum key distribution with weak basis-choice flaws[J/OL]. Scientific Reports, 2020, 10(1): 18145. https://doi.org/10.1038/s41598-020-75159-6. DOI: 10.1038/s41598-020-75159-6.

[214] SAJEED S, MINSHULL C, JAIN N, et al. Invisible Trojan-horse attack[J]. Sci. Rep., 2017, 7(1): 8403. DOI: 10.1038/s41598-017-08279-1.

[215] GARCIA-ESCARTIN J C, SAJEED S,MAKAROV V. Attacking quantum key distribution by light injection via ventilation openings[J/OL]. PLOS ONE, 2020, 15(8): 1-21. https://doi.org/10.1371/journal.pone.0236630. DOI: 10.1371/journal.pone.0236630.

[216] QIN H, KUMAR R, ALLÉAUME R. Quantum hacking: Saturation attack on practical continuous-variable quantum key distribution[J/OL]. Phys. Rev. A, 2016, 94: 012325. https://link.aps.org/doi/10.1103/PhysRevA.94.012325. DOI: 10.1103/PhysRevA.94.0 12325.

[217] KUNZ-JACQUES S, JOUGUET P. Robust shot-noise measurement for continuousvariable quantum key distribution[J/OL]. Phys. Rev. A, 2015, 91: 022307. https://link .aps.org/doi/10.1103/PhysRevA.91.022307. DOI: 10.1103/PhysRevA.91.022307.

[218] ELLIOTT C, COLVIN A, PEARSON D, et al. Current status of the DARPA quantum network (Invited Paper)[J]. Quantum Information and Computation III, 2005, 5815. DOI: 10.1117/12.606489.

[219] PEEV M, PACHER C, ALLÉAUME R, et al. The SECOQC quantum key distribution network in Vienna[J]. New J. Phys., 2009, 11(7): 075001. DOI: 10.1088/1367-2630/11 /7/075001.

[220] CAMPAGNA M, CHEN L, DAGDELEN Ö, et al. Quantum safe cryptography and security[J]. ETSI White Paper, 2015, 8.

[221] MARCO L, ANDREW S, ROMAIN A, et al. Implementation security of quantum cryptography introduction, challenges, solutions[J]. ETSI White Paper, 2018, 27.

内 容 简 介

近年来，基于量子密钥分发的量子通信技术得到了高度重视和快速发展，各国都在积极构建量子通信网络，以期实现无条件安全的信息传递。虽然量子密钥分发具备信息论意义上的无条件安全性，但受实际器件非完美性的影响，实际系统中存在潜在的安全性漏洞，可能遭受量子黑客攻击的破坏。本书对量子密钥分发实际安全性的发展历史和现状进行了详细的介绍，并从原理、安全威胁、防御措施方面对目前已知的主要量子黑客攻击进行了详细的阐述，希望能够使得读者较好地理解和把握量子密钥分发当前所面临的安全性问题。同时，本书从信息论和量子力学基础知识出发，详细介绍了量子密钥分发实际安全性和攻防的分析方法，便于读者掌握相关的知识，从而开展相关的分析研究。

Recently, quantum communication based on quantum key distribution (QKD) has attracted widely attentions and has been developed quickly. Countries around the world are actively building quantum communication networks to realize unconditionally secure communication.. Although the information-theoretical security of QKD has been proved in theory, the imperfection of practical devices may introduce loopholes and compromise the security of QKD. In this book, we introduce the history and development of the practical security of QKD and present the principle, security threaten, and countermeasure of the known quantum attacks. Meanwhile, the basic concepts of quantum mechanics and information theory are introduced, which are required as the basis in the security analysis of practical security and quantum hacking.